Susanne Wurst

Der Boden lebt

Haupt
NATUR

Susanne Wurst

Der Boden lebt

Kleinstlebewesen, unsere Erde und das Klima

Haupt Verlag

Inhalt

Prolog

Erinnern Sie sich an Ihre Kindheit? An selbstvergessene Momente, Momente des Spielens, Erkundens, die ausschließlich im Hier und Jetzt stattfinden. Achtsame Momente. Für mich ist so ein achtsamer Moment das Spielen mit Dreck. Erde, die ich konzentriert zu Matschsuppen verarbeitet habe. Erde, in die ich einen großen Samen aus dem Wald pflanzte und nach Wochen des Wartens das erste Eichenblatt bestaunte. Kühle, feuchte Erde, die man berühren, riechen und sogar schmecken kann. Oder erinnern Sie sich an das beglückende Gefühl, barfuß über eine Wiese zu laufen. Wann haben Sie das zum letzten Mal gemacht? Es scheint so, als ob man mit dem Größerwerden Zentimeter für Zentimeter der Erde entwächst. Man lernt, dass man Dreck nicht anfasst, dass man die neuen Schuhe, die Hose, das Kleid nicht dreckig machen soll und dass Spielen mit Regenwürmern und Schnecken «bäh» ist. Nach und nach entfremdet man sich der Erde, dem Boden, auf dem wir leben. Erde hat im Deutschen mehrere Bedeutungen: der Planet, auf dem wir leben, aber auch der Boden unter unseren Füßen. Es gibt die Mutter Erde, aber auch die Muttererde. Dass wir sowohl für «unseren» Planeten als auch für den Boden dieselbe Bezeichnung verwenden, ist vielleicht kein Zufall. Dass wir beide als Mutter bezeichnen, auch nicht.

Meine Faszination für die Natur, für die Erde als Lebensraum und die Erde unter unseren Füßen hat glücklicherweise das Erwachsenwerden überstanden. Ich habe Biologie studiert und interessierte mich damals und bis heute für die biologische Vielfalt auf und in der Erde. Bei einem einjährigen Aufenthalt und Studium an der Universidad Nacional in Costa Rica, das mir durch ein Stipendium ermöglicht wurde, konnte ich den tropischen Regenwald kennenlernen und war erstaunt, dass sich viele Arten im Verborgenen aufhalten. Man läuft durch den Regenwald und wundert sich, dass man keine Orchideen sieht. Bis man vor einem Ast steht, der aus dem Kronendach gefallen ist, auf dem unzählige Orchideen, Moose und Flechten wachsen. Auch viele Tiere bekommt man nie zu Gesicht, weil sie scheu und nachtaktiv sind. Erst durch Einsatz von Infrarotkameras und Nachtsichtgeräten kann man Fledermäuse bei der Bestäubung von Blüten zusehen, die sich nur nachts öffnen. Hier habe ich gelernt, dass sich vieles im Verborgenen abspielt und uns nicht leicht zugänglich ist. Wir erfahren unsere Umgebung durch unsere Sinne. Was wir nicht sehen, nicht hören und nicht riechen, bleibt uns verborgen. Das bedeutet aber nicht, dass es nicht da ist.

Nach der Rückkehr aus dem Regenwald stellten sich mir als angehender Forscherin viele Fragen: Wie viel Unbekanntes liegt noch im Verborgenen? Welche Fragen sind noch unbeantwortet? Muss man in den Regenwald fahren, um Neues zu entdecken? Eigentlich wollte ich nicht auswandern. Auch konnte ich mich nicht entscheiden, was mich mehr interessiert: Botanik oder Zoologie? Aber konnte man die Natur wirklich in diese Bereiche trennen? Gibt es nicht unzählige Wechselwirkungen und Beziehungen zwischen Pflanzen und Tieren? Leben die verschiedensten Lebewesen nicht sehr eng zusammen und beeinflussen sich gegenseitig?

Bisher war ich und waren die meisten meiner Kurse an der Universität fast ausschließlich oberirdisch orientiert. Wie auch nicht? Das ist der Bereich, den wir mit den Sinnen erfassen. In Costa Rica hatte mich insbesondere der feuchte, neblige Bergregenwald fasziniert. Dort arbeitete ich an einem Forschungsprojekt über Baumfarne – baumhohe Farne, die aussehen, als gehörten sie nicht in unsere Zeit, sondern in die Steinkohlewälder vergangener Jahrmillionen. Mir war aufgefallen, dass viele dieser riesigen Farne in den Waldlichtungen in Reihen wuchsen. Die Farne brauchen Licht, deshalb konnten sie nur in den baumfreien Lücken heranwachsen. Aber warum standen sie in Reihen? Bei genauerer Betrachtung konnte man sehen, dass sie nicht direkt auf dem Boden, sondern auf organischem Material wuchsen. Das waren die Reste von umgefallenen Bäumen, die sich langsam zersetzten. Ich sammelte Sporen – die winzig kleinen Samen der Farne – und ließ sie zu Hause in meiner WG-Küche keimen, mein erstes kleines Experiment. Die Samen sollten auf Erde vom Standort im Nebelwald und auf dem organischen Material keimen, auf dem sie im Wald wachsen. Und siehe da, sie brauchten das organische Material, um zu keimen und zu kleinen Farnen heranzuwachsen. Wenn man das organische Material aber abkochte und steril, frei von Lebewesen, machte (das geht sogar im Schnellkochtopf, wenn man nichts anderes zur Hand hat), dann keimten die Sporen schlechter. Irgendetwas Lebendiges war also in dem organischen Material aus den umgefallenen Bäumen, das den kleinen Farnen half heranzuwachsen. Leider hatte ich zu der Zeit nicht die Möglichkeit, der Sache ganz auf den Grund zu gehen. Aber wahrscheinlich halfen Pilze den Sporen, zu keimen und die ins

Leben startenden kleinen Baumfarne mit Nährstoffen aus dem zersetzenden Holz zu versorgen. Dazu später mehr.

Pflanzen und ihre Beziehungen mit ihrer belebten und unbelebten Umwelt interessierten mich immer mehr. Die vielfältigen Netzwerke des Lebens – ein weites Feld. In der Regel hört jedoch die Betrachtung an der Bodenoberfläche auf. Als ich, zurück in Europa, auf einem Spaziergang eine Pflanze voller Blattläuse sah, begann ich mich zu fragen, ob es nicht auch auf den Boden ankommt, wie stark eine Pflanze von Schädlingen befallen wird. Könnte es sein, dass es an ihrer «Ernährung» liegt, wie resistent sie gegen Schädlinge ist? Und die Nahrung der Pflanze befindet sich in Form von Nährstoffen und Wasser im Boden ...

Diese Fragen führten mich zu meinem zweiten, größeren Experiment, das ich in England im Rahmen meiner Diplomarbeit durchführte. Ich wollte wissen, wie sich unterschiedliche Böden und die darin lebenden Regenwürmer auf den Blattlausbefall einer Pflanze auswirken. Der Versuch zeigte, dass die Zahl der Blattläuse vom Boden und dessen Bewohnern abhing und sogar die Feinde der Blattläuse (kleine Wespen, die ihre Eier in die Blattläuse legen und auch als biologische Schädlingsbekämpfungsmittel eingesetzt werden) beeinflusste. Der Boden inklusive seiner Lebewesen ist also wichtig, nicht nur für das Wachstum der Pflanzen, sondern auch für deren Beziehungen mit anderen Organismen. Die versteckte und noch weitgehend unbekannte Welt im Boden hat also mehr Einfluss, als man gemeinhin denkt. Dieser «grauen Eminenz» soll im vorliegenden Buch mehr Beachtung geschenkt werden. Denn die meisten Menschen sind sich nicht bewusst, was im Verborgenen so alles abläuft und wie es ihr Leben beeinflusst und sogar erst ermöglicht. Das Buch soll ein wenig mehr Licht ins Dunkel unter unseren Füßen bringen ...

In diesem Buch möchte ich die Vielfalt der Lebewesen im Boden vorstellen, auf ihre Funktionen und ihre Bedeutung für Ökosysteme und für uns Menschen eingehen und zeigen, wodurch sie bedroht sind. Gleichzeitig werde ich darstellen, wie wir gesunde Böden mit mannigfaltigem Leben fördern und damit auch zum Klima- und Artenschutz beitragen können. Unser (Über-)Leben auf der Erde hängt vom gemeinsamen Schutz des Bodens, der Artenvielfalt und des Klimas ab!

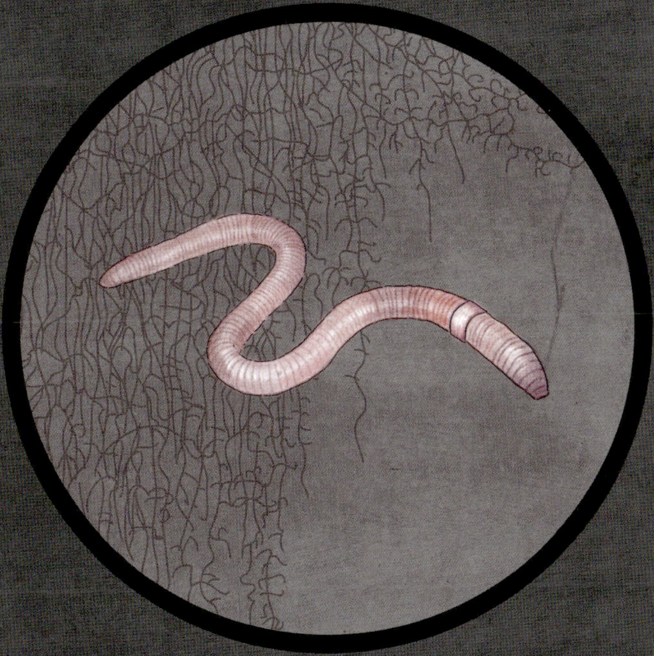

eins

Boden –
Leben

Leben

Boden – Leben

Einige Schlagzeilen zum Boden und seinen Wundern: In einer Handvoll Erde leben mehr Organismen als Menschen auf unserem Planeten, und das sind heute schon mehr als 8 Milliarden.

Mehr als die Hälfte aller Arten auf der Erde lebt versteckt unter der Erdoberfläche. Der Boden wird deshalb treffend als «Regenwald des armen Mannes» bezeichnet. An Artenvielfalt kann er es locker mit tropischen Regenwäldern aufnehmen, aber man muss sich in kein Flugzeug setzen und keine Weltreise unternehmen, um seine Arten kennenzulernen. Es reicht eine Handvoll Gartenerde und eine Lupe oder besser noch ein Mikroskop. Die meisten seiner Bewohner sind nämlich winzig klein und ohne Hilfsmittel gar nicht zu sehen.

In einem Kubikmeter Boden lebt eine erstaunliche Zahl an Organismen: mehr als 10 Billionen Bakterien, 100 Milliarden Pilze, 1 Million Fadenwürmer, 100 Regenwürmer und viele mehr …

Das sind ähnlich beachtliche Zahlen und Fakten wie die Tatsache, dass in und auf unserem Körper zehnmal so viele Bakterien wie menschliche Zellen vorkommen. Die meisten leben in unserem Darm. Dort zersetzen sie unsere Nahrung, sodass wir sie über die Darmwände aufnehmen können. Der Boden hat ein ähnlich schlechtes Image wie der Darm. Viele sehen in ihm nichts weiter als Dreck, Schmutz oder Unrat. Doch er bietet Lebensraum für Milliarden von Lebewesen, ernährt die Pflanzen, stellt Nährstoffe für ihr Wachstum zur Verfügung, zersetzt allerlei Abfallprodukte und wandelt sie so wieder in Nahrung um. Indirekt ernährt er somit auch uns, weil wir entweder Pflanzen essen oder Tiere, die wiederum Pflanzen essen, oder zumeist beides.

Doch auch im Boden kommt es wie im Darm auf die Zusammensetzung und den jeweiligen Charakter der Bewohner an. Manche haben positive, andere negative Effekte auf Pflanzen und letztlich auch auf uns. Wir sind nämlich vom Boden und seinen Bewohnern abhängiger, als die meisten von uns ahnen …

Die Bewohner des Bodens

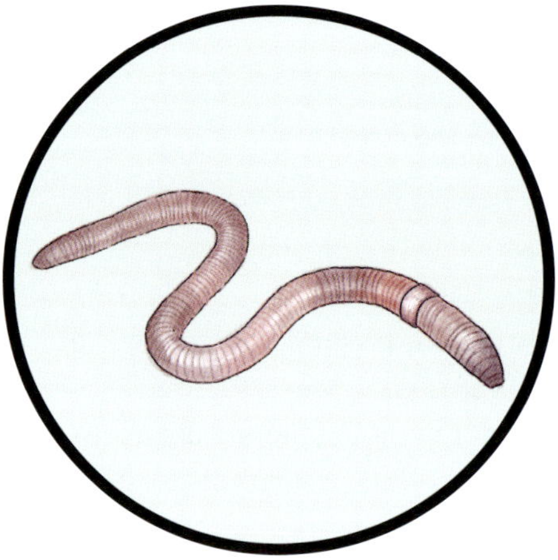

Fangen wir am besten mit den Organismen an, die viele kennen. Ein Bewohner des Bodens ist so gut wie jedem bekannt: der **Regenwurm**.

Wie ein Regenwurm aussieht, weiß jeder. Dass er ein Zwitter ist, also sowohl männliche als auch weibliche Geschlechtsmerkmale besitzt, wissen wahrscheinlich schon weniger. Warum Regenwürmer bei Regen aus ihren Gängen kriechen und dann oberirdisch unterwegs sind, weiß niemand ganz genau, darüber gibt es mehrere Theorien. Eine besagt, dass die Regenwürmer aus ihren Gängen fliehen, um nicht zu ersticken. Sie können zwar längere Zeit unter Wasser überleben, doch sollte genügend Sauerstoff im Wasser gelöst sein. Sie atmen über die Haut, haben keine Lungen oder Kiemen, und der Sauerstoff im stehenden Wasser in den Gängen ist manchmal zu gering. Dann hilft nur die Flucht an die frische Luft. Eine andere Theorie besagt, dass die lichtempfindlichen und austrocknungsgefährdeten Regenwürmer bei Regenwetter auf Wanderschaft gehen, um einen Partner:in (ob weiblich oder männlich, da muss der Regenwurm nicht wählerisch sein ...) zu finden. Manche denken auch, dass das Prasseln des Regens die Regenwürmer aufschreckt, weil sie das Herannahen von Feinden vermuten. Amseln klopfen zum Beispiel mit den Füßen auf dem Boden, um die Regenwürmer aus dem Erdreich hervorzulocken und dann zu verspeisen. Da das Verlassen des Bodens in diesem Fall für die Regenwürmer meist tragisch endet, ist davon auszugehen, dass die Amseln eher den Regen nachahmen und die Regenwürmer versuchen, dem vermeintlichen Wassereinbruch in ihren Gängen zu entfliehen.

Regenwürmer sind blind und taub, doch sie spüren, zum Beispiel Vibrationen des Bodens. Woher weiß man das? Kein Geringerer als der Naturforscher und Evolutionsbiologe Charles Darwin hat Regenwürmer über Jahre beobachtet und Experimente mit ihnen gemacht. Er hat ihnen Klaviermusik vorgespielt, um zu testen, ob sie hören können. Zusammen mit seinem Sohn hat er den Regenwürmern Blätter verschiedener Pflanzen angeboten und beobachtet, wie sie die Blätter in ihre Gänge ziehen. Dabei gingen die Würmer so geschickt und offenbar planmäßig vor, dass Darwin ihnen eine gewisse Intelligenz attestierte. 1881, ein Jahr vor seinem Tod, wurde sein Buch «Die Bildung der Ackererde durch die Thätigkeit der Würmer» (im englischen Original: «The Formation of Vegetable Mould through the Action of Worms, with Observations on their Habits») veröffentlicht. Darin beschreibt Darwin zum Beispiel, wie durch die Aktivität von Regenwürmern frischer Boden aufgebaut wird und große Steine langsam im neu entstehenden Boden versinken. Ein oft zitiertes Fazit aus diesem Lebens- und Alterswerk verdeutlicht die Bedeutung, die Darwin den Regenwürmern für die Bodenbildung beimaß: «Man kann wohl

«Der Mensch ist nur ein Wurm.» Eine Karikatur über Darwins Evolutionstheorie in der Satirezeitschrift «Punch's Almanack for 1882». (ark:/13960/t6836d56b)

bezweifeln, ob es noch viele andere Tiere gibt, die eine so bedeutende Rolle in der Geschichte der Erde gespielt haben wie diese niedrig organisierten Geschöpfe.» Darwins Zeitgenossen machten sich über ihn und seine Theorien lustig, sei es die über die Evolutionstheorie oder die Bedeutung, die er den Regenwürmern zuschrieb.

Der Regenwurm hatte lange Zeit ein schlechtes Image. Man meinte, dass er Pflanzen schädigen würde, indem er ihre Wurzeln anfrisst. Heute weiß man, dass er ab und zu Wurzeln frisst, sich aber hauptsächlich von abgestorbenem organischem Material im Boden ernährt. Er frisst sich förmlich durch den Boden und nimmt Erde, vermischt mit abgestorbenen Pflanzenteilen und vielen Mikroorganismen, auf. In seinem Darm leben Bakterien, die ihm die Verdauung dieser Kost ermöglichen und dafür sorgen, dass Nährstoffe aufgeschlossen werden. Der Kot der Regenwürmer ist dadurch sehr nährstoffreich. Weil Pflanzen sehr gut darin wachsen, wird Regenwurmerde, auch Wurmkompost (engl. *vermicompost*) genannt, sogar vermarktet. Auch wird die Bodenstruktur von den Regenwürmern beeinflusst. Ihre Gangsysteme sind wichtige Kanäle im Boden, die der Durchlüftung und dem Abfluss des Wassers dienen. Pflanzenwurzeln wachsen gern in diesen Gängen, die von einigen Regenwurmarten, wie dem Tauwurm *(Lumbricus terrestris)*, zum Teil mehrere Meter tief senkrecht in den Boden gegraben werden. Aufgrund dieser Grabtätigkeiten werden Regenwürmer auch als Ökosystem-Ingenieure (engl. *ecosystem engineers*) bezeichnet. Wie ein Tiefbauingenieur arbeitet der Regenwurm an Gangsystemen und schafft so neue Wege und Behausungen für eine Vielzahl von Bodenorganismen. Er beeinflusst dadurch nicht nur die Struktur des Bodens, sondern auch dessen chemische Eigenschaften, zum Beispiel den Sauerstoff- und Wassergehalt.

Insgesamt ist der Regenwurm für die Pflanzen und Organismen im Boden ein wichtiger Nachbar, der sie vielfältig unterstützt und fördert – eine Art Bau- und Hausmeister und Gärtner. Dennoch hat er nicht überall einen guten Ruf: So gilt er in Nordamerika als Neozoon (*neo* = neu, *zoon* = Tier), als neuer tierischer Einwanderer, der bei vielen unerwünscht ist. Nach der Eiszeit gab es in Nordamerika keine Regenwürmer mehr, in der Folge haben sich nährstoffarme Ökosysteme entwickelt, in denen seltene heimische Pflanzenarten gedeihen. Manche sind sogar endemisch, das heißt, sie kommen nur in einem bestimmten Gebiet vor und sind für dieses Gebiet charakteristisch. Diese heimischen seltenen Arten stehen unter besonderem Schutz, weil ihr Verlust in einem einzigen Gebiet das Aussterben der gesamten Art bedeuten kann. Die

Regenwürmer aus Europa kamen erst als blinde Passagiere in den Schiffen der europäischen Siedler, später als Angelköder nach Nordamerika. Sie haben sich vermehrt und ausgebreitet und als Ökosystem-Ingenieure ans Umgraben der Böden gemacht. Durch ihre Grabaktivitäten verschwand die dicke Laubschicht, vermehrte sich die Humusschicht, der Boden wurde nährstoffreicher. Eigentlich eine gute Sache, doch nicht für die Pflanzen, die an die nährstoffarmen Standorte angepasst waren. Sie würden zwar auch unter nährstoffreicheren Bedingungen gut gedeihen, doch oft haben sie nur eine Chance im Konkurrenzkampf mit schnell wachsenden Arten wie Gräsern, wenn die Standortbedingungen nicht optimal sind. Zudem ändern sich durch die Regenwurmaktivitäten die abiotischen Bedingungen am Standort, zum Beispiel die Feuchtigkeit. Man hat ferner herausgefunden, dass die Blätter des nordamerikanischen Zuckerahorns für Regenwürmer leichter verdaulich sind als unsere einheimischen Buchen- und Eichenblätter, sodass die Streuschicht schneller verschwindet und den Boden ungeschützt zurücklässt. Er trocknet aus und ist so für viele kleine Sämlinge und Farne kein geeignetes Substrat mehr.

Der Regenwurm ist wegen seines großen Einflusses auf den Boden also nicht überall so beliebt wie bei uns, wo er für humus- und nährstoffreiche Erde in Wald und Wiese, Gärten und auf dem Feld sorgt, von der viele Wild- und Nutzpflanzen profitieren. Er wird in Nordamerika sogar als invasive Art angesehen, weil er fremd ist, immer mehr Gebiete besiedelt und die heimischen Ökosysteme und ihre Artengemeinschaften stark verändert.

Nichtheimische Arten

Die Ausbreitung von nichtheimischen Tieren und Pflanzen in Ökosystemen ist weltweit ein wachsendes Problem – der Verursacher ist meist eine Art, die man wirklich als invasiv ansehen muss: der Mensch. Tiere und Pflanzen verbreiten sich durch die Aktivitäten und den globalen Handel des Menschen, so auch die europäischen Regenwürmer, die in Wurzelballen und Erde auf Schiffen nach Nordamerika eingeführt wurden und auch als Angelköder immer weitere Verbreitung finden. Diese nichtheimischen Tiere und Pflanzen werden in Gegenden eingeführt, wo sie auf eine unvorbereitete Gemeinschaft an Lebewesen stoßen und manchmal andere Arten verdrängen oder die Prozesse im Ökosystem verändern. Wenn sich die Arten ausbreiten und negative Auswirkungen auf die heimische Flora und Fauna deutlich werden, spricht man von «invasiven Arten».

Kommen wir nun zu einem anderen bekannten Vertreter der Bodentiere, den man zwar aufgrund seiner Größe gut sehen könnte, der sich aber selten oberirdisch blicken lässt: der **Maulwurf**. Bei uns ist der Europäische Maulwurf *(Talpa europaea)* heimisch.

Wer kennt nicht die aufgeworfenen Hügel auf dem gepflegten Rasen, die so manche Liebhaber:innen aufgeräumter Gärten zur Weißglut bringen? Diese Hügel entstehen aus dem Aushubmaterial der tunnelartigen Gänge und Kammern, die der Maulwurf gräbt. Neben den Tunneln gräbt er Schlaf-, Nest- und Vorratskammern, die er als Einzelgänger die meiste Zeit allein bewohnt. Zum Graben nutzt er seine Pfoten, die wie Grabschaufeln aussehen und sehr gut an diese Aufgabe angepasst sind. Manche Gartenbesitzer:innen und Landwirt:innen sehen ihn wegen seiner Hügel als vermeintlichen Schädling an, doch seine Gangsysteme durchlüften den Boden und sorgen für eine gute Drainage. Als Insektenfresser frisst er viele Wurzelschädlinge wie Engerlinge oder Drahtwürmer. Einen Großteil seiner Kost machen auch Regenwürmer aus. Da der Maulwurf einen schnellen Stoffwechsel hat, muss er viel fressen, etwa ein Drittel seines Körpergewichts (von bis zu 120 g) täglich. Um immer genug vorrätig zu haben, hat er eine Art der Lagerung und Konservierung seiner Beute entwickelt, die zeigt, dass auch ihm eine gewisse Intelligenz nicht abgesprochen werden kann. Er beißt den Kopfteil der Regenwürmer ab und hindert sie so am Fliehen. Der Rest des Regenwurmkörpers regeneriert zwar nicht das fehlende Haupt – wie manche fälschlicherweise glauben –, doch er bleibt aufgrund des dezentral organisierten Körperaufbaus eine Zeit lang am Leben. Der Maulwurf legt sozusagen ein Regenwurm-Frischfleisch-Reservoir an, von dem er bei Bedarf speisen kann. Andere Anpassungen an seine unterirdische Lebensweise sind zurückentwickelte Augen, ein ausgeprägter Geruchssinn und ein seidenweiches kurzes Fell ohne Strich, das ihm die Vorwärts- und Rückwärtsbewegungen in den engen unterirdischen Gängen erleichtert. Maulwürfe wurden wegen ihres schönen Fells sogar von Menschen gejagt. Besonders in den 20er- und 30er-Jahren des letzten Jahrhunderts kamen Maulwurfsfelle in Mode. Die Felle erwiesen sich jedoch als wenig strapazierfähig und kamen bald wieder aus der Mode. Der Maulwurf gehört wie andere im Boden vorkommende Wirbeltiere (zum Beispiel Wühlmäuse) zur Megafauna. In Deutschland ist der Maulwurf – anders als in der Schweiz – gesetzlich geschützt, sodass es hier verboten ist, ihn zu fangen, zu verletzen oder zu töten.

Nun kommen wir aber zu den kleineren Bodentieren, die in viel größerer Anzahl und Vielfalt im Boden vorkommen. Die meisten Bodentiere sind Wirbellose, besitzen also keine Wirbelsäule. Sie gehören drei Größenklassen an: der Makro-, der Meso- und der Mikrofauna. Die Mikrofauna sind mikroskopisch kleine Lebewesen, zum Beispiel Fadenwürmer oder Protozoen. Während die schon größeren Vertreter der Mesofauna in der Regel auch nicht mit bloßem Auge zu erkennen sind, zählen zur Makrofauna Tiere, die man mit bloßem Auge sehen kann. Zu Letzteren gehören zum Beispiel Regenwürmer, Schnecken, Tausendfüßer, Asseln, Spinnen und Insekten.

Makrofauna

(Wichtige Gruppen: Annelida, Gastropoda, Insecta, Arachnida, Isopoda, Myriapoda)

Vertreter der Makrofauna leben hauptsächlich in der Streuschicht und in oberen Bodenschichten. Das hat praktische Gründe: Um tiefer in den Boden vorzudringen, braucht man gewisse Fähigkeiten oder Werkzeuge. Wie wir bereits vom Regenwurm wissen, kann man sich seinen Weg fressend bahnen. Regenwürmer fressen Erde und drücken sich dabei durch den Boden. Sie sind damit auch Wegbereiter für andere Bodentiere, die auf ihre Gänge zurückgreifen, um in den Boden zu gelangen. Andere Tiere haben spezielle Werkzeuge, um in den Boden zu gelangen. Ein interessantes Beispiel hierfür ist die Europäische **Maulwurfsgrille** *(Gryllotalpa gryllotalpa)*.

Dieses Insekt erinnert mit seinen schaufelartigen Grabvorderbeinen an Maulwürfe und deren Grabschaufeln. Damit schafft es die Maulwurfsgrille, sich in tiefere Bodenschichten einzugraben und Gangsysteme anzulegen, in denen sie wohnt. Diese Gangsysteme besitzen bei manchen Arten hornförmige Ausgänge, die von den Männchen als Klangkörper genutzt werden, um vorbeifliegende Weibchen durch Gesänge zur Paarung in die unterirdischen Gänge und Kammern zu locken.

Viele Insekten (Insecta) halten sich nur zeitweise im Boden auf und verbringen dort oft ihre «Jugendjahre». Die erwachsenen (adulten) Insekten legen ihre Eier in den Boden, die geschlüpften Larven ernähren sich je nach Art von Wurzeln, totem Pflanzenmaterial, toten oder betäubten Tieren.

Ein bekanntes Beispiel einer wurzelfressenden Insektenlarve ist der **Engerling**.

Der Name kommt aus dem mittel- bzw. althochdeutschen *enger(l)inc* bzw. *engiring* und bedeutet «kleiner Wurm/Made». Engerlinge sind die Larven der Blatthornkäfer, zu denen unter anderem Maikäfer, Junikäfer und Rosenkäfer gehören. Die erwachsenen Käfer haben fächerartige, blattförmige Antennen. Die Larven haben vorn drei Beinpaare und einen weichen raupenartigen, recht dicken Körper. Larven der Mai- und Junikäfer fressen hauptsächlich an Wurzeln. Dazu haben sie ausreichend Zeit, denn sie verbringen vier Jahre unterirdisch und entwickeln sich langsam zum erwachsenen Käfer. Maikäfer fressen als Adulte oberirdisch an Laubbäumen und können dort sichtbaren Schaden hervorrufen. Die gravierenderen Schäden jedoch werden von den

Larven im Wurzelraum hervorgerufen. Wenn sie in Massen vorkommen – ein Ereignis, das wiederkehrend alle 30 bis 40 Jahre vorkommt –, gelten sie als Plage. Um sie zu bekämpfen, sind schon verschiedene Mittel und Wege ausprobiert worden. So befahl man etwa im Jahr 1320 den Maikäfern in Avignon per Gerichtsbeschluss, dass sie sich «binnen drei Tagen auf ein ihnen durch Tafeln bezeichnetes Feld zurückzuziehen hätten, woselbst Nahrung für sie vorhanden sei, und dass die Zuwiderhandelnden als vogelfrei behandelt und ausgerottet werden sollten». Ob sie sich einsichtig zeigten, ist fraglich.

Früher wurden die Käfer mühsam per Hand eingesammelt, woran sich noch viele ältere Menschen erinnern können. Man hat sie auch als Schweine- und Hühnerfutter verwendet, da sie sehr proteinreich sind, und sie wurden sogar kandiert und zum Nachtisch verspeist oder als Suppe gegessen. Viele Menschen auf der Erde essen Insekten, bei uns ist es jedoch nicht üblich oder aus der Mode geraten. Die Massenaufkommen der Maikäfer werden in manchen Bundesländern in Deutschland aus der Luft mit dem Verspritzen von Giften (den Insektiziden Dimethoat oder Azadirachtin) bekämpft. In anderen Bundesländern setzt man auf Sexuallockstoffe und Pilze. Die Männchen werden in Fallen gelockt und kommen dort mit einem für sie tödlichen Pilz in Kontakt. Je zielgerichteter der Einsatz von Giften oder pilzlichen Krankheitserregern, desto schonender für die vielen anderen Insekten und Tiere des Waldes. Da die Maikäfer und andere Insekten eine wichtige Nahrungsgrundlage für Vögel, Fledermäuse und Säugetiere sind, sollte man die Bekämpfung mit Insektiziden immer kritisch hinterfragen und nach umweltfreundlicheren Lösungen suchen.

Ein anderer Pflanzenfresser im Wurzelbereich ist der sogenannte **Drahtwurm**.

Der Drahtwurm ist eigentlich kein Wurm, sondern eine Insektenlarve, die durch Chitin-Einlagerung einen relativ harten, steifen, drahtigen Körper hat. Es sind die Larven der Schnellkäfer, einer Käferfamilie, die durch einen besonderen Klappmechanismus aus der Rückenlage hochschnellen können. Manche Schnellkäferarten haben fleischfressende (carnivore) Larven, die zum Teil auch Artgenossen verspeisen, andere Larven sind phytophag, das heißt, sie fressen Pflanzen. Sie kommen vor allem im Grünland und auf Äckern vor und verursachen zum Beispiel kleine Gänge in Kartoffelknollen. Diese sieht man manchmal beim Zubereiten von Kartoffeln und sie sind eigentlich nicht weiter schlimm. Die Vorstellung aber, dass unser Gemüse und Obst makellos sein sollte, führt dazu, dass manche Arten als gefürchtete Schädlinge gelten und oft rigoros bekämpft werden. Ein wenig mehr Nachsicht und das Loslassen von der Vorstellung, dass alles makellos sein muss, damit wir es genießen können, wäre hier sinnvoller.

Im Gegensatz zu den Schnellkäfern haben die erwachsenen **Mistkäfer** keinen Mechanismus, der sie schnell wieder auf die Beine katapultiert. Liegen sie erst mal auf dem Rücken, fällt es ihnen schwer, wieder auf die Beine zu kommen. Das kann man auf so manchem Waldspaziergang beobachten. Wenn sie noch fit sind, sieht man sie manchmal auch eine Dungkugel rollen, diese ist für ihren Nachwuchs bestimmt. Mistkäfer gehören zu den wenigen

Käfern, die Brutpflege betreiben. Dafür rollen sie aus Mist gebaute Kugeln durch selbstgebaute unterirdische Röhren in Brutkammern und legen ein Ei daneben ab. So kommen die Larven gleich neben dem Futter zur Welt und sind versorgt. Ein Forscherteam um Marie Dacke von der Lund Universität in Schweden hat sogar herausgefunden, dass sich Mistkäfer der afrikanischen Art *Scarabaeus satyrus* beim Manövrieren ihrer Kugel an der Milchstraße orientieren. Dafür hat das Team den Käfern Kappen aufgesetzt, damit sie im Freiland den Nachthimmel nicht sehen konnten, und ihnen im Planetarium künstliche Himmel angeboten. Sie haben so herausgefunden, dass die gerade Linie des Mistkugelwegs, die direkt vom Misthaufen (wo es viele Konkurrenten um die Kugeln gibt) wegführt, anhand der Milchstraße korrigiert wird. Dazu vollführen die kleinen Käfer eine Art Tanz um die eigene Achse auf der Mistkugel. Für diese Forschung, die 2013 im Fachmagazin «Current Biology» erschienen ist, hat die Forschungsgruppe den Ig-Nobelpreis bekommen. Dieser alternative Nobelpreis wird an der US-Eliteuniversität Harvard für Forschung aus aller Welt verliehen, die Menschen zum Lachen bringt und dann zum Nachdenken anregt.

Viele Käfer sind in der Streu in Bodennähe zu finden, wo sie auf Jagd gehen. Dazu gehören unter anderen die Laufkäfer und die Kurzflügelkäfer.

Laufkäfer sind sehr schnelle Räuber, die vorwiegend nachts auf Jagd nach Regenwürmern, Schnecken und Insekten gehen.

Ihre Larven ähneln den erwachsenen Tieren meist in der Lebensweise und gehen ebenfalls auf die Jagd. Es gibt auch Laufkäferarten, die andere Essgewohnheiten haben und Vegetarisches oder Verrottendes fressen. Viele sind aber nicht strikt festgelegt und fressen Verschiedenes. Sie gelten als wichtige Nützlinge, weil sie Pflanzenfresser wie den Kartoffelkäfer bekämpfen und unter der Schadensschwelle halten können. Dadurch spielen sie als «Schädlingspolizei» in der Land- und Forstwirtschaft eine große Rolle.

Die **Kurzflügelkäfer** haben, wie schon ihr Name sagt, kurze Flügel. Das betrifft das erste, bei den Käfern chintinisierte, also harte und starre Flügelpaar, das auch als Flügeldecken (Elytren) bezeichnet wird. Darunter sind oft sorgfältig gefaltete häutige Flügel verborgen, die schnell entfaltet werden können, aber recht langsam wieder zusammengelegt werden müssen. Die meisten Kurzflügelkäfer sind räuberisch und wie die Laufkäfer in der Streu in Bodennähe unterwegs. Echte Bodenkäfer, die ihr ganzes Leben unterirdisch verbringen, sind seltener. Sie sind oft sehr klein, schmal und lang gestreckt, damit sie sich auch in kleinen Bodengängen und Hohlräumen bewegen können, und haben verkürzte Fühler und Beine. Sie sind an ihren Lebensraum angepasst und deshalb oft flugunfähig, blind und farblos, das heißt ohne Pigmente zum Schutz vor UV-Strahlung.

Viele andere Bodentiere halten sich ebenfalls in der Streuschicht auf und suchen unter Steinen Schutz. Wenn Sie einen größeren Stein zum Beispiel im Wald umdrehen, finden Sie sicherlich einige davon. Asseln, Tausendfüßer, Schnecken und Spinnen sind dort häufig zu finden. Für viele Menschen gehören sie nicht zu den Lieblingstieren, doch bei genauerem Hinsehen sind sie faszinierende Lebewesen mit erstaunlichen Anpassungen an ihren Lebensraum.

Landasseln (Isopoda) sind Krebstiere (sogenannte Höhere Krebse – Malacostraca) und gehören zu den wenigen Krebsen, die das Land bevölkern.

Sie atmen je nach Art und Anpassung an das Landleben mit Kiemen, Tracheen oder Lungen. Sie bevorzugen feuchte Orte unter Steinen oder im feuchten Laub. Die Jungen entwickeln sich aus Eiern, geschützt in einem Brutbeutel (Marsupium) an der Bauchseite der Weibchen. Auch zur Wasseraufnahme und Verteilung im Körper haben die Landasseln verschiedene Systeme entwickelt – es scheint also nicht einfach zu sein, sich an das Leben an Land anzupassen, und nur wenige Krebstiere haben es geschafft. Eine besondere Anpassung zeigt die sehr kleine, komplett weiße Landassel *Plathyarthrus hoffmannseggi*, die nur 4 Millimeter groß ist. Sie ist blind und lebt unterirdisch in verschiedenen Ameisennestern. Die Ameisen scheint das nicht groß zu stören, wahrscheinlich weil das kleine geisterartig weiße Tierchen die Nester sauber hält. Genaue Untersuchungen zu diesem Zusammenleben gibt es leider nicht, man hat aber schon in den 1940er-Jahren herausgefunden, dass die kleinen Asseln von Ameisensäure angezogen werden.

Eine andere Gruppe der Makrofauna, die vor allem an feuchten Stellen im Wald, zum Beispiel unter Laub, Steinen und Rinde, vorkommt, sind die **Tausendfüßer** (Myriapoda).

Wie ihr Name schon sagt, haben sie viele Füße oder genau genommen Beinpaare. Es sind zwar nicht Tausende, aber es können je nach Art und Alter 100 bis 200 Beinpaare werden. Man unterscheidet innerhalb der Tausendfüßer **Hundertfüßer** (Chilopoda) und **Doppelfüßer** (Diplopoda). Beide Gruppen sind wichtige Bodenbewohner, die meisten leben in den oberen Bodenschichten und in der Streu. Wie kann man sie unterscheiden? Beide bestehen aus vielen ähnlichen Körperabschnitten (Segmenten), sind walzen- oder schnurförmig und haben viele Beine. Wenn man sie genau beobachtet, sieht man, dass manche zwei Beinpaare pro Segment haben und die anderen nur eins. Und schon weiß man, die mit zwei Beinpaaren sind die Doppelfüßer und die anderen, die nur ein Beinpaar pro Körperabschnitt haben, sind Hundertfüßer. Bei den Doppelfüßern sind immer zwei Segmente verwachsen, deshalb sind je verwachsenem Segment zwei Beinpaare vorhanden. Hundertfüßer haben nicht immer 100 Beinpaare, es können mehr (bis zu ca. 200 Beinpaare), aber auch um einiges weniger sein. Ein anderes Unterscheidungsmerkmal ist ihr Verhalten. So zeigen sie sehr unterschiedliche Verhaltensweisen, die innerhalb der Verwandtschaft schon zu gewissen Konflikten führen können. Die Hundertfüßer sind durchweg räuberisch, oft sehr agil und nicht gerade zimperlich. Ihr erstes Beinpaar, die sogenannten Kieferfüße, besitzt einen Giftstachel, mit dem sie ihre Beute lähmen. Danach wird das Opfer mit den Mandibeln (spezielle Mundwerkzeuge) aufgeschnitten oder mit dem Giftstachel aufgerissen und Verdauungssaft in die Wunden gespien. Nachdem das Opfer etwas vorverdaut und «matschig» genug ist, wird es ausgefressen. Als Beute kommen Insekten und ihre Larven, Springschwänze, Spinnen und andere Hundertfüßer infrage; je nach Alter und Größe des Räubers werden unterschiedliche Beutetiere ausgesucht.

Die Doppelfüßer sind dagegen um einiges gemächlicher unterwegs und ernähren sich vor allem von abgestorbenem Pflanzenmaterial und Pilz- und Algenrasen. Sie sind mit wenigen Ausnahmen stark gepanzert. Der Panzer dient dem Schutz vor Feinden (auch vor den räuberischen Verwandten!), als Schutz und zur Stabilität beim Vordringen in den Boden und zum Schutz vor Austrocknung. Eine typische Schutzstellung ist das Einrollen oder Zusammenringeln. Bei manchen Arten, zum Beispiel dem Saftkugler *Glomeris marginata*, entsteht so eine kleine Kugel, die nach außen abgeschlossen ist und das Eindringen von Feinden verhindert und vor dem Austrocknen schützt. Zusätzlich stößt er ein durchsichtiges Wehrsekret aus, um Feinde zu vertreiben, was ihm den deutschen Namen «Saftkugler» eingebracht hat. Das Wehrsekret, also der Saft, enthält Blausäure und interessanterweise chemische Stoffe (Chinazolinone), die einen beruhigenden bis betäubenden (sedativen) Effekt auf wirbellose Räuber ausüben, der sogar bis zu mehreren Tagen andauern kann.

Andere und vielen bekanntere Bodentiere, die sich nach außen abschotten können, sind **Schnecken** (Gastropoda).

Ihr «Haus» schützt die Gehäuseschnecken gegen Austrocknung, Kälte und Feinde. Die Landschnecken verfügen im Gegenteil zu ihren im Wasser lebenden Verwandten über Lungen. Sie mögen es gern feucht, warm und kalkreich. Den Kalk benötigen sie zum Aufbau ihrer Schale. Das Gehäuse wird schon bei der Entwicklung im Ei gebildet, die schlüpfenden Schnecken haben somit schon ein kleines Haus. Wenn die Schnecke wächst, wächst auch das Haus mit. Dazu wird vom Mantelrand (einem Teil des Weichkörpers) Kalk als Bausubstanz abgeschieden und an den Gehäuserand angelagert. Viele Schnecken können ihr Gehäuse auch mit einem Deckel verschließen, um sich ganz in den Schutz ihres Hauses zurückzuziehen. Manche Arten, zum Beispiel die Weinbergschnecken, haben nur zeitweise einen Deckel, den sie aus körpereigenem Sekret mit Kalk bilden, Epiphragma genannt. Wenn sie den Deckel nicht mehr benötigen, wird er abgeworfen. Andere Schnecken haben einen dauerhaften Deckel zum Verschluss ihres Hauses, er ist aus Horn oder Kalk und wird Operkulum genannt.

Nacktschnecken haben ihr Gehäuse im Laufe der Evolution zurückgebildet, manche Arten haben im Mantelschild am Kopfende noch ein kleines rudimentäres Kalkplättchen. Als Schutz dient ihnen kein Gehäuse, aber viele Nacktschnecken produzieren Schleim, mit dem sie ihre Feinde abwehren. Schnecken leben oft nahe am Boden und zum Teil auch im Boden, wo sie sich verstecken oder trockene Zeiten überdauern. Sie spielen eine wichtige Rolle im Ökosystem, weil sie sich vor allem von toten Pflanzenteilen ernähren und so zur Zersetzung und dem Nährstoffrecycling beitragen. Jedoch verschmähen sie auch lebende Pflanzen nicht, sodass sie in manchen Gärten zur Plage werden können. Sie haben, wie so viele Lebewesen, sowohl negative als auch positive Eigenschaften und Funktionen. Oft kommt es auf die Perspektive und die Umstände an. Für uns Menschen stehen oft oder fast immer wir selbst im Mittelpunkt. Fressen Schnecken an «unseren» Erdbeeren, sind sie unsere Feinde. Doch wir übersehen dabei oft, dass viele dieser Schädlinge versteckte Funktionen für Ökosysteme und letztlich auch für uns Menschen ausüben. Sie dienen zum Beispiel als Nahrungsquelle für andere Tiere oder tragen zu wichtigen Ökosystemfunktionen wie der Zersetzung von Pflanzenmaterial bei.

Spinnentiere (Arachnida) sind eine weitere Gruppe der größeren, mit dem Auge sichtbaren Bodentiere. Sie halten sich wie viele andere in der Streuschicht auf und jagen dort nach ihrer Beute. Der Schneckenkanker hat sich dabei auf Schnecken spezialisiert. Er gehört zur Ordnung der Weberknechte. Da er kräftige und lange Kieferklauen (Cheliceren) besitzt, kann er die Schalen von manchen Gehäuseschnecken aufbrechen und anschließend deren Inhalt verzehren.

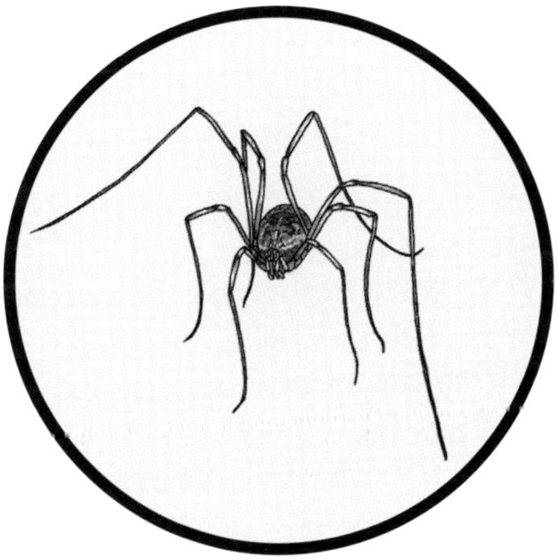

Weberknechte (Opiliones) sind oft langbeinig und werden auch Kanker, Schuster, Schneider oder Opa Langbein genannt.

Ihre Beine machen häufig das Vielfache ihrer Körperlänge aus. Ihr Körper ist nicht zweiteilig wie bei den Spinnen, sondern zu einem rundlich eiförmigen Körper verwachsen. Sie besitzen keine Spinn- oder Giftdrüsen, dafür aber Stinkdrüsen zur Abwehr von Feinden. Das übel riechende Sekret, das sie absondern, kann Fressfeinde wie Spinnen oder Insekten betäuben und sogar töten.

Webspinnen (Araneae) haben im Gegensatz zu den Weberknechten einen zweiteiligen Körper.

Am Prosoma, dem verwachsenen Kopf- und Brustbereich, sitzen vorn 6 bis 8 Augen, die anders als bei Insekten Punktaugen und keine Facettenaugen sind. Die ersten Gliedmaßen sind wie beim Weberknecht Kieferklauen zum Ergreifen von Beute. Sie besitzen eine Giftklaue, mit der sie kleinere Beutetiere direkt töten oder betäuben. Als weitere Gliedmaßen gibt es sogenannte Kiefertaster oder Pedipalpen. Sie sind am Ende oft verdickt, dienen zum Tasten, Halten und Wenden der Nahrung und bei manchen Arten den Männchen auch als Begattungsorgan, mit dem sie die Spermien in die weibliche Geschlechtsöffnung (die Epigyne) übertragen. Die vier Beinpaare sitzen am Prosoma. Am Opisthosoma, dem Hinterleib, findet man bei den Webspinnen auf der Körperunterseite 4 bis 6 Spinnwarzen. Sie sondern ein proteinhaltiges Sekret aus den Spinndrüsen ab, das an der Luft zu Spinnfäden erhärtet. Bei den Webspinnen gibt es Arten, die kunstvolle Netze spinnen, darunter Radnetze, Trichternetze und Baldachinnetze.

Einige Familien haben zwar Spinndrüsen, nutzen aber bei der Jagd nach Beute keine Netze. Dazu gehören zum Beispiel die Springspinnen und die Krabbenspinnen. **Springspinnen** haben zwei große, nach vorn gerichtete Augenpaare und können gut sehen. Die mittleren beiden Augen sehen fast aus wie Scheinwerfer, die Augen daneben sind kleiner. Sie lauern zum Beispiel am Boden und warten auf ihre Beute. Dann springen sie blitzschnell durch Strecken der hinteren Beine los und führen einen Überraschungsangriff durch.

Meister des Überraschungsangriffs sind auch die **Krabbenspinnen**. Sie sitzen in Blüten und lauern Bestäubern wie Bienen auf. Dabei setzen sie auf Tarnung. Ihre beiden vorderen Beinpaare sind sehr lang und in Ruhestellung leicht angewinkelt nach vorn ausgestreckt, sodass sie an Krabben mit ihren Scheren erinnern. Zudem können sie seitwärts laufen, was ebenfalls Ähnlichkeit zum Gang der Krabben hat. Die Arten, die in Blüten lauern, haben oft dieselbe Farbe wie die Blüten, sodass sie von den Beutetieren schlecht zu sehen sind. In ihrer Haltung können sie die Form von Blütenblättern nachahmen, um sich besser zu verbergen, oder sie reflektieren UV-Licht, um Insekten anzulocken. Manche Arten der Krabbenspinnen jagen am Boden, diese Arten sind dunkler gefärbt, um nicht aufzufallen, wenn sie auf ihre Beute lauern. Mit den beiden verlängerten Vorderbeinpaaren wird die Beute dann gepackt und mit dem Gift der Kieferklauen getötet.

Wolfsspinnen zählen ebenfalls zu den sogenannten «sit and wait»-Prädatoren. Sie lauern auch auf ihre Beute und sind oft bräunlich gefärbt, um in der Streuschicht und am Boden nicht aufzufallen. Sie haben vergrößerte hintere Mittelaugen, die direkt nach vorn gerichtet sind. Ihr Sehsinn ist nicht ganz so gut entwickelt wie bei den Springspinnen, doch er ist wichtig bei der Jagd nach Beute und der Balz. Wolfsspinnen leben meist in Erdhöhlen, die mit Spinnseide ausgekleidet sind. In der Nacht gehen sie auf die Jagd und warten, bis ahnungslose Beutetiere vorbeikommen, die dann blitzschnell angegriffen werden. Eine Besonderheit der Wolfsspinnen ist, dass sie Brutpflege betreiben. Der Eikokon, in dem sich die Eier der Nachkommen befinden, wird hinten an die Spinnwarzen angeheftet, so zum Beispiel bei der in Deutschland häufigen Dunklen Wolfsspinne *(Pardosa amentata)*. Wenn die Jungen geschlüpft sind, werden sie von der Mutter auf dem Rücken umhergetragen.

Andere interessante Spinnen sind die mit den Vogelspinnen verwandten **Tapezierspinnen**. In Mitteleuropa kommt nur eine Gattung *(Atypus)* vor, deren drei Arten nur gering giftig sind. Sie graben tiefe Erdröhren (fast 1 m tief) und kleiden diese mit Spinnseide aus. Die Erdröhren bestehen aus einem unterirdischen, senkrechten Teil und einem oberirdischen waagerechten Fortsatz, der als Fangschlauch meist auf dem Boden aufliegt. Tagsüber halten sich die Spinnen im unterirdischen Teil auf. Nachts sitzen sie im oberirdischen Teil und warten auf kleine Beutetiere, die über die Röhre laufen. Diese werden dann mit den großen Kieferklauen gegriffen und durch die Röhrenwand ins Innere der Erdröhre gezogen. Das Loch im Fangschlauch wird später wieder verschlossen. Für Menschen sind die räuberischen Spinnen aber harmlos. Sie sind auf kleinere Beutetiere spezialisiert und können durch ihre Jagd den Nährstoffeintrag in den Boden und Zersetzungsprozesse regulieren. Somit spielen auch sie eine wichtige Rolle im Ökosystem, nicht zuletzt als Gegenspieler von Schädlingen, die unsere Nutzpflanzen fressen.

Eine kleine, weniger bekannte Gruppe von Spinnentieren im Boden sind die **Pseudoskorpione**. Das sind sehr kleine (2–4 mm), räuberische Bodentiere, die sich unter anderem in der Streu, in den engen Spalten im Boden oder unter Rinde aufhalten und mit ihren Pedipalpenscheren mit Giftdrüsen Skorpionen ähneln.

Im Boden und dessen Nähe gibt es neben den Räubern viele zersetzende Organismen. Sie sorgen dafür, dass abgestorbene Pflanzen und tote Tiere und Leichen zersetzt werden und ihre Nährstoffe wieder recycelt werden. Dazu gehören zum Beispiel die Larven der **Zweiflügler** (Diptera), zu denen Fliegen und Mücken zählen. Die Adulte haben zwei Flügel (genau genommen ein Paar Vorderflügel), die Hinterflügel sind zu sogenannten Schwingkölbchen (Halteren) umgebildet, mit denen sie ihren Flug stabilisieren können. Die Larven der Fliegen haben keine Kopfkapsel, sind beinlos und werden Maden genannt. Die Eier, aus denen sie schlüpfen, werden meist in die Nahrungsquelle abgelegt. Dort müssen sie sich dann nur durchfressen, wofür keine Beine notwendig sind. Bei der Zersetzung von Tierkadavern und Leichen kommt es zu einer Abfolge von verschiedenen Larvenstadien und Organismen, die unterschiedliche Funktionen haben und den toten Körper langsam zersetzen und umwandeln. Die Forensik mit dem Spezialgebiet forensische Entomologie (Insektenkunde) macht sich dieses Wissen zunutze, um den Todeszeitpunkt eines Menschen zu bestimmen, der unbemerkt gestorben ist oder Opfer eines Verbrechens wurde. Es gibt einige Insekten, die sich auf diese Aufgabe spezialisiert haben, was schon ihr Name verrät. Der Totengräber gehört zu den Aaskäfern und ernährt sich räuberisch (zum Beispiel von Maden) und von Aas. Er schafft auch kleine Tierkadaver in den Boden und legt Eier in der Nähe der abgerundeten Aaskugel ab. Die schlüpfenden Larven fressen vom Aas, werden zum Teil aber auch von den Weibchen gefüttert, wenn ihre Mundwerkzeuge noch nicht ausgehärtet sind.

Mesofauna

(Wichtige Gruppen: Acari, Collembola, Tardigrada, Protura, Diplura, Enchytraeidae)

Die Bodenlebewesen der Mesofauna sind maximal wenige Millimeter groß und für viele Menschen recht unbekannt, da die meisten für uns mit dem bloßen Auge nicht sichtbar sind. Man kennt ihre Vertreter oft aus anderen Zusammenhängen.

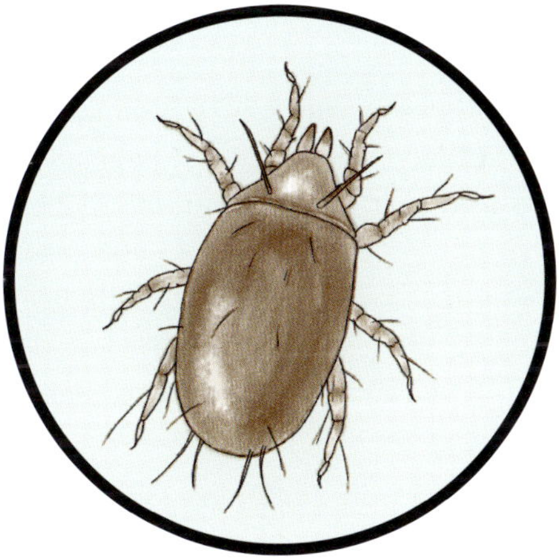

Es gibt zum Beispiel eine Vielzahl an **Milben** (Acari) im Boden.

Bodenmilben sind mit den Hausstaubmilben verwandt. Sie sind so klein (0,1–0,5 mm), dass man sie zum Glück mit dem bloßen Auge nicht sehen kann. Oder wollen Sie sich mit Milben das Bett teilen, die Ihnen abends in die Augen blicken und eine gute Nacht wünschen? Was machen aber die Milben in unseren Betten? Ursprünglich haben Hausstaubmilben Vogelnester besiedelt, von dort sind sie auf menschliche Behausungen übergegangen und weltweit verschleppt worden. Ihr wissenschaftlicher Name *Dermatophagoides* bedeutet «Hautfresser». Hausstaubmilben ernähren sich von abgefallenen Hautschuppen, von denen ein Mensch etwa 0,5–1 Gramm pro Tag produziert. Sie mögen es feucht und warm – ideale Bedingungen also in menschlichen Betten.

Aber was machen ihre Verwandten im Boden? Das ist sehr unterschiedlich, denn Milben sind mit ca. 50 000 beschriebenen Arten die artenreichste Untergruppe der Spinnentiere. Rund die Hälfte der Arten lebt im Boden. Unter optimalen Bedingungen wird dort eine Besiedlungsdichte von einigen Hunderttausend Milben pro Quadratmeter erreicht. Viele Milben sind blind, andere besitzen nicht wie Spinnen bis zu acht funktionsfähige Augen, sondern oft nur ein bis wenige Augen. Sie haben unterschiedliche Ernährungs- und Lebensweisen, und ihre Nahrung reicht von totem organischem Material über Pilze, Pflanzensäfte bis hin zu Körperflüssigkeiten. Einige Milben sind Parasiten und lassen sich von ihren Wirten über weite Strecken transportieren, so zum Beispiel die Larven der roten Samtmilbe. Die erwachsenen Tiere sind gut mit bloßem Auge erkennbar – mit einer Größe von 4 Millimetern sind sie die größte einheimische Milbenart. Sie sind durch ihre dichte, scharlachrote Behaarung orange-rot gefärbt und flitzen im Sommer oft über Steine und Mauern oder den Boden, um kleine Tiere zu jagen oder Insekteneier auszusaugen. Sie fressen auch Schädlinge, zum Beispiel Rebläuse, und gehören deshalb zu den Nützlingen. Falls sie an sonnigen Tagen zufällig über Ihre Terrasse rennen, ist das also kein Problem – sie sind harmlos! Ihre Larven leben im Gegensatz zu den erwachsenen Tieren parasitisch, sie saugen an der Hämolymphe, der Gewebeflüssigkeit von Insekten und Weberknechten. Man kann sie unter den Flügeln von Insekten saugen sehen, wo der Wirt nicht mit den Beinen hinkommt, um sie abzustreifen. Mithilfe ihres Wirts können sie große Strecken zurücklegen, als blinde Passagiere im wahrsten Sinne des Wortes!

Andere zur Mesofauna gehörende Tiere sind die sogenannten **Springschwänze** (Collembola).

Haben Sie schon einmal aus der Erde Ihres Blumentopfs etwas Weißes, sehr Kleines springen sehen? Dann waren das wahrscheinlich Collembolen, auch Springschwänze genannt. Collembolen gehören zu den Sechsfüßern, den Hexapoda. Zu diesem Unterstamm der Gliederfüßer gehören unter anderem die Insekten, die auch sechs Beine besitzen. Collembolen sind klein, sie erreichen Körperlängen zwischen 0,1 und 17 Millimetern und kommen hauptsächlich in der Streu, der Humusschicht und tiefer im Boden vor. Die Arten, die an und nahe der Oberfläche leben, können bei Gefahr springen, um zu entkommen. Sie haben dafür eine Sprungvorrichtung, eine Sprunggabel (Furca), am Bauch, die sie blitzschnell nach oben katapultiert. Sie sind oft pigmentiert, um sich gegen UV-Strahlung zu schützen und in der Streu weniger aufzufallen. Ihre Verwandten unter der Erde sind hingegen oft ganz weiß, da sie im Boden keinen Sonnenschutz brauchen, und sie haben auch meist keine Sprunggabel. Wohin sollten sie im Boden auch springen? Wie auch bei den Milben sind die Tiere mit ihrer Größe und anderen Merkmalen an ihren jeweiligen Lebensraum angepasst.

Bärtierchen (Tardigrada), auch Wasserbären genannt, sind erstaunliche Bewohner des Bodens.

Sie sind zwischen 0,1 und 1,5 Millimeter klein, doch ihre tapsige Gestalt und ihre Bewegungen sowie ihre mit Krallen besetzten Füßchen erinnern an kleine Bären. Sie wurden von dem Quedlinburger Pastor Johann August Ephraim Goeze 1772 beobachtet und im folgenden Jahr als Fußnote in der deutschen Übersetzung von Karl Bonnets «Abhandlungen aus der Insektologie» so beschrieben: «Seltsam ist dieses Thierchen, weil der ganze Bau seines Körpers außerordentlich und seltsam ist, und weil es in seiner äusserlichen Gestalt, dem ersten Anblicke nach, die gröste Aehnlichkeit mit einem Bäre im Kleinen hat. Dies hat mich auch bewogen ihm den Namen des kleinen Wasserbärs zu geben. [...] Man fürchte sich indessen nicht, auch diese Raubthiere der unsichtbaren Welt zu betrachten.»

Bärtierchen leben im Bodenwasser und an feuchten Standorten wie in Wasseransammlungen im Inneren von Moosen und Flechten. Unter schlechten Umweltbedingungen können sie eine dickwandige Zyste oder ein Tönnchen bilden, in denen sie Kälte, Hitze und Trockenheit lange überleben können. Da sie nach der Embryonalentwicklung außer in den Keimbahnen keine Zellteilungen mehr durchführen, können sie auch hohe Dosen radioaktiver Strahlung überleben. Sie können Temperaturen von bis zu –272 Grad Celsius überstehen und waren aufgrund ihres Rufs als Überlebenskünstler sogar schon als «Versuchstiere» im All. 2007 umkreisten sie während der

ESA-Foton-M3-Mission die Erde und waren dem Vakuum, der UV-Strahlung der Sonne und kosmischer Strahlung ausgesetzt. Vakuum überlebten die meisten Versuchstierchen, einige Individuen überlebten sogar die Kombination mit kosmischer Strahlung. Damit waren sie die ersten Tiere, die unter Extrembedingungen im All getestet worden sind und die überlebten! Vorher wusste man nur, dass Bakterien und Flechten diese Bedingungen überleben können.

Weitere zur Mesofauna gehörende Bodentiere wie **Beintastler** (Protura) und **Doppelschwänze** (Diplura) sind weniger bekannt und erforscht. Sie gehören wie die Springschwänze und die Insekten zu den Sechsfüßern (Hexapoda). Beintastler haben keine Antennen, deshalb tasten sie – wie ihr Name schon sagt – mit dem ersten, etwas verlängerten Beinpaar und strecken es fühlerartig nach vorn aus. Sie sind blind, klein (0,5–2,5 mm lang), leben in den oberen Schichten des Bodens, lieben es feucht und fressen wahrscheinlich hauptsächlich Pilzfäden. Über ihre Art der Fortpflanzung und andere Vorlieben ist wenig bekannt. Es gibt in Mitteleuropa etwa 200 Arten, die sich alle ziemlich ähneln und nur von Expert:innen unterschieden werden können. Die Doppelschwänze haben im Gegensatz zu den Beintastlern lange Antennen und besitzen zwei Schwanzanhänge (Cerci). Mit den zangenartigen Schwanzanhängen können manche der räuberischen Arten ihre Beute festhalten, die sie dann mit ihren Mundwerkzeugen verzehren. Andere Arten innerhalb der Doppelschwänze ernähren sich von organischem Material im Boden oder von Pilzfäden.

Enchytraeiden sind kleine, wenig gefärbte bis durchsichtige Würmchen (Körperlänge 5–30 mm), die den Regenwürmern sehr ähneln und deren Funktion in sauren Böden, zum Beispiel in Moorböden, oder in landwirtschaftlich stark genutzten Böden teilweise übernehmen. Sie sind wie ihre nahen Verwandten wichtige Zersetzer, aber sie fressen vorwiegend verrottendes pflanzliches Material und Mikroflora und keine mineralischen Bodenbestandteile, sodass sie keine Ton-Humus-Komplexe wie die Regenwürmer bilden, sondern Moderhumus.

Mikrofauna

(Wichtige Gruppen: Protozoa, Nematoda, Rotifera)

Noch kleinere Bodentiere zählen zur Mikrofauna. Sie kommen schon in einer Handvoll Boden in sehr großen Zahlen vor, sind jedoch kleiner als 0,2 Millimeter und damit für das menschliche Auge ohne Hilfsmittel unsichtbar. Unter Vergrößerung mithilfe eines Mikroskops kann man sie betrachten und stellt fest, dass auch dort eine Vielzahl an Formen und Anpassungen zu sehen ist.

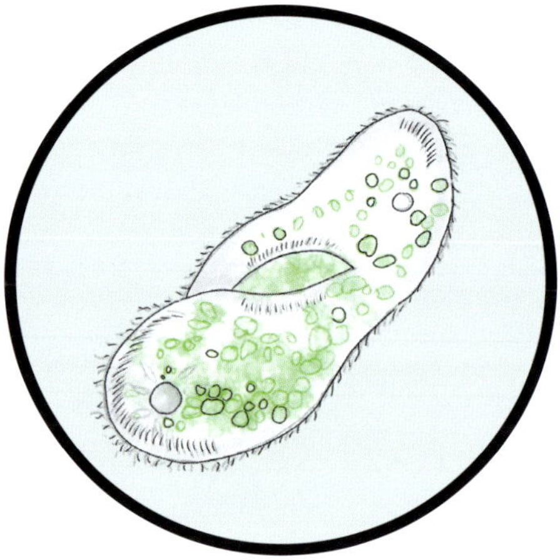

Das **Pantoffeltierchen** *(Paramecium)* ist ein Vertreter der bewimperten Protozoen, der Wimpertierchen – manche werden sich aus dem Biologie-Unterricht vielleicht noch dunkel an seine bewimperte Oberfläche erinnern. Wahrscheinlich kommt von ihrer schuhsohlenartigen Gestalt und den Zilien (Wimpern) der deutsche Name Pantoffeltierchen, weil Pantoffeln ja auch oft etwas wollig sind.

Sie leben vor allem im Süßwasser, aber auch im Boden, bewegen sich durch das Schlagen der Wimpern in Wasser fort und ernähren sich hauptsächlich von Bakterien. Neben den **Wimpertierchen** gibt es auch **Amöben** und **Flagellaten**. Amöben können ein Exoskelett haben oder sie sind einfach ein gestaltloses, mit Scheinfüßchen versehenes Gebilde, das seine Form ändert (weshalb sie auch Wurzelfüßer oder Wechseltierchen genannt werden) und Bakterien umfließt, um sie mithilfe von Verdauungsblasen zu fressen. Die Flagellaten werden auch Geißeltierchen genannt, weil sie ein oder zwei lange, peitschenartige Haare (Flagellen) besitzen, mit denen sie sich in Wasser fortbewegen können.

Protozoen sind tierische Einzeller, die einen Zellkern besitzen und somit zur Domäne der «Eukaryota» gehören, zu der übrigens auch wir Menschen zusammen mit allen anderen Tieren, Pflanzen, Algen und Pilzen gehören. Im Gegensatz dazu haben Bakterien und Archaeen («Urbakterien») keinen Zellkern und keine Unterteilung des Zellraums (Kompartimentierung), sie gehören zur Domäne «Prokaryota».

Aber zurück zum Thema: Was machen Protozoen im Boden? Vor allem fressen sie Bakterien, die etwa 100- bis 10 000-mal kleiner sind als sie selbst, aber auch Algen, Pilze, organisches Material und andere Protozoen. Protozoen grasen Bakterien-, Algen- und Pilzrasen ab und regulieren so deren Populationsgrößen. Dabei wird als Abfallprodukt unter anderem Stickstoff freigesetzt, der vorher in den Mikroorganismen gebunden war, und dann wieder in mineralischer Form für das Pflanzenwachstum zur Verfügung steht.

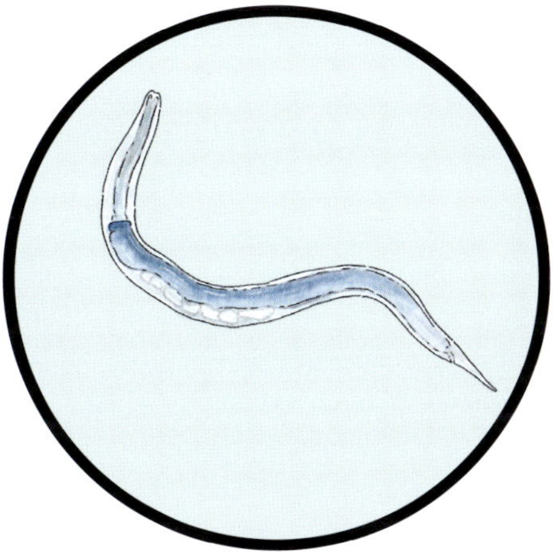

Andere wichtige Bewohner des Bodens und Vertreter der Mikrofauna sind die **Fadenwürmer** (Nematoda).

Sie sind mehrzellig, im Querschnitt rund, blind und größer als Protozoen. Ihr wurmartiger Körper ist im Gegensatz zu den Regenwürmern nicht in Segmente unterteilt. Es gibt eine Vielzahl an Arten und Lebensformen. Im Boden kommen Bakterienfresser, Pilzfresser, Räuber und Parasiten von Pflanzen und Tieren vor. Fadenwürmer haben dafür spezielle Mundwerkzeuge. Bakterienfresser haben eine leere Mundhöhle, mit der sie Bakterien aufnehmen können. Pilzfresser haben Stillette, um die Zellwände der Pilze aus Chitin zu durchstechen und den Zellinhalt einzusaugen. Ähnlich dazu haben Pflanzenparasiten dünne, nadelartige Stillette, mit denen sie die Zellwände der Pflanzenzellen durchstechen können. Sie fressen entweder außen an der Wurzel (ektoparasitische Arten) oder dringen in die Wurzel ein, um innen zu fressen (endoparasitische Arten). Pflanzenfressende Nematoden sind zum Teil wichtige Schädlinge von Nutzpflanzen. Manche Arten verursachen Gallen an den Wurzeln, andere Zysten, die aus den aufgeblähten Körpern der weiblichen Nematoden bestehen und den Nachwuchs bei günstigen Bedingungen in den Wurzelraum abgeben. So zum Beispiel der Goldnematode oder Gelbe Kartoffelzystennematode (*Globodera rostochiensis*, Syn. *Heterodera rostochiensis*), der Kartoffeln befällt und 1913 – wie sein wissenschaftlicher Name verrät – in der Nähe von Rostock entdeckt wurde.

Es gibt aber auch Nützlinge unter den parasitischen Nematoden. Sie befallen Insektenlarven und werden als biologische Schädlingsbekämpfungsmittel gegen Maikäferlarven (Engerlinge) und Rüsselkäferlarven eingesetzt, die an Wurzeln von Nutzpflanzen fressen. Auch die Trauermücken, deren Larven unbemerkt an Pflanzenwurzeln fressen und in vielen Büros und Wohnungen, aber auch im Gemüseanbau für Unmut sorgen, können mithilfe von Nematoden bekämpft werden. Lästiger als die Larven sind im Büro oder zu Hause allerdings meist die Adulttiere, die zu Hunderten aus den Zimmerpflanzentöpfen schlüpfen können. Es sei denn, man gibt Nematoden der Art *Steinernema feltiae* in die Blumenerde, die die Larven der Trauermücke erfolgreich dezimieren. Dazu suchen sie die Larven im Boden aktiv auf und dringen in diese ein. Im Inneren geben die Nematoden ein Bakterium ab, das sich schnell vermehrt und zum Tod des Wirts führt.

Die räuberischen Arten der Nematoden besitzen einen oder mehrere Zähne in der Mundhöhle, mit denen sie ihre Beute attackieren und fressen.

Alles in allem spielen die Nematoden unterschiedlichste Rollen im Boden. Ihre wichtigste Funktion ist jedoch mit der der Protozoen vergleichbar. Sie setzen durch ihren Fraß Nährstoffe in mineralischer Form frei, die von den Pflanzenwurzeln aufgenommen und zum Wachstum benutzt werden. Gleichzeitig bilden sie eine Nahrungsgrundlage für viele Bodenorganismen, sodass sie einen sehr wichtigen Platz im Nahrungsnetz des Bodens einnehmen.

Weniger bekannt sind die **Rädertierchen** (Rotifera) – kleine, zwischen 0,1 und 0,5 Millimeter große Tierchen, die am Kopf bewegliche Wimpernkränze und eine gleichbleibende Anzahl an Körperzellen besitzen. Letzteres nennt man Eutelie und ist eine Besonderheit, wie sie bei manchen Nematoden, Bärtierchen und anderen kleinen Wirbellosen auftritt. Eutelie hat für die entsprechenden Lebewesen große Konsequenzen. So ist die Regenerationsfähigkeit des Organismus stark herabgesetzt, sodass bereits kleinere Verletzungen zum Tod führen können. Andererseits sind aber auch Tumore unmöglich, da die Zellen ihre Teilungsfähigkeit verloren haben. Es hat alles seine Vor- und Nachteile ...

Mikroorganismen/Mikroflora

(Wichtige Gruppen: Microalgae, Fungi, Bacteria, Archaea)

Mikroflora ist ein etwas veralteter Begriff, da es sich bei den kleinsten, nicht tierischen Organismen nicht um Flora (Pflanzen) handelt. Meist wird der Begriff Mikroorganismen für mikroskopisch kleine Organismen (Kleinstlebewesen) genutzt, die als Einzelwesen nicht mit bloßem Auge erkennbar sind. Es gibt darunter sehr kleine, ein- oder wenigzellige **Algen** (Mikroalgen), die auch im Boden vorkommen. Da sie dafür Sonnenlicht benötigen, kommen sie auf oder in der Nähe der Bodenoberfläche vor. Als sogenannte Primärproduzenten brauchen sie zum Aufbau ihrer Biomasse Sonnenlicht, Kohlendioxid und Wasser.

Flechten

Flechten sind ein Zusammenschluss von Grünalgen oder Blaualgen (Cyanobakterien) und Pilzen. Beide Partner tragen einen Teil zum Lebensunterhalt bei. Die Pilze profitieren von der Eigenschaft der Algen, Fotosynthese betreiben zu können, das heißt, mithilfe der Energie des Sonnenlichts Biomasse aufzubauen. Der Pilzpartner sondert Chemikalien ab, die den Stein oder das Holz, auf dem die Flechte wächst, zersetzen und so Nährstoffe und Mineralien zugänglich machen. Zudem liefert der Pilz die Gestalt der Flechte. Flechten wachsen oft auf extremen Standorten (zum Beispiel auf Steinen). Sie gelten als Anzeiger für reine Luft, reagieren sehr empfindlich auf Schadstoffe und werden deshalb auch als Bioindikatoren zur Bestimmung der Luftqualität benutzt. Je geringer das Vorkommen und die Artenvielfalt an Flechten zum Beispiel an Stadtbäumen, desto schlechter die Luftqualität.

Im Boden sind **Pilze** (Fungi) eine sehr wichtige Gruppe, da sie zum Beispiel an der Zersetzung und im Nährstoffkreislauf maßgeblich beteiligt sind. Bei Pilzen haben viele Menschen nur die Fruchtkörper von Pilzen vor Augen, da sie unseren Speisezettel erweitern oder auch als Drogen eingesetzt werden. Bekannte essbare Beispiele sind Champignons, Pfifferlinge oder Seitlinge, unter den halluzinogenen Pilzen sind giftige Pilze wie der Fliegenpilz. Ein Pilz besteht aber nicht nur aus Fruchtkörpern, sondern aus einem Geflecht aus Pilzfäden (das Mycel), das den Boden oder anderes Substrat durchdringt.

Der größte Organismus der Erde ist nach jetzigem Stand des Wissens ein Pilz: der **Dunkle Hallimasch** *(Armillaria ostoyae)*. Er wurde erst im Jahr 2000 entdeckt, ist aber schon etwa 2400 Jahre alt. Er lebt in der Erde des Malheur National Forest in Oregon (USA). Seine Fruchtkörper, gelbliche Pilzhüte von ca. 12 Zentimetern Höhe, sieht man an Stümpfen und Stämmen von Bäumen, der größte Teil seines Körpers ist jedoch im Untergrund verborgen. Sein Mycel erschreckt sich über 9 Quadratkilometer. Er ernährt sich von Nadelbäumen, dringt mit seinen Pilzfäden in diese ein und nimmt damit Wasser, Zucker und Nährstoffe der Bäume auf. Insgesamt soll der Pilz ein Gewicht von 600 Tonnen haben. Auch in unseren Wäldern kommt der Pilz vor, er ist ein bedeutender Forstschädling, der Nadelbäume befällt.

Pilze sind als Zersetzer sehr wichtig, sie schaffen es, Stoffe zu zersetzen, die andere Organismen nicht klein kriegen. Darunter zählen Stoffe, aus denen die Zellwände von Pflanzen aufgebaut sind, wie Zellulose und Lignin, oder Chitin, das ein Hauptbestandteil der Außenhülle (Exoskelett) der Insekten und von Zellwänden der Pilze ist.

Zu den Pilzen gehören auch die **Mykorrhizapilze**, die mit Pflanzen in Symbiose leben.

Den Begriff Symbiose kennt man vielleicht in Bezug auf sehr enge Beziehungen von Paaren, bei denen die Partner sehr voneinander abhängen und ohne einander nicht mehr selbstständig leben können. So ähnlich geht es den Mykorrhizapilzen. Sie sind für ihr Überleben und Wachstum auf Kohlenhydrate (zum Beispiel Glukose) angewiesen, die sie von ihrem Pflanzenpartner bekommen. Im Austausch dazu geben sie den Pflanzen Nährstoffe wie Phosphor oder Stickstoff, die von den Pilzfäden besser beschafft werden können. Viele Mykorrhizapilze sind zum Überleben auf ihren pflanzlichen Partner angewiesen, die Pflanzen können oft auch ohne Mykorrhizapilze überleben und zum Beispiel den Phosphor auch durch Düngung bekommen. Da die weltweiten Phosphorvorräte zur Neige gehen, ist die Düngung mit Phosphor jedoch langfristig nicht gesichert.

Es gibt verschiedene Typen von Mykorrhizapilzen. Etwa 90 Prozent der Landpflanzen leben mit arbuskulären Mykorrhizapilzen (auch AMF – *arbuscular mycorrhizal fungi* – genannt) zusammen, die in die Wurzeln eindringen und deshalb auch als **Endomykorrhiza** bezeichnet werden. *Endo* kommt aus dem Griechischen und bedeutet «innen». Die Hyphen wachsen in den Pflanzenwurzeln, zwischen den Zellen. Innerhalb der Zellen (aber vom Zellplasma getrennt durch die Zellmembran) wird eine baumartige Struktur ausgebildet, die zum Austausch von Nähstoffen dient. Der Name «arbuskulär» bezieht sich auf diese baumartige Struktur, da Baum auf Lateinisch *arbor* bedeutet. Es wird vermutet, dass ohne die Symbiose mit AMF die Pflanzen nicht das Land besiedelt hätten. Durch die Zusammenarbeit mit diesen mikroskopisch kleinen Pilzen konnten die ersten Pflanzen an Land überleben, auch ohne ein ausgeprägtes Wurzelsystem. Die Pilzfäden des Partners ersetzten die Wurzeln und ermöglichten den ersten Landpflanzen die Aufnahme von Nährstoffen aus dem Boden.

Orchideen haben eine besondere Endomykorrhiza, die viele von ihnen benötigen, um erfolgreich zu keimen. Orchideen-Samen sind sehr klein und haben wenige Nährstoffe gespeichert, sodass sie auf die Starthilfe der Pilze angewiesen sind, die sie von Anfang an mit Nähstoffen versorgen. Es gibt sogar Orchideen, die keine grünen Blätter und kein oder wenig Chlorophyll besitzen, somit auch wenig oder keine Fotosynthese betreiben können und ihre Nährstoffe allein von ihrem Pilzpartner beziehen. Dazu gehören bei uns die Korallenwurz *(Corallorhiza trifida)* und die Vogel-Nestwurz *(Neottia nidus-avis)*.

Bei Heidekräutern (Familie Ericaceae) gibt es auch eine besondere Form der Endomykorrhiza, die sogenannte ericoide Mykorrhiza, die innerhalb der Wurzelhaarzellen Austauschstrukturen bildet. Sie dient vor allem der Versorgung mit Stickstoff aus dem Boden, der in Heidegebieten oft sauer und nährstoffarm ist.

Eine weit verbreitete Form der Mykorrhiza ist die **Ektomykorrhiza**. *Ekto* kommt aus dem Griechischen und bedeutet «außen». Die Pilze dringen in dieser Form der Symbiose nicht in die Pflanzenzellen ein, sondern umhüllen mit einem dichten Hyphennetz (dem sogenannten Hartigschen Netz) die Wurzeln von außen. Die Pilzpartner sind aus verschiedenen Pilzgruppen wie den Ständerpilzen (Basidiomyceten), den Schlauchpilzen (Ascomyceten) und den Jochpilzen (Zygomyceten). Nur etwa zwei Prozent der Pflanzen haben eine Ektomykorrhiza, das sind vor allem Bäume und Sträucher der gemäßigten Zonen. Auch viele Speisepilze gehören zu den Ektomykorrhiza-Pilzen. Wir interessieren uns dabei meist nur für die schmackhaften Fruchtkörper, doch im Boden haben diese Pilze ein Hyphennetz, mit dem sie mit Bäumen in Verbindung stehen. Deshalb findet man manche Pilzarten auch immer in der Nähe derselben Baumarten, die als Wirte für den Pilz dienen. Ein Beispiel dafür ist der Goldgelbe Lärchen-Röhrling, auch Gold-Röhrling genannt (*Suillus grevillei*, Syn.: *Suillus flavus*). Neben dem Austausch von Nährstoffen können Mykorrhizapilze auch dafür sorgen, dass ihre Wirtspflanzen stressresistenter sind. Dazu aber mehr im nächsten Teil des Kapitels, wo es um die vielfältigen Kooperationen und faszinierenden Wechselbeziehungen im Boden geht.

Eine besondere Gruppe sind die **Schleimpilze** (Mycetozoa oder Eumycetozoa), die trotz ihres Namens nicht zu den Pilzen gerechnet werden. Sie haben Eigenschaften sowohl von Tieren als auch von Pilzen und sind einzellige Lebewesen, die sich bei einzelnen Gruppen (Unterklasse Dictyostelia) in manchen Lebensstadien zu großen Gruppierungen zusammenschließen. So wird von einzelnen als Amöben lebenden Zellen zeitweilig ein vielzelliger Organismus gebildet, der sich als eine Art Schleim schneckenförmig fortbewegt. Dieses schleimige Gebilde sucht sich einen geeigneten Standort und bildet dort eine Art Fruchtkörper. Ein Teil der Zellen bildet den Stiel, oben bilden die Zellen einen Behälter für die Fortpflanzungseinheiten (Sporen), die dann vom Wind verbreitet werden. Mit einigen Vertretern von Schleimpilzen wurden Verhaltenstests durchgeführt, die belegen, dass sie in der Lage sind, den kürzesten Weg in einem Labyrinth zu finden, der zum Beispiel zwei Futterquellen miteinander verbindet. Diese Experimente zeigen, dass sogar Schleimpilze «intelligente Entscheidungen» treffen und ihr Verhalten flexibel an Umweltreize anpassen können.

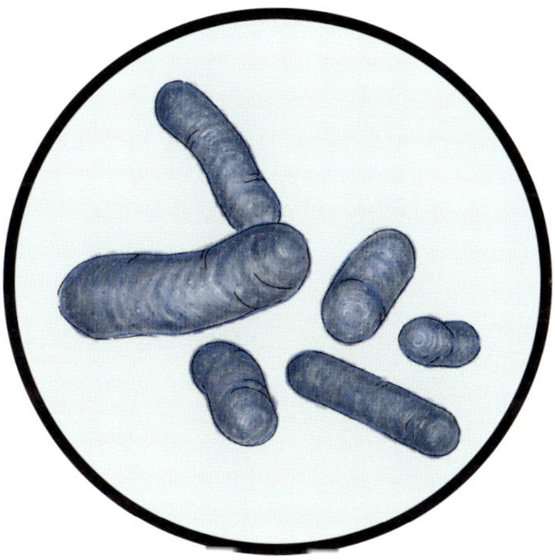

Bakterien (Bacteria) sind Einzeller, sie haben keinen Zellkern und keine Zellorganellen. Sie sind sogenannte Prokaryoten.

Sie existieren schon viel länger auf der Erde als Pflanzen oder Tiere und sind fast überall zu finden. Sie können kugelig, stäbchenförmig oder auch spiral- oder wendelförmig aussehen. Bakterien haben eine sehr kurze Generationszeit und können über Artgrenzen hinweg genetisches Material mithilfe von fadenförmigen Zellanhängseln (sogenannten F-Pili) austauschen. So können zum Beispiel Gene für Antibiotikaresistenzen von einem Bakterium zum nächsten übertragen werden. Ihre Funktionen im Boden sind sehr unterschiedlich. Eine sehr wichtige Rolle für das Pflanzenwachstum spielen die Stickstoff-Fixierer und die Ammonium-Oxidierer. Stickstoff-fixierende Bakterien befinden sich unter anderem in Wurzelknöllchen von Leguminosen und werden deshalb auch Knöllchenbakterien genannt. Sie können Stickstoff aus der Luft fixieren und den Pflanzen in Form von Ammoniak und Ammonium zur Verfügung stellen. Das ist ihnen jedoch nur in der Symbiose mit den Pflanzen möglich. Ammonium im Boden kann wiederum von anderen Bakterien und Archaeen zu Nitrat umgewandelt werden. Nitrat ist neben Ammonium ein sehr wichtiger Nährstoff für Pflanzen. Vor der Entwicklung der mineralischen Kunstdünger haben fast ausschließlich Bakterien für die Bereitstellung von Stickstoff für die Pflanzen gesorgt. In der Landwirtschaft wird schon seit langer Zeit und vor allem im ökologischen Landbau die umwelt- und ressourcenschonende Gründüngung eingesetzt. Dabei werden Leguminosen (zum Beispiel Klee) in der Fruchtfolge auf dem Acker angebaut und bei der Ernte nicht entnommen, sondern untergepflügt. Im Boden sorgen dann viele verschiedene Bodenorganismen für die Zersetzung des Pflanzenmaterials, der eingebaute Stickstoff wird von Bakterien umgewandelt (mineralisiert), sodass ihn die nächsten Pflanzen auf dem Feld wieder für ihr Wachstum nutzen können. Bakterien sind aber auch für die Zersetzung von organischem Material jeglichen Ursprungs zuständig. Sie lagern Nährstoffe ein – man spricht hier von Immobilisierung, weil die Nährstoffe in der Bakterienmasse gebunden sind. Durch Fraß durch andere Organismen wie Protozoen und Nematoden, die Bakterienrasen abgrasen, und durch Zersetzung nach ihrem Tod werden die Nährstoffe wieder freigesetzt und stehen für andere Lebewesen zur Verfügung.

Bakterien stellen somit eine sehr wichtige Lebensgrundlage für viele Bodenorganismen dar. Es gibt anaerobe und aerobe Bakterien: Die einen leben unter Umweltbedingungen ohne Sauerstoff, die anderen mit Sauerstoff. Bei der anaeroben Zersetzung ohne Sauerstoff kommt es meist zu fauligen Gerüchen. Aerobe Bakterien wie die Actinomyceten können hingegen auch für angenehme Gerüche sorgen, sie produzieren das erdig-frische Aroma eines guten Bodens. Spezialisierte Bakterien können verschiedene schwer zersetzbare Stoffe wie Chitin und Zellulose zersetzen, doch bei Lignin aus holzigen Pflanzenteilen müssen die meisten passen. Dieser molekular komplexe

Pflanzenstoff, bei dem die Enzyme der Bakterien versagen, kann aber durch Spezialisten unter den Pilzen zersetzt werden. Weißfäulepilze, die dazu in der Lage sind, haben diese Fähigkeit zum Ende der Karbonzeit vor 295 Millionen Jahren entwickelt. Es wird vermutet, dass diese neue Fähigkeit der Pilze dazu beigetragen haben könnte, dass das Steinkohlezeitalter (Karbon) zu Ende ging, da das Lignin abgebaut wurde und das Holz verrottete und nicht mehr als Steinkohle konserviert wurde.

Weniger bekannt sind **Archaeen**, die man früher zu den Bakterien zählte. Sie gehören auch zu den Prokaryoten, weil sie wie die Bakterien keinen Zellkern besitzen. Diese einzelligen Organismen unterscheiden sich von den Bakterien in genetischer, physiologischer und struktureller Hinsicht, sodass sie als eigene taxonomische Einheit betrachtet werden. Sie können unter extremen Bedingungen existieren und zum Beispiel bei Temperaturen von 110 Grad Celsius noch wachsen oder auch extreme Salz- und Säuregehalte ertragen. Sie kommen in Mägen von Wiederkäuern vor und spielen in vielen Prozessen eine vermutlich wichtige, aber bisher wenig erforschte Rolle. Krankheitserreger sind unbekannt. Manche Archaeen werden bei der Boden- und Gewässersanierung eingesetzt oder zur Methangewinnung in Biogasanlagen, sind also direkt von Nutzen für den Menschen. Des Weiteren spielen sie eine bedeutende Rolle für die Stoffkreisläufe (Stickstoff-, Kohlenstoff-, Schwefelkreislauf) im Ökosystem der Erde. Man sollte also die kleinsten Lebewesen nie unterschätzen!

Lebensweisen von Bodenorganismen

Bodenbewohner und Gäste

Manche Lebewesen bewohnen den Boden dauerhaft, andere halten sich nur zeitweise, zum Beispiel in gewissen Stadien ihres Lebens, im Boden auf. Regenwürmer gehören zu den dauerhaften Bodenbewohnern. Sie befinden sich fast immer unterirdisch (es sei denn, sie kommen bei Regen oder zur Fortpflanzung aus ihren Löchern). Viele Insekten verbringen mehrere Jahre als Larven im Boden, sind aber als erwachsene Tiere oberirdisch unterwegs. Dazu gehören zum Beispiel der Maikäfer oder Singzikaden. Die Larven der Singzikaden, die hauptsächlich in den Tropen und Subtropen vorkommen, haben Grabbeine, um sich im Boden fortbewegen zu können, und saugen an Wurzeln. Erstaunlich sind die Singzikaden der Gattung *Magicicada*, die in Nordamerika zu Hause sind.

Sie verbringen eine sehr lange Zeit als Larven im Boden, nämlich erstaunlicherweise genau 13 oder 17 Jahre, in denen sie fünf Larvenstadien durchleben. Es kommt periodisch, alle 13 oder 17 Jahre, zu einem oberirdischen Massenvorkommen der Singzikaden, da sie alle zeitgleich aus dem Boden schlüpfen. Im Vergleich zum unterirdischen Leben ist das oberirdische Leben dieser Tiere sehr kurz. Sie leben als erwachsene Tiere nur wenige Wochen, in denen sie sich paaren und die Weibchen die Eier ablegen. Warum schlüpfen diese Arten zeitgleich? Man nimmt an, dass es eine Strategie ist, um Fressfeinden zu entkommen: Einerseits erhöht sich bei Massenvorkommen die Chance des einzelnen Tiers, den Feinden zu entkommen – man versteckt sich förmlich in der Masse –, andererseits kommt es zu einer Übersättigung der Feinde. Eine andere Hypothese bezieht sich auf die seltsamen Schlüpfintervalle von 13 und 17 Jahren. Es handelt sich um Primzahlen (nur durch eins und sich selbst teilbar), und diese scheinen für Vermehrungsintervalle günstig. Wären die Zykluslängen der Zikaden beispielsweise sechs Jahre, so könnten die Tiere von allen Räubern gefressen werden, die alle ein, zwei, drei, vier und sechs Jahre auftreten. Bei einem Lebenszyklus von 13 Jahren sind weniger Räuber vorhanden, im besten Fall nur noch die Arten, die jedes Jahr oder alle 13 Jahre auftreten. Vieles bleibt dennoch ein Rätsel: Ob und wie die Tiere im Boden kommunizieren, um gemeinsam zu schlüpfen, ist zum Beispiel unbekannt.

Tiere wie Dachse, Hamster, Murmeltiere oder Schnecken halten sich nur zeitweise im Boden auf. Sie suchen oft Schutz, zum Beispiel die Nacktschnecken vor Austrocknung oder vor Feinden. Oder sie haben wie viele Wirbeltiere ihre Baue unterirdisch und schlafen dort, gehen aber oberirdisch auf Nahrungssuche. Viele kleinere Organismen der Mikro- und Mesofauna leben dauerhaft im Boden. Großpilze haben unterirdische und oberirdische Teile und Lebensphasen. Der Fruchtkörper, den wir als «Pilz» wahrnehmen und, falls genießbar und ungiftig, gern essen, ist nur ein Teil eines weitreichenden Hyphengeflechts im Boden. Die höheren Pflanzen halten sich hingegen gleichzeitig im und außerhalb des Bodens auf. Ihre Wurzeln sind unterirdisch und ihr Spross (oder alles, was wir normalerweise von ihnen wahrnehmen) ist oberirdisch.

Warum halten sich manche Tiere zumindest zeitweise unter der Bodenoberfläche auf?

Das hat unterschiedliche Gründe. Im Boden finden die Tiere Schutz gegen extreme Witterungsbedingungen und Feinde. Auch wenn es draußen heiß und trocken wird, ist der Boden meist noch feucht, zumindest in tieferen Bodenschichten. Dorthin wandern dann auch viele permanente Bodenbewohner bei Hitze und Trockenheit. Die Temperaturen in der Erde schwanken weniger und liegen oft moderat bei 10–15 Grad Celsius. Auch ist der Boden für viele Räuber nicht oder schlechter zugänglich. Sich in der Erde einzugraben oder aufzuhalten, bedeutet deshalb auch Schutz vor Feinden. Viele Vertreter der Makrofauna halten sich aber nur in den leichter zugänglichen obersten Schichten des Bodens auf, weil es nicht einfach ist, sich in den Boden einzugraben, oder man dort ab einer gewissen Größe wenig mobil ist. Die Megafauna nutzt hingegen eigene oder fremde Gangsysteme, die sich in erstaunlicher Zahl unter mancher Wiese befinden.

Was gibt es im Boden zu essen?

Viele Bodenbewohner aus der Gruppe der Makrofauna ernähren sich von abgestorbenen Pflanzen und Tieren im Boden. Diese sogenannten **Detritivore (Zersetzer)** zerkleinern alles Tote, ernähren sich davon und machen so den Mikroorganismen wie Bakterien und Pilzen die Nahrung besser zugänglich. Dazu gehören Zersetzer von Aas und Leichen wie Aaskäfer und Maden, die auch in der Forensik von Interesse sind, aber auch Zersetzer von Pflanzenteilen wie Asseln, Collembolen und Milben.

Manche Forscher sprechen vom Boden als der braunen Welt im Gegensatz zur grünen Welt. Was ist damit genau gemeint? In der oberirdischen grünen Welt sind lebende, also grüne Pflanzen die Nahrungsgrundlage für die meisten Lebewesen. Viele Organismen ernähren sich direkt von Pflanzenteilen, andere essen die Organismen, die sich von Pflanzen ernähren. Eine Taube frisst zum Beispiel Pflanzensamen und wird von einem Falken gefressen. Eine Blattlaus ernährt sich von Pflanzensäften, wird von einem Marienkäfer verspeist, der wiederum im Magen eines Vogels landet, der wiederum von der Hauskatze gefressen wird. Es ist ein großes Nahrungsnetz, an dessen Basis als Nahrungsgrundlage die grüne Biomasse der Pflanzen steht. Im Boden, in der braunen Welt, bilden abgestorbene Teile von Pflanzen, tote Tiere und anderes totes, organisches Material die Nahrungsgrundlage für eine große Gemeinschaft von Lebewesen. Sie zerkleinern und verarbeiten das organische Material und machen so die darin gebundenen Nährstoffe für die Pflanzen wieder verfügbar. Regenwürmer wie der Tauwurm ziehen zum Beispiel Laub in ihre unterirdischen Röhren, fressen und verdauen das organische Material und Erde und scheiden Regenwurmlosung (wie der Kot der Regenwürmer beschönigend genannt wird) aus, die viele Nährstoffe enthält und gutes Substrat für das Wachstum von Pflanzen ist. Regenwürmer sind für viele Tiere eine wichtige Nahrung, sie werden beispielsweise vom Maulwurf und Tieren aus der oberirdischen Welt wie Vögel oder Säugetiere gefressen.

Milben und Doppelfüßer zerkleinern Blätter und machen sie Mikroorganismen zugänglich, die wiederum von Nematoden oder Protozoen gefressen werden. Über ihre Ausscheidungen werden die Nährstoffe wieder für Pflanzen zugänglich. Die Nährstoffe werden von Pflanzen über die Wurzeln aufgenommen; zusammen mit Kohlenstoffverbindungen, die bei der Fotosynthese mithilfe des Sonnenlichts aus Kohlendioxid und Wasser produziert werden, bilden sie die Pflanzenbiomasse. Von der ober- und unterirdischen Pflanzenbiomasse ernähren sich wiederum Mikroorganismen, große und kleine Tiere und direkt oder indirekt auch wir Menschen. Die grüne und die braune Welt sind also sehr eng miteinander verbunden und aufeinander angewiesen. Es ist ein Kreislauf, bei dem Nährstoffe nicht verloren gehen, sondern recycelt werden, und das Tote die Lebensgrundlage für das Lebendige ist.

Es gibt auch Bodenbewohner, die sich nicht von totem organischem Material ernähren, sondern von lebenden Pflanzen, Pilzen, anderen Tieren oder Mikroorganismen. An den Wurzeln fressen zum Beispiel Insektenlarven wie Engerlinge oder Drahtwürmer. Sie werden **Herbivore (Pflanzenfresser)** genannt. Es gibt an den Wurzeln auch Blattläuse bzw. Wurzelläuse. Sie saugen Pflanzensäfte aus den Wurzeln und scheiden Honigtau (eine zuckrige Lösung) aus, der von Ameisenarten wie der Roten Wiesenameise gesammelt wird. Auch Nematoden gehören zu den Wurzelherbivoren. Ihre Ernährungsweise wird auch als parasitisch bezeichnet, weil manche in die Wurzeln eindringen und dort zeitweise leben und sich von Zellsäften ernähren.

Andere Bodenorganismen ernähren sich von Pilzen (Fungi) und werden deshalb **Fungivore (Pilzfresser)** genannt. Viele Collembolen fressen gern Pilzhyphen, und unter den Nematoden gibt es pilzfressende Arten. Erstaunlicherweise gibt es unter den Pilzen auch Arten, die Nematoden «fressen». Sie bilden eine Art Lasso als Falle, mit der sie Nematoden einfangen und dann verdauen. Die meisten Tiere fressen nicht ausschließlich Pilze, sondern ernähren sich von verschiedenen tierischen, pflanzlichen und pilzlichen Quellen und werden deshalb als **Omnivore (Allesfresser)** bezeichnet.

Bakterivore bzw. **Mikrobivore** fressen Bakterien bzw. Mikroorganismen. Dazu gehören zum Beispiel viele Nematodenarten oder Protozoen. Durch ihren Fraß setzen sie in der Biomasse der Mikroorganismen festgelegte (immobilisierte) Nährstoffe frei, die dann für die Pflanzen wieder zur Verfügung stehen.

Bodenorganismen, die von lebenden Pflanzen profitieren, aber sie nicht fressen, sondern unterstützen, bezeichnet man als **Mutualisten**. Mutualisten gehen Win-win-Beziehungen mit anderen Organismen ein, also Beziehungen, von denen beide Partner profitieren. Dazu gehören zum Beispiel unterirdische Symbiosepartner der Pflanzen wie Mykorrhizapilze oder Knöllchenbakterien.

Prädatoren (Räuber) fressen lebende Tiere. Zu den Prädatoren zählen Käfer, Hundertfüßer und Spinnen, aber auch kleinere Organismen wie Milben, Protozoen und Nematoden. Sie gehen auf Jagd im und auf dem Boden und sind oft auf Gänge und luftgefüllte Poren im Boden angewiesen. Manche Prädatoren wie räuberische Nematoden halten sich im Bodenwasser auf. Sie fressen andere Bodentiere, die oft kleiner sind (zum Beispiel Protozoen oder andere Nematoden), aber auch größer sein können. Entomopathogene Nematoden dringen beispielsweise in Insektenlarven ein, töten sie mithilfe eines Bakteriums und fressen sie dann von innen auf.

Die Bodengemeinschaft bildet also ein kompliziertes Nahrungsnetz. Vereinfacht lässt sich das Bodennahrungsnetz in Form von Nahrungsebenen darstellen. Die erste Nahrungsebene (erste trophische Ebene) sind die Pflanzen, die mithilfe der Fotosynthese Kohlenstoff fixieren können. Vom lebenden und toten organischen Material ernährt sich die zweite trophische Ebene, dazu gehören die Zersetzer und die Mikroorganismen, aber auch Mutualisten, Pathogene, Parasiten und Herbivore. Die nächste, dritte trophische Ebene besteht aus Organismen, die sich von der zweiten trophischen Ebene ernähren, wie Prädatoren, Fungivoren und Bakterivoren. Diese wiederum werden von der vierten trophischen Ebene, den Prädatoren, gefressen. Und letztlich werden diese von den Prädatoren, die höher in der Nahrungskette stehen, gefressen. Ein gigantisches Fressen und Gefressenwerden!

Der Boden als vieldimensionaler Lebensraum

Boden ist ein vielschichtiges und komplexes Gebilde. In den oberen Schichten sind die meisten Bodenorganismen zu Hause. Die Bodenbewohner leben nicht nur dort, sondern sie verändern auch aktiv ihre Umwelt. Durch das Graben von Gängen beispielsweise durch Regenwürmer wird der Boden durchlässiger für Wasser, Wurzeln und andere Bodenorganismen. Das Wasser kann in den Boden eindringen und führt nicht zu Erosionen an der Oberfläche. Deswegen tragen Regenwürmer auch den Titel «Ökosystem-Ingenieure» als eine Art Berufs- oder Tätigkeitsbeschreibung. Auch Ameisen und Termiten gehören zu dieser Berufsgruppe, weil sie den Boden und seine Struktur maßgeblich beeinflussen. Sie tragen Streu in den Boden ein, bauen Nester und beeinflussen dadurch ihre Umwelt- und die Lebensbedingungen vieler anderer Arten.

Gleichzeitig bildet der Kot unzähliger Bodentiere wichtige Strukturen: Bodenpartikel werden bei der Darmpassage zusammengeklebt zu sogenannten **Bodenaggregaten** (was man sich als verschieden große Bodenkrümel vorstellen kann). Viele Bodenorganismen geben auch spezielle Stoffe ab, die die Bodenpartikel zusammenhalten. Pilze und andere Mikroorganismen verfügen beispielsweise über Proteine, die zur Aggregatbildung im Boden beitragen. Glomalin, ein Glykoprotein, das an den Hyphen und Sporen von Mykorrhizapilzen vorkommt, ist dafür ein Beispiel. Es trägt maßgeblich zur Aggregatbildung in Böden mit Mykorrhizapilzen bei. Darüber hinaus stabilisiert das Hyphennetz der Pilze das Bodengefüge und verringert so die Erosion. Auch sehr kleine Bodentiere wie Milben und Collembolen tragen mit ihrem winzigen Kot zur Aggregatbildung bei. So sind viele Böden schon durch die Mägen unzähliger kleiner und größerer Organismen gegangen. Dadurch werden verschieden große Aggregate gebildet, dazwischen befinden sich luft- und wassergefüllte Hohlräume, ähnlich wie bei einem Badeschwamm. So entsteht ein mehrdimensionaler Raum, der für sehr viele Organismen Lebensraum bietet.

Durch die komplexe Krümelstruktur des Bodens verfügt der Boden über eine sehr große Oberfläche und kann eine unvorstellbar große Anzahl an Arten und Individuen beherbergen. In Mikrometer dünnen Wasserfilmen um die Bodenpartikel finden Mikroorganismen und die Mikrofauna wie Bakterien, Protozoen, Nematoden und Bärtierchen ein Zuhause. Der luftgefüllte Porenraum beheimatet Bodentiere wie Milben und Collembolen, die zur Mesofauna gehören. Die Makrofauna wie Regenwürmer und Käferlarven und die Megafauna wie Wühlmäuse und Maulwürfe graben eigene Gänge und Räume und können so in tiefere Schichten des Bodens vordringen. Andere Bodentiere, die nicht so gut graben können, nutzen diese unterirdischen Tunnel und Räume. Besonders viel biotische Aktivität ist im Bereich der Pflanzenwurzeln, die sich selbst einen Weg durch den Boden bahnen oder die Gänge der Tiere nutzen.

Aggregate sind also sehr wichtig für die Bodenstruktur. Ohne diese Krümelstruktur ist der Boden zu kompakt, es gibt zu wenig luftgefüllte Zwischenräume und Poren. Diese Krümel- und Porenstruktur hat neben den Auswirkungen auf die Lebewesen im Boden auch Einfluss auf chemische und physikalische Prozesse. Das reicht vom Eindringen des Wassers in den Boden über die Belüftung mit Sauerstoff bis hin zu komplexen Stoffkreisläufen. Wasser dringt am besten in einen krümeligen Boden voller Lebewesen ein, da es in solchen Böden viele Aggregate, Poren und Gänge gibt. Das Wasser sickert schnell in diese Böden ein und wird nicht wie bei einem verdichteten Boden am Eindringen gehindert. Dadurch kommt es bei Regen weniger zum Abtrag und Verlust von Oberboden: Bei verdichteten Böden kann – insbesondere bei größeren Wassermassen – das Wasser nicht schnell genug eindringen und versickern, rauscht dann an der Bodenoberfläche entlang und reißt fruchtbares Bodensubstrat mit sich.

Auch die Belüftung ist für einen gesunden Boden sehr wichtig und wird durch die Bodenstruktur beeinflusst. Pflanzenwurzeln, viele Lebewesen und chemische Prozesse im Boden benötigen eine ausreichende Sauerstoffversorgung. Wenn im Boden zu wenig Poren und Sauerstoff sind, können die meisten Organismen nicht überleben und es herrschen anaerobe Bedingungen. Das führt zum Beispiel zu einem fauligen Geruch, der entsteht, wenn anaerobe Bakterien das Substrat zersetzen. Der Geruch oder eher Gestank (zumindest für unsere Nasen – aber Geschmäcker sind bekanntlich verschieden) beruht auf Nebenprodukten des anaeroben Zerfalls wie Schwefelwasserstoff (Stichwort faule Eier), Buttersäure (Stichwort ranzige Butter, Schweißgeruch), Ammoniak und Essig. Ein gesunder, durchlüfteter Boden riecht hingegen erdig und frisch. Dieser erdig-frische Geruch wird von Actinomyceten (insbesondere der Gattung *Streptomyces*) gebildet, die den Duftstoff Geosmin produzieren und so den typischen Waldbodengeruch verströmen.

Neben Sauerstoff sind weitere gasförmige Stoffe im Boden vorhanden, zum Beispiel Kohlendioxid, das von Bodenorganismen und Pflanzenwurzeln ausgeatmet wird. Die Bodenluft, wie die Gasphase im Boden auch genannt wird, hat viel höhere Kohlendioxid-Gehalte als die atmosphärische Luft, die wir atmen. Mit zunehmender Bodentiefe nimmt der Sauerstoffgehalt ab und der Kohlendioxidgehalt zu. In etwa 1,5 Metern Tiefe können die Kohlendioxidgehalte fünfmal höher sein als über der Erde. Bei der unterirdischen Atmung der Pflanzen und aller Bodenorganismen, auch Bodenatmung genannt, wird Kohlendioxid abgegeben. Die Mikroorganismen haben mit geschätzten 70 Prozent den größten Anteil an der Bodenatmung, gefolgt von den Wurzeln der Pflanzen. Die Bodenatmung spielt noch dazu eine wichtige Rolle im globalen Kohlenstoffkreislauf, da der durch die Pflanzen fixierte Kohlenstoff durch Abbauprozesse im Boden wieder als Kohlendioxid in die Atmosphäre abgegeben wird. Die Bodenatmung ist von vielen biotischen und abiotischen Faktoren abhängig. Zu den abiotischen Faktoren zählen zum Beispiel die Temperatur, die Feuchte, die Menge des vorhandenen organischen Materials im Boden und der Nährstoffgehalt. Bei anaeroben Bedingungen, also wenn nicht genügend Sauerstoff vorhanden ist, werden von Mikroorganismen auch geringe Anteile an anderen gasförmigen Stoffen wie Methan, Schwefelwasserstoff, Lachgas, Ammoniak und Wasserstoff gebildet. All das hat letztendlich Konsequenzen für die Kohlenstoffbilanz und Auswirkungen auf das Klima. So ist zum Beispiel Methan nach Kohlendioxid das zweitwichtigste Treibhausgas.

Böden zeichnen sich durch eine hohe relative Luftfeuchte von um die 100 Prozent aus. Dieser hohe Wasserdampfgehalt der Bodenluft sinkt erst unter starker Austrocknung; die meisten Bodenorganismen brauchen Feuchtigkeit, um überleben zu können.

Einen sehr wichtigen Beitrag haben die Aggregate im Boden zudem für die Fähigkeit des Bodens, Nährstoffe zu speichern. Durch die Aktivitäten vieler Bodentiere werden Ton-Humus-Komplexe gebildet.

Bodentextur

Ton macht neben Schluff und Sand die Bodentextur (auch Bodenart genannt) aus. Sand hat dabei die größten Einzelpartikel. Die Sandkörner sind mit bloßem Auge sichtbar. Zwischen Sandpartikeln hält sich wenig Wasser. Die nächstkleineren Teilchen im Boden sind Schluffpartikel, die man einzeln nur mit dem Mikroskop sehen kann. Ton hat die kleinsten Partikel, für sie braucht man ein Elektronenmikroskop. Lehm ist ein Gemisch von Sand, Schluff und Ton in etwa gleichen Anteilen. Die Textur von Schluff ist mit zwischen den Fingern verriebenem Mehl vergleichbar, sandige Böden fühlen sich hingegen körnig an. Ton fühlt sich bei höherem Wassergehalt plastisch und etwas rutschig an, wenn man ihn zwischen den Fingern reibt. Beim Trocknen wird Ton spröde und bricht leicht. Diese Eigenschaften des Bodens macht man sich bei der Bestimmung der Bodentextur zunutze. Man reibt die Bodenproben in der Hand oder nimmt sie in den Mund, um herauszufinden, wie die Korngrößenzusammensetzung und die Bodentextur sind.

Bei der Bildung der **Ton-Humus-Komplexe** werden winzige Partikel organischen Materials mit Tonmineralien vermischt und miteinander verbunden. Das geschieht zum Beispiel bei der Zersetzung und Verdauung durch Bodentiere wie dem Regenwurm. Die winzigen Bodenpartikel wie Huminstoffe und

Tonmineralien tragen elektrische Ladungen. Sie sind negativ geladen und ziehen deshalb wie Magnete positiv geladene Teilchen (Kationen) an. Nährstoffe wie Kalzium, Kalium, Natrium, Magnesium und Eisen sind positiv geladen und werden von den Ton- und Humusteilchen festgehalten. Das verhindert, dass sie ins Grundwasser ausgewaschen werden. Die negativ geladenen Teilchen (Anionen) im Boden wie die Pflanzennährstoffe Nitrat und Phosphat werden von den Ton- und Humusteilchen abgestoßen und bleiben in der Bodenlösung. Sie werden bei Regen oder Bewässerung oft ausgewaschen und landen dann im Grundwasser.

Die Fähigkeit eines Bodens, Nährstoffe zu binden und wieder an die Pflanzen abzugeben, nennt man **Kationenaustauschkapazität**. In einem gesunden, krümeligen, humosen Boden mit einer aktiven Gemeinschaft an Bodenorganismen ist diese Kapazität hoch. Die Pflanzen tauschen dabei die im Boden gebundenen Nährstoffe durch Abgabe von Wasserstoff-Ionen aus. Wasserstoff-Ionen (H^+) sind positiv geladen und nehmen den Platz der Nährstoff-Kationen an den Ton-Humus-Komplexen ein. Durch ihre Abgabe wird die Umgebung der Wurzeln etwas saurer, weil eine Lösung umso saurer ist, je mehr Wasserstoffionen darin gelöst sind. Sie hat dann einen niedrigen pH-Wert. Wenn die Pflanze negativ geladene Nährstoffe aufnehmen möchte, kann sie Hydrogenkarbonat-Ionen (HCO_3^-) abgeben. Die Bodenlösung wird dann basischer. Je nach pH-Wert im Wurzelraum kommen unterschiedliche Mikroorganismen vor. Beides hat Einfluss auf die Pflanzen und ihr Wachstum.

Der Einflussbereich der Pflanzen – Wurzelraum und Rhizosphäre

Der Wurzelraum, auch Wurzelzone genannt, ist der aktuell von den Pflanzenwurzeln durchwurzelte (bzw. potenziell durchwurzelbare) Bereich des Bodens. Es gibt einen Wurzelatlas von 1960, der die mitteleuropäischen Kulturpflanzen und Ackerwildkräuter mit ihren spezifischen Wurzelsystemen in detaillierten Zeichnungen darstellt. Die österreichischen Botaniker:innen Lore Kutschera und Erwin Lichtenegger haben in jahrelanger mühevoller Arbeit die Wurzeln der Pflanzen im Feld freigelegt, fotografiert und detaillierte Zeichnungen der Wurzelsysteme angefertigt. Ihre Atlasbände über die Morphologie, Anatomie, Ökologie und räumliche Verteilung der Wurzeln im Boden sind sehr angesehen bei Fachleuten. Im Wurzelraum ist eine hohe Diversität und Anzahl an Bodenorganismen zu Hause. Eine besondere Rolle bei den Wechselwirkungen zwischen Pflanzen und anderen Organismen spielt die sogenannte **Rhizosphäre**. Die Rhizosphäre ist der unmittelbar von den Wurzeln beeinflusste Raum, bis ca. 4 Zentimeter um die Wurzeln. In dieser Zone finden viele chemische, physikalische und biologische Wechselwirkungen statt. Die Pflanzen beeinflussen ihre Umgebung aktiv, sie kommunizieren mit chemischen Stoffen mit den Organismen im Boden. Ein beachtlicher Teil der durch die Fotosynthese gewonnenen Energie wird darauf verwendet, Stoffe zu bilden, die über die Wurzeln ausgeschieden werden. Sie werden **Wurzelexsudate** genannt. Sie bestehen aus Kohlenhydraten und Proteinen und spielen eine wichtige Rolle bei den Wechselwirkungen der Pflanzen mit den Bodenorganismen. Sie dienen als Nahrung für Mikroorganismen, aber auch zur Anlockung und Abwehr. Beim Wachsen der Wurzeln werden zusätzlich auch Zellen der Wurzelhaube, die die Wurzelspitze schützt, in den Boden abgegeben. Sie sorgen für eine schleimige, durchlässigere Umgebung, damit die Wurzel besser in den Boden vordringen kann.

Mit wem und zu welchem Zweck interagieren die Wurzeln mithilfe der Wurzelexsudate? Kurz gesagt: Sie interagieren mit Arten fast aller Lebewesen im Boden, die wir im ersten Kapitel kennengelernt haben. Den engsten Kontakt haben sie zu den Mikroorganismen, die direkt auf der Wurzeloberfläche leben und sich von den Exsudaten ernähren. Dazu zählen unzählige Bakterien und Pilze, deren Gemeinschaft durch die Wurzelexsudate beeinflusst wird. Diese Mikroorganismen sind wichtig für die Pflanzen, weil sie Nährstoffe immobilisieren, die später wieder für das Pflanzenwachstum zur Verfügung stehen. Sie werden von anderen Bodenorganismen wie Nematoden oder Protozoen gefressen oder abgegrast, dabei werden die Nährstoffe wieder freigesetzt und verfügbar. Da die Nährstoffe in der mikrobiellen Masse gebunden sind oder schnell von den Pflanzen aufgenommen werden, ist der Nährstoffgehalt in der unmittelbaren Umgebung der Wurzeln oft gering. Die Wurzeln nehmen Nährstoff- und Feuchtigkeitsunterschiede im Boden wahr und können gezielt zu Orten mit besseren Bedingungen wachsen. Die Vorstellung, dass Pflanzen passive Geschöpfe sind, entspricht also nicht der Realität. Sie beeinflussen ihre Umgebung durch die Abgabe von Exsudaten und können sich langsam in Richtung besserer Lebensbedingungen bewegen, oder genauer gesagt wachsen.

Ein sehr interessantes Beispiel der Interaktion und Kommunikation zwischen Pflanzen und Bakterien ist das Beeinflussen des **«Quorum sensing»**. Quorum sensing bedeutet, dass eine kritische Masse wahrgenommen werden kann. Im Falle der Bakterien ist das ihre Populationsdichte, das heißt die Größe der Population in Bezug auf den betrachteten Raum bzw. die betrachtete Fläche. Das Quorum sensing hat man zum ersten Mal bei in Kultur gehaltenen Bakterien entdeckt, die normalerweise in den Leuchtorganen von Meerestieren wie Kalmaren leben. Als die Laborkultur der Bakterien namens *Aliivibrio fischeri* eine bestimmte Populationsdichte überschritt, begann die Bakterienlösung stark bläulich zu leuchten. Die kritische Masse (das Quorum) war erreicht, und durch die Anreicherung von Signalmolekülen wurden Gene in den Bakterien aktiviert, die die Bakterien über die Bildung des Enzyms Luciferase zum Leuchten brachten.

Erstaunlicherweise sind durch Quorum sensing manche Bakterien in der Lage, sich «abzusprechen» und eine gemeinsame Attacke zu planen. Sie geben Signalmoleküle nach außen ab und können über die Konzentration der abgegebenen Signalmoleküle die Populationsdichte messen. Ab einer kritischen Konzentration werden Gene angeschaltet, die die Eigenschaften und das Verhalten der Population verändern. Das versetzt dann zum Beispiel eine Bakterienpopulation in die Lage, eine Wurzel gemeinsam gezielt anzugreifen. Manche Pflanzen können jedoch mithören und die Signalkette der Bakterien beeinflussen und sich dadurch vor dem Angriff schützen. Dazu geben Pflanzen zum Beispiel chemische Stoffe in die Rhizosphäre ab, die die Signalmoleküle der Bakterien nachahmen und deren Rezeptoren für die Signalmoleküle blockieren. So stören sie die Kommunikation zwischen den Bakterien. Pflanzen können auch auf andere Weise die Kommunikation zwischen den Bakterien stören. Sie können mithilfe von Enzymen die Signalmoleküle der Bakterien abbauen oder flüchtige organische Stoffe (sogenannte Volatile) in die Rhizosphäre abgeben, die die Produktion der bakteriellen Signalmoleküle hemmen. Abgesehen von diesen negativen Interaktionen hat man aber auch positive Interaktionen entdeckt. Signalmoleküle von Bakterien können das Wachstum von Pflanzen auch stimulieren und Abwehrmechanismen und systemische Resistenz gegen Krankheitserreger auslösen. Dabei handelt es sich oft um sehr spezifische Reaktionen auf einzelne Stoffe. Anscheinend gibt es eine komplexe Kommunikation zwischen Pflanzen und Mikroorganismen im Wurzelraum ...

In diesem spannenden Forschungsfeld warten noch viele neue Erkenntnisse auf ihre Entdeckung! Dabei kann man sich die Strategien der Pflanzen auch für Anwendungen in der Medizin zum Vorbild nehmen. Das humanpathogene Bakterium *Pseudomonas aeruginosa* ist ein gefürchteter Krankenhauskeim und nutzt Quorum sensing, um Biofilme zu bilden und verschiedenste Organe wie die Lunge zu befallen. Er gehört zu den multiresistenten Keimen, ist also gegen viele Antibiotika resistent und schwer zu kontrollieren. Die Unterdrückung der bakteriellen Kommunikation gilt als vielversprechender neuer Ansatz zur Therapie von bakteriellen Infektionen. Im Gegensatz zum Einsatz von Antibiotika können Verfahren, die das Quorum sensing stören, Infektionen verhindern, ohne dass sich bakterielle Resistenzen ausbilden. Sekundäre Pflanzenstoffe, die von Pflanzen als Abwehrstoffe eingesetzt werden, haben zum Beispiel das Potenzial, Quorum sensing von humanpathogenen Bakterien zu hemmen. Beispiel dafür sind schwefelhaltige Stoffe wie Senföle oder Isothiocynate aus Kapuzinerkresse und Meerrettich, die die Biofilmbildung reduzieren und das Wachstum von Bakterienpopulationen hemmen können.

Pflanzen können sich durch Abgabe von chemischen Stoffen nicht nur vor Angriffen durch Bakterien schützen, sondern auch Freunde herbeilocken. Nützliche Mikroorganismen, die durch Wurzelexsudate angelockt werden, sind zum Beispiel die **Knöllchenbakterien** (Rhizobien). Leguminosen (Hülsenfrüchtler wie Klee, Soja, Bohnen usw.) verfügen über eine enge Kooperation mit Bakterien, die ihnen helfen, Stickstoff aus der Luft zu fixieren. Damit die Symbiose starten kann, müssen sich die Partner aber erst finden und sich die Knöllchen an den Wurzeln ausbilden. Zur Anlockung der Knöllchenbakterien nutzen die Leguminosen Wurzelexsudate, die sie in die unterirdische Umgebung abgeben. Stoffe in den Exsudaten wie die Flavonoide können bei den Knöllchenbakterien sogenannte Knöllchenbildungsgene (Nodulationsgene) aktivieren. Diese Gene führen dazu, dass die Bakterien anfangen, mit der Pflanze die Symbiose aufzubauen. Sie dringen in Wurzelhaarzellen an der Spitze der Wurzelhaare ein, das Haar krümmt sich um das Bakterium und schließt es ein. Für die ersten Schritte der Kontaktaufnahme wie das Andocken sind schon sehr viele Erkennungsprozesse und spezielle Proteine notwendig, die sehr spezifisch für die Pflanzenarten und die dazu passenden Bakterienstämme sind. Sogenannte Nodproteine der Bakterien veranlassen die Pflanzenwurzeln, Knöllchen zu bilden, in denen die Knöllchenbakterien dann ihrer eigentlichen Arbeit, der Fixierung von Stickstoff aus der Luft, nachgehen können. Sie wandeln sich dazu in andere Zelltypen um, die verzweigter sind und keine äußere Zellmembran mehr haben. Diese sogenannten Bacteroide werden von Membranen der infizierten Pflanzenzelle eingehüllt und bilden dort Zellorganellen, also eine Art Organe der Pflanzenzelle. Um nun Luftstickstoff fixieren zu können, benutzen die Bacteroide ein Enzym, das sehr sauerstoffempfindlich ist. Die Bacteroide brauchen jedoch auch Sauerstoff, um zu leben. Deshalb muss die Pflanze für eine sehr spezielle Atmosphäre sorgen, damit die Stickstofffixierung klappt. Für die Fixierung des Stickstoffs ist außerdem sehr viel Energie notwendig und ein Enzym der Pflanze, das dem Hämoglobin in unserem Blut ähnelt und für den Sauerstofftransport sorgt. Die Bacteroide werden von der Pflanze auch mit Nährstoffen versorgt und liefern im Austausch als erstes stabiles Produkt der Stickstoff-Fixierung Ammoniak an die Pflanze, das im wässrigen Milieu zu Ammonium-Ionen umgesetzt wird. Ammoniak ist ein starkes Zellgift, sodass es von der Pflanze sofort zum Aufbau von Aminosäuren (Glutamin, Glutaminsäure) verwendet wird, um eine Ammoniak-Anreicherung in den Pflanzenzellen zu vermeiden.

Die Bindung oder Fixierung von Stickstoff ist nur in der Symbiose zwischen den Rhizobien und den Leguminosen möglich, keiner der Partner kann das allein bewerkstelligen. Diese Symbiose hat eine sehr große ökologische Bedeutung. Die Fixierung von Stickstoff setzt Leguminosen dazu in die Lage, nährstoffarme Böden zu besiedeln, da sie nicht auf den Stickstoff aus dem Boden angewiesen sind. Durch ihre Fähigkeit, Stickstoff aus der Luft zu binden, tragen Leguminosen auch dazu bei, dass Stickstoff in den Boden gelangt und anderen Pflanzen zur Verfügung steht.

Wurzelexsudate spielen auch bei der Etablierung der Symbiose mit Mykorrhizapilzen eine wichtige Rolle. Es gibt Exsudate, die das Wachstum und die Verzweigung der Pilzfäden im Boden oder die Keimung der Pilzsporen stimulieren und so den Start einer neuen symbiotischen Beziehung zwischen Pflanze und Mykorrhizapilzen fördern. Es gibt aber auch Exsudate, die der

Pflanze eher schaden, weil sie Parasiten und Feinde anlocken. Manche machen beides, ein Beispiel sind die **Strigolactone**. Das sind Pflanzenhormone, die sowohl das Keimen von parasitischen Pflanzensamen stimulieren als auch das Wachstum und die Keimung von Mykorrhizapilzen fördern können. Parasitische Pflanzen der Gattungen *Striga* oder *Orobanche* reagieren auf die sehr niedrigen Konzentrationen der Strigolactone in den Wurzelexsudaten der Wirtspflanzen und werden durch sie zum Keimen angeregt. *Striga* ist ein Hemiparasit von Gräsern und kann zu beträchtlichen Ernteeinbußen im Getreideanbau in den Savannen Afrikas führen. Es ist ein Halbschmarotzer, weil die ausgewachsenen Pflanzen auch Chlorophyll enthalten und Fotosynthese machen können und somit nicht vollständig auf ihre Wirtspflanze angewiesen sind.

Orobanche, auch Sommerwurz genannt, ist eine Gattung von Vollschmarotzern. Sie haben keine Chloroplasten und sind als Holoparasiten ganz auf die Versorgung durch ihre Wirtspflanzen (zum Beispiel Sonnenblumen, diverse Gemüse, Tabak, Klee) angewiesen. Sie schaden ihren Wirtspflanzen durch Wasser- und Nährstoffentzug. Besonders in ärmeren Ländern Afrikas und Asiens hat der Befall eine größere wirtschaftliche Bedeutung, auf ausreichend bewässerten und gedüngten Feldern sind die Schäden viel geringer.

Strigolactone können aber auch positiv für die Pflanze sein, die sie ausscheidet. Sie fördern das Wachstum und die Keimung von Mykorrhizapilzen und kommen in vielen verschiedenen Pflanzenarten vor. Man hat festgestellt, dass Mutanten von Pflanzen, die keine Strigolactone produzieren können, weniger durch Mykorrhizapilze kolonisiert werden. Wenn man Strigolactone in Experimenten hinzufügt, werden die Pflanzen wieder so stark wie die Kontrollpflanzen durch Mykorrhizapilze besiedelt. Man hat auch beobachtet, dass die Strigolactone-Produktion zurückgeht, wenn die Pflanzen genügend Phosphor haben oder schon genügend von Mykorrhizapilzen kolonisiert sind. Sie brauchen dann keine neuen Symbiosepartner, weil sie schon gut versorgt sind. Die Symbiose mit den Mykorrhizapilzen kostet die Pflanzen nämlich auch etwas. Sie gibt ihrem Pilzpartner Kohlenstoff, der ihr im Austausch dafür Phosphor und andere Nährstoffe gibt. Bei dieser Interaktion kann es auch zu einem Interessenskonflikt kommen, sodass die Symbiose mit Mykorrhizapilzen auch negativ für die Wirtspflanzen werden kann. Wenn die Pflanze beispielsweise genügend Phosphor hat und nur eingeschränkt in der Lage ist, Fotosynthese zu machen (zum Beispiel im Schatten oder bei Blattverlust), kann sich der Hunger des Pilzes nach Kohlenstoff negativ auf die Wirtspflanze auswirken. Er wird dann zum Parasiten und lebt auf Kosten seines Wirtes.

Für manche Pilze wie die arbuskulären Mykorrhizapilze ist die Gemeinschaft hingegen immer von Vorteil, weil sie ohne die Pflanzen gar nicht leben können. Sie sind, so wenig sie auch von der Pflanze bekommen mögen, auf ihre Wirtspflanze angewiesen, um zu überleben. Das bezeichnet man als obligat biotroph. Meistens ist die Interaktion aber eine Win-win-Situation. Beide profitieren von der Beziehung und bekommen vom Partner das, was ihnen selbst fehlt: der Pilz den Kohlenstoff von der Pflanze und die Pflanze Nährstoffe wie Phosphor vom Pilz.

Aber zurück zu den Wurzelexsudaten. Sie werden von Pflanzen auch eingesetzt, um sich gegen Fressfeinde zu wehren und Hilfe herbeizurufen: als direkte Abwehr, wenn die ausgeschiedenen oder in der Wurzel eingelagerten Stoffe direkt gegen Feinde wie pathogene Mikroorganismen, wurzelfressende Insektenlarven und Nematoden wirken, oder als sogenannte indirekte Abwehr, wenn Stoffe ausgeschieden werden, um die Feinde der Feinde anzulocken. Die Wurzeln können zum Beispiel flüchtige Stoffe (Volatile) ausscheiden, um Nematoden anzulocken, die wurzelfressende Insektenlarven bekämpfen. Die noch jugendlichen Nematoden dringen in die Insektenlarven ein und töten sie mithilfe eines eingeschleppten Bakteriums innerhalb kurzer Zeit. Die Nematoden ernähren sich dann von der Insektenlarve, entwickeln sich zu Adulttieren weiter, vermehren sich und verlassen ihren Wirt schließlich, um sich ein neues Opfer zu suchen. Diese entomopathogenen Nematoden werden zur biologischen Schädlingsbekämpfung gegen Wurzelherbivore wie Engerlinge oder Dickmaulrüssler-Larven erfolgreich eingesetzt. Die wichtigsten Gattungen im Biocontrol-Business sind *Steinernema* und *Heterorhabditis*. Sie sind auch über den Versandhandel oder in gut sortierten Gartencentern erhältlich und gegen Wurzelherbivore einsetzbar. Im Gegensatz zu Insektiziden sind sie wirtsspezifisch und töten gezielt die Schädlinge ab. Auf andere Bodenorganismen und Nützlinge haben sie keine schädigende Wirkung.

Auch oberirdisch geben Pflanzen Volatile ab, um die Feinde ihrer Feinde anzulocken. Sie locken mithilfe von Volatilen zum Beispiel parasitische Schlupfwespen an, wenn sie von Blattläusen befallen werden. Diese Parasitoiden (im Gegensatz zu Parasiten töten sie ihren Wirt) legen ein Ei in die Blattlaus ab. Daraus entwickelt sich eine Larve, die die Blattlaus von innen auffrisst. Die Blattlaus wird zu einer sogenannten Blattlausmumie, die von außen zum Beispiel golden oder silbern gefärbt sein kann. In dieser Mumie entwickelt sich die kleine Wespe. Wenn sie schlüpfbereit ist, sägt sie eine kleine Öffnung in die Blattlausmumie. Diese Öffnung ist bei manchen Arten kreisrund und kann wie ein Kanaldeckel nach außen geöffnet werden. Aus der Mumie schlüpft dann schließlich eine nur wenige Millimeter große Schlupfwespe. Die Schlupfwespen tragen mit vielen anderen Insekten zur biologischen Schädlingsbekämpfung bei. Andere natürliche Feinde der Blattläuse sind Marienkäfer und ihre Larven, die Larven von Schwebfliegen, Florfliegen und der Gallmücke *Aphidoletes aphidimyza*.

Beim Kampf gegen Angreifer arbeiten Pflanzen auch mit ihren Pilzpartnern zusammen. Die Pilzfäden im Boden können als eine Art Telefonleitung zur Kommunikation zwischen Pflanzen dienen. Natürlich sprechen sie nicht wirklich miteinander, aber sie können Stoffe über die Pilzfäden austauschen und so direkter und schneller an ihre Nachbarpflanzen weitergeben. Pilzfäden von Mykorrhizapilzen verbinden unterirdisch verschiedene Pflanzen. Diese gemeinsamen Mykorrhiza-Netzwerke können zum Austausch von Stoffen genutzt werden. Dabei handelt es sich um Nährstoffe, die wie unter guten Nachbarn ausgetauscht werden, oder um Notrufe bzw. Alarmstoffe, um die anderen vor Gefahr zu warnen. Ein Forschungsteam um Zdenka Babikova hat 2013 in der Fachzeitschrift «Ecology Letters» Hinweise veröffentlicht, dass Mykorrhiza-Netzwerke die direkte und indirekte Abwehr von Nachbarpflanzen beeinflussen können. Wenn eine Ackerbohnenpflanze mit Erbsenblattläusen *(Acyrthosiphon pisum)* befallen war, fuhr ihre Nachbarpflanze die Abwehr gegen die Blattläuse schon prophylaktisch hoch, aber nur wenn sie unterirdisch durch ein gemeinsames Mykorrhiza-Netzwerk verbunden waren. Sie lockt dann über Volatile Schlupfwespen *(Aphidius ervi)* an, die die Schädlinge bei Befall schnell bekämpfen.

Oberirdisch weiß man schon länger, dass bei Fraß von Bäumen flüchtige Stoffe abgegeben werden, die die Nachbarbäume vor einem drohenden Schädlingsbefall warnen. Diese sogenannten Talking trees (Sprechende Bäume) müsste man aber eigentlich eher als «Listening trees» (Lauschende Bäume) bezeichnen, weil die Abgabe der Volatile direkt durch den Fraß ausgelöst wird und wahrscheinlich keine Kommunikationsstrategie gegenüber den Nachbarbäumen darstellt, sondern Feinde der eigenen Schädlinge anlocken soll. Die Nachbarbäume wiederum können diese Signale wahrnehmen, und sich auf den Angriff der Schädlinge vorbereiten. Diese Empfänger oder «Lauscher» profitieren also mehr als der Sender der Signale oder «Sprecher». Die Lauscher können sich präventiv gegen den potenziellen Angriff schützen und sind bei der tatsächlichen Attacke dann besser vorbereitet, um sich verteidigen zu können. Aber vielleicht ist es in der Natur auch kein Ziel, nur sich selbst zu schützen. Die Nachbarbäume sind schließlich oft nahe Verwandte, und wenn es ihnen schlecht geht, wird es auch dem einzelnen Baum nicht lange gut gehen können.

Kooperationen

Kooperationen und Altruismus sind in der Natur viel mehr verbreitet, als man früher gedacht hat. Lange Zeit hat man sich in der Forschung auf die negativen Wechselwirkungen innerhalb und zwischen Arten konzentriert. Räuber-Beute-Beziehungen, Konkurrenz ... – vielleicht hat sich der Mensch als räuberische Art für diese Wechselwirkungen am meisten interessiert. Viele Wechselwirkungen in der Natur folgen auf den ersten Blick dem Recht des Stärkeren. Doch auch zwischen Tieren, Pflanzen und sogar Mikroorganismen gibt es vielfältige Kooperationen. Die meisten wichtigen Funktionen in Ökosystemen lassen sich nur in Kooperation realisieren. Bei der Bestäubung von Blüten kommt es auf die Zusammenarbeit zwischen Blütenpflanzen und Tieren, insbesondere Insekten, an. Auch die Verbreitung der Samen ist ohne zwischenartliche Zusammenarbeit oft schwer möglich, es sei denn, es handelt sich um windbestäubte Arten. Die Zersetzung von totem organischem Material geht nicht ohne eine Vielzahl an Bodenorganismen, und für die Versorgung mit Nährstoffen sind Pflanzen und alle Lebewesen auf vielfältige Kooperationen angewiesen. Das gilt natürlich auch für den Menschen ... ●

Die Rhizosphäre ist DER Hotspot der Diversität, und man muss nicht in die tropischen Regenwälder fahren, um über die Vielfalt an Arten und Funktionen zu staunen. Man braucht dazu nur eine Stereolupe (Binokular), ein Mikroskop und Offenheit für die Schönheit der oft auch wunderlichen Geschöpfe im Boden. Die Organismen tummeln sich in der Rhizosphäre aber nicht nur zum Spaß, sondern sie spielen wichtige Rollen im Ökosystem und beeinflussen die Pflanzen in vielfältiger Weise. Dabei begrenzt sich ihr Einfluss keineswegs auf den Bereich unter der Oberfläche, den Boden. Die Pflanzen sind mit ihren Wurzeln tief in der Erde, mit ihrem Spross wachsen sie in Richtung Himmel, und ihre Blätter richten sie nach der Sonne. Wir Menschen nehmen meist nur das wahr, was wir durch unsere Sinne von der Welt mitbekommen. Doch unter der Oberfläche unserer Wahrnehmung gibt es unbekannte Welten. Der Boden mit seinen Bewohnern ist eine davon. Alles, was sich dort abspielt, hat Auswirkungen auf die oberirdische Welt und auf uns Menschen.

Wechselwirkungen zwischen der unter- und der oberirdischen Welt

Es gibt vielfältige Verbindungen und Wechselwirkungen zwischen der unter- und der oberirdischen Welt. Die Pflanzen sind die wichtigsten Verbindungsglieder und vermitteln zwischen den Lebewesen im und oberhalb des Bodens. Kein Wunder, denn sie leben ja gleichzeitig in beiden Welten und kommunizieren mit Lebewesen über und unter der Erde. Pflanzen stellen die wichtigste primäre Ressource für Lebewesen aus beiden Bereichen dar, sei es lebend oder tot. Stoffe wie Kohlenstoff, Stickstoff und andere Nährstoffe fließen zwischen der ober- und der unterirdischen Welt, und die Gemeinschaften im Boden bilden eine riesige Recycling-Maschinerie. Maschinerie ist eigentlich der falsche Ausdruck, denn es gibt so viele Rädchen und Prozesse, die ineinandergreifen, und es sind so viele Arten und unvorstellbare Zahlen an Lebewesen beteiligt, dass jede durch Menschen konstruierte Maschine im Vergleich dazu einfach aufgebaut ist.

Neben dem Recycling von totem organischem Material und Nährstoffen gibt es weitere vielfältige Wechselwirkungen zwischen unter- und oberirdisch lebenden Organismen, bei denen diese sich oft gar nicht direkt begegnen. Diese indirekten Wechselwirkungen geschehen über Pflanzen als Vermittler.

Eine Pflanze reagiert zum Beispiel auf Organismen im Boden. Das macht sie jedoch nicht nur lokal in den Wurzeln, sondern sie verändert auch ihre oberirdischen Eigenschaften. Sie baut zum Beispiel mehr Nährstoffe wie Stickstoff in ihre Blätter ein, wenn sie durch Regenwürmer und ihre Aktivitäten gefördert wird. Dadurch ändert sie auch ihre Abwehr gegen oberirdische Fressfeinde. Obwohl die Wechselwirkungen mit Organismen wie Regenwürmern und Mykorrhizapilzen im Boden stattfinden, beeinflussen sie indirekt oberirdische Herbivore wie Blattläuse auf der Pflanze. Auch der Fraß durch Herbivoren wie Insektenlarven an der Wurzel kann zu Abwehrreaktionen in anderen Teilen der Pflanze führen. Viele der Reaktionen auf die Umwelt und ihre Lebewesen spielen sich systemisch in der Pflanze ab, das heißt, die gesamte Pflanze reagiert auf eine lokale Interaktion. So sind zum Beispiel chemische Reaktionen in den Blättern messbar, wenn die Wurzeln angegriffen werden, und die Wurzeln ändern ihre Eigenschaften durch den Befall mit oberirdischen Herbivoren. Sogar die indirekte oberirdische Abwehr, das Anlocken der Feinde der Feinde, kann von Bodenprozessen beeinflusst werden. Das ist eigentlich nicht verwunderlich, da die Pflanzen über ihre Wurzeln wichtige Nährstoffe und Wasser aufnehmen und manche Abwehrstoffe zwar in speziellen Pflanzenteilen (wie Nikotin in den Wurzeln) gebildet werden, aber in der gesamten Pflanze verteilt werden können. Auch die Fähigkeit, Bestäuber anzulocken, kann durch Bodenorganismen indirekt beeinflusst werden. Sie können zum Beispiel Größe und Anzahl der Blüten, die Qualität des Nektars und die Duftstoffe, die von Pflanzen ausgesendet werden, beeinflussen.

Die Wechselwirkungen in der Rhizosphäre verändern also das Wachstum der Pflanzen, ihre Beziehungen zu ihrer Umwelt und ihre Fitness. Auch wenn wir die Welt unter unseren Füßen nicht direkt wahrnehmen können, beeinflusst sie uns Menschen auf vielfältige Weise. Unsere Nahrung basiert auf Pflanzen, die wiederum von Bodenorganismen, Wasser und der Sonne ernährt werden. Jeder weiß, dass zu wenig Wasser oder Licht für die meisten Pflanzen schädlich bis tödlich ist. Aber auch die Verarmung des Bodens, das Fehlen von Bodenorganismen hat negative Auswirkungen auf Pflanzen und letztendlich auch auf uns.

zwei

Boden –

Funktion

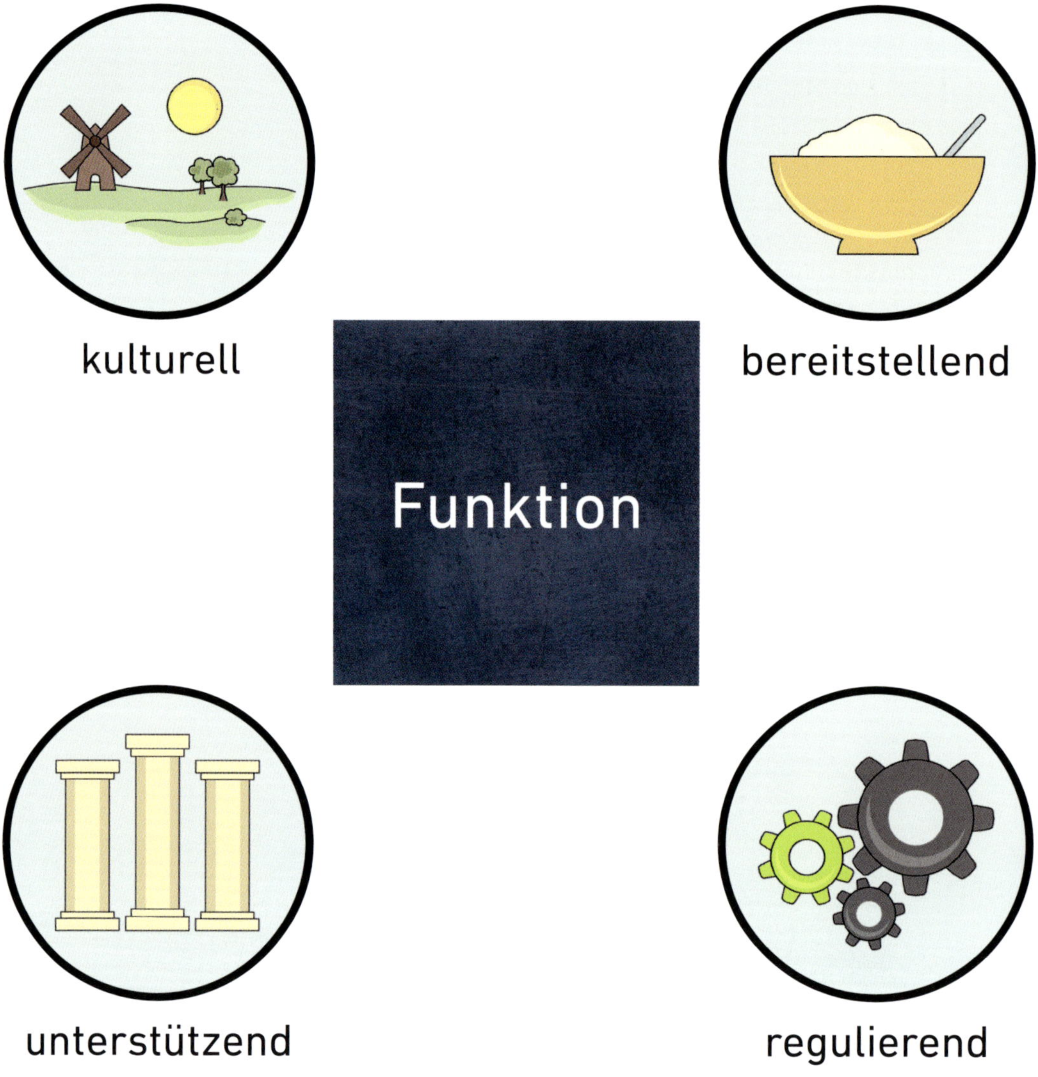
kulturell
bereitstellend
Funktion
unterstützend
regulierend

Boden – Funktion

Unser Leben und Überleben auf der Erde hängen vom Boden ab! Auch wenn wir nicht viele Gedanken an ihn verschwenden, trägt und unterstützt uns der Boden unter unseren Füßen tagtäglich. Er liefert uns die Grundlagen für unser Leben, zum Beispiel unsere Nahrung.

Der Boden ist aber nur eine hauchdünne Schicht um die Erde – mit seinen durchschnittlich 2 m Tiefe bzw. Dicke etwa so dünn wie die Schale eines Apfels, wenn der Apfel einen Durchmesser von 8,5 km hätte. Diese hauchdünne Schicht um die Erde ernährt die Pflanzen, Tiere und Menschen und ermöglicht das Leben auf der Erde.

Neben Nahrung stellt der Boden Baumaterial zur Verfügung, filtert und reinigt Wasser, und seine Bewohner produzieren für uns sehr wichtige Medikamente wie Antibiotika. Auf ihm wachsen Pflanzen, die Sauerstoff an die Atmosphäre abgeben und Kohlenstoff in ihrer Biomasse speichern und somit aus der Atmosphäre entfernen und binden. Ein Teil der Kohlevorkommen, die wir seit der Industrialisierung verbrennen und damit den Treibhauseffekt und die Klimakrise verursachen, sind im Untergrund gelagerte Steinkohlevorräte aus Wäldern des Karbons, die vor mehr als 250 Millionen Jahren unsere Erde bedeckten. Der Boden ist der bedeutendste Speicher von Kohlenstoff auf der Erde, insbesondere Moorböden speichern sehr große Mengen an Kohlenstoff.

Der Boden spielt eine Schlüsselrolle bei den Stoffkreisläufen auf unserem Planeten. Er ist an den Wasser-, Kohlenstoff- und Stickstoffkreisläufen maßgeblich beteiligt.

Für die Bekämpfung der Klimakrise ist der Boden unverzichtbar. Denn Boden speichert allein im Humus fast dreimal mehr Kohlenstoff als die gesamte lebende Biomasse, also alle Lebewesen auf der Erde.

Der Boden dient auch als kulturelles Archiv und gibt Auskunft über die Aktivitäten und Lebensweisen der Menschen in der Vergangenheit.

Der Boden ist also ein Multitalent. Es ist Zeit, dass wir den Boden, seine Bewohner und seine Funktionen wertschätzen und bei Entscheidungen miteinbeziehen …

Ökosystemleistungen (ÖSL) – unbezahlbar!

Ökosysteme erbringen vielfältige Leistungen für den Menschen. Diese Leistungen werden häufig als Ökosystemdienstleistungen bezeichnet. Da dieser Begriff den Menschen aber stark ins Zentrum rückt, so als sei die Natur allein eine Dienstleisterin für den Menschen, wird inzwischen der Begriff Ökosystemleistungen verwendet. Ein Vorteil ist auch, dass das Wort nicht ganz so lang und sperrig ist. Und richtig ist, dass die Leistungen von Ökosystemen nicht nur dem Menschen dienen, sondern dem gesamten Leben auf der Erde.

Ökosystemleistungen (engl. *ecosystem services*) wurden im Millennium Ecosystem Assessment 2005 der Vereinten Nationen (UN) als «Vorteile, die die Menschen von Ökosystemen erhalten» («the benefits people obtain from ecosystems»), definiert. Sie werden in vier Kategorien unterteilt: unterstützende, bereitstellende, regulierende und kulturelle Ökosystemleistungen. Unter unterstützenden Ökosystemleistungen versteht man zum Beispiel die Primärproduktion, das heißt die von Pflanzen produzierte Biomasse, von der die anderen Lebewesen auf der Erde direkt und indirekt als Ressource abhängen. Die Bodenbildung gehört auch dazu. Unter bereitstellenden Ökosystemleistungen versteht man Produkte, die die Natur bereitstellt, zum Beispiel Nahrung, sauberes Wasser und natürliche, nachwachsende Materialien wie Holz und Fasern. Zu den regulierenden Ökosystemleistungen gehören zum Beispiel die Klimaregulation und die globalen Stoffkreisläufe. Als kulturelle Ökosystemleistungen bezeichnet man die Erholung in der Natur, ihren Freizeitwert, aber auch ihre kulturelle und spirituelle Bedeutung für den Menschen.

Im Gegensatz zu Ökosystemleistungen versteht man unter Ökosystemfunktionen biologische, geochemische und physikalische Prozesse, die in einem Ökosystem stattfinden. Diese Funktionen stehen hinter den Ökosystemleistungen, die dem Menschen zugutekommen, und ermöglichen sie erst.

Im Boden und auch oberhalb des Bodens sind die Funktionen von Ökosystemen von sehr vielen unterschiedlichen Lebewesen abhängig, die dafür sorgen, dass ein Ökosystem seine Leistungen auch für uns Menschen erbringen kann.

Die Leistungen der Ökosysteme kommen uns Menschen und den vielen anderen Lebewesen auf der Erde zugute. Luft, Wasser, Boden und Nahrung brauchen wir, um auf der Erde überleben zu können. Sie sind für jeden da, sind ein Geschenk der Erde, des Lebens. Hinter ihnen stehen vielfältige Ökosystemleistungen, die von unzähligen Arten getragen werden. Diese Leistungen der

Ökosysteme und ihrer zum Teil winzigen, für das Auge oft unsichtbaren Arten sind für uns und andere Lebewesen auf der Erde überlebenswichtig.

Sie sind zum großen Teil nicht zu ersetzen und deshalb mit Geld schwer bis gar nicht aufzuwiegen. Ihr Wert kann deshalb auch als unendlich angesehen werden. Wer kennt nicht die einem nordamerikanischen Ureinwohnerstamm zugeschriebene Weissagung, die die Umweltbewegung der 1980er-Jahre oft zitierte: «Erst wenn der letzte Baum gerodet, der letzte Fluss vergiftet, der letzte Fisch gefangen ist, werdet ihr merken, dass man Geld nicht essen kann.» Auch wenn der Ursprung dieses Zitats nicht sicher belegt ist, zeigt es gut, dass der Wert der Natur über ihren monetären Wert hinausgeht. Geld kann man nicht essen oder trinken, und mit Geld und Technik können die allermeisten Ökosystemleistungen nicht ersetzt werden.

Was aber keinen Geldwert hat, hat in unserer Gesellschaft für viele keine wirtschaftliche Bedeutung. Die Ökosystemleistungen haben jedoch große wirtschaftliche Bedeutung, denn sie sind Grundlage für fast alles Wirtschaften der Menschen auf der Erde. In der Volkswirtschaftslehre unterscheidet man zwischen den Produktionsfaktoren Arbeit, Boden und Kapital. Das heißt, um Güter und Dienstleistungen produzieren zu können, braucht man Arbeit. Mit Arbeit ist in der Volkswirtschaftslehre aber nur die Arbeit gegen Entlohnung, also Erwerbsarbeit, gemeint. Daneben braucht man Boden, das heißt die wirtschaftlich genutzte Erdoberfläche als Standortfaktor oder konkret als Boden bei der land- oder forstwirtschaftlichen Produktion oder dem Abbau von Rohstoffen. Und Kapital. Es werden drei Arten von Kapital unterschieden: Naturkapital, Humankapital und künstliches Kapital. Neben dem Personal, das die Arbeit ausführt (Humankapital), und der Technik (künstliches Kapital) braucht es fast immer natürliche Ressourcen (Naturkapital). Das Naturkapital sind die Ökosysteme, die Arten und ihre Leistungen, die Produktionsfaktoren wie Sauerstoff, sauberes Wasser, Biomasse, Bestäubung und andere natürliche Ressourcen und Leistungen bereitstellen. Dieses essenzielle Naturkapital liegt der Produktion von Gütern (zum Beispiel Nahrungsmitteln, Baumaterial usw.) und Dienstleistungen zugrunde, taucht jedoch nicht in den Bilanzen auf, weil man es als natürliche Ressourcen und freie Güter versteht, die einfach vorhanden sind und nichts kosten.

Dasselbe gilt auch für Arbeit, die keine Erwerbsarbeit ist, also die Hausarbeit und die «Care-Arbeit» wie die häusliche Kinderbetreuung, Erziehung und Pflege oder auch die ehrenamtliche Arbeit. Diese Arbeit wurde ähnlich wie das Naturkapital als selbstverständlich angesehen, als Grundrecht des

Menschen. Die Leistungen der Natur und die Care-Arbeit, die meist Frauen verrichten, wurden nicht als Produktionsmittel und Arbeit im eigentlichen Sinn anerkannt und nicht entlohnt. Diese Strukturen sind auch heute noch weit verbreitet: Sie zeigen oft eine mangelnde Wertschätzung der Care-Arbeit und der Leistungen der Natur und führen nicht selten zur Ausbeutung von Menschen und natürlichen Ressourcen. Was keinen monetären Wert hat, wird vielfach nicht wertgeschätzt, weil es ja keinen Preis hat, den man dafür bezahlen muss. Das führt zum Beispiel zu finanziellen Abhängigkeiten und Altersarmut von Frauen, die als Hausfrau und Mütter unentgeltlich im Haus arbeiten oder gearbeitet haben.

Allgemein zeigt sich die Wertschätzung von Arbeit meist auch in der Bezahlung. Tätigkeiten, die mit Care-Arbeit zu tun haben, werden bei der Erwerbsarbeit schlechter bezahlt als zum Beispiel Arbeit im Finanz- und Industriesektor, wo es oft um Profitmaximierung und die Ausbeutung von Ressourcen geht. Hinter unserem Wirtschaftssystem steckt also ein Wertesystem, das Arbeit sehr unterschiedlich bewertet und entlohnt und den natürlichen Ressourcen und der Fürsorgearbeit bisher weniger Wert beimisst. Dieses Wertesystem liegt auch unbewusst vielen Entscheidungen zugrunde. Es entscheidet darüber, welchen Weg wir einschlagen, welche Werte wir vorrangig berücksichtigen und welche Werte wir als nachrangig anschauen und dann oftmals vernachlässigen oder missachten. Wirtschaftswachstum und Profit sind zum Beispiel Werte, die im Kapitalismus vorrangig berücksichtigt werden, wohingegen die Zerstörung von Ökosystemen und ihrer Leistungen in Kauf genommen wird und nicht in den Bilanzen auftaucht. Die Folgekosten der Naturzerstörung tragen somit meist nicht die Verursacher, sondern die Allgemeinheit, die Gesellschaft. Doch die Natur, der Boden, die Ökosysteme und ihre Leistungen sind endlich. Durch die fortschreitende, rücksichtslose Ausbeutung der Natur zerstören wir nicht weniger als unsere eigenen Lebensgrundlagen.

Um die Natur und damit unsere Lebensgrundlagen besser zu schützen, gibt es Initiativen, die für das Naturkapital und die Ökosystemleistungen einen finanziellen Wert fordern, und Studien, die für bestimmte Ökosystemleistungen einen Geldwert berechnen.

TEEB («The Economics of Ecosystems and Biodiversity»; dt. «Die Ökonomie von Ökosystemen und Biodiversität») ist eine 2007 von Umweltministerien im Umfeld des G8+5-Treffens in Potsdam gegründete Forschungsinitiative, aus der eine Reihe von Studien und Berichten hervorgegangen ist, die Ansätze zur ökonomischen Bewertung von biologischer Vielfalt und Ökosystemleistungen aufzeigen. 2010 wurde von TEEB der Synthesebericht «Die ökonomische Bedeutung der Natur in Entscheidungsprozesse integrieren» veröffentlicht. Er hatte das Ziel, zu einem nachhaltigeren Umgang mit dem Naturkapital anzuregen. Seine Empfehlungen richteten sich an verschiedenste Akteure und Entscheidungsträger, um den Wert des Naturkapitals ins gesellschaftliche Bewusstsein zu bringen und in diversen Entscheidungsprozessen besser zu berücksichtigen. Dabei ging es auch darum, biologische Vielfalt und Ökosystemleistungen ökonomisch zu bewerten, um Kosten und Nutzen der Erhaltung oder Wiederherstellung der Natur in Entscheidungsprozessen gegeneinander abwägen zu können.

Das Leitbild der Studie wurde im Bericht so zusammengefasst:

«Die ökonomische Bedeutung der Natur sichtbar machen»

«Die Biodiversität in all ihren Dimensionen – Qualität, Quantität und Vielfalt der Ökosysteme, Arten und Gene – muss nicht nur aus gesellschaftlichen, ethischen oder religiösen Gründen erhalten werden, sondern auch im Sinne des wirtschaftlichen Nutzens für heutige und künftige Generationen. Erstrebenswert ist daher eine Gesellschaft, die ökonomisch verantwortlich mit ihrem natürlichen Kapital umgeht.»

Der monetäre Wert von Ökosystemleistungen

Eine viel zitierte Übersichtsstudie mit dem Titel «The value of the world's ecosystem services and natural capital» (dt. «Der Wert der Ökosystemleistungen und des Naturkapitals der Erde») von Robert Costanza und Kolleg:innen ist 1997 im wissenschaftlichen Fachmagazin «Nature» erschienen. Diese Studie hat den ökonomischen Wert von 17 Ökosystemleistungen für 16 Biome weltweit berechnet und geschätzt. Pro Jahr wurde der Beitrag der Biosphäre auf durchschnittlich 33 Billionen US-Dollar geschätzt (16–54 Billionen (10^{12}) US-Dollar), wobei die Autoren betonten, dass es sich bei den Schätzungen um Minimalschätzungen handelt. Das war das 1,8-Fache des damaligen globalen Bruttonationaleinkommens oder Bruttosozialprodukts. Der Wert der Ökosystemleistungen ist also fast doppelt so hoch wie der Wert aller weltweit produzierten Waren und Dienstleistungen. Und er wird steigen, je knapper die Ressourcen, das Naturkapital und die funktionierenden Ökosystemleistungen werden.

Die Bestäubung von Nutzpflanzen durch Insekten ist zum Beispiel eine Ökosystemleistung, die in den letzten Jahren mehr in das gesellschaftliche

Bewusstsein gerückt ist. Etwa 80 Prozent der Wild- und Nutzpflanzen sind auf die Bestäubung durch Insekten angewiesen. Für die Bestäubungsleistung von Nutzpflanzen durch Insekten hat man je nach Studie Werte zwischen 195 und 387 Milliarden US-Dollar pro Jahr berechnet. Für die Leistungen des Bodens gibt es wenige vergleichbare Berechnungen oder Schätzungen. Im Jahr 2017 wurden die Ökosystemleistungen des Bodens im Buch «Global Soil Security» von McBratney und Kolleg:innen auf einen Wert von etwa 11,4 Billionen US-Dollar geschätzt. Die Autor:innen wollten damit dem Boden einen monetären Wert als Naturkapital geben und eine Diskussion zwischen Wissenschaft und Wirtschaft um den (Handels-)Wert des Bodens initiieren.

Ökosystemleistungen werden aber in der Regel nicht bepreist und erscheinen nicht in den Kalkulationen. Sie werden deshalb bei Entscheidungen meist wenig oder nicht berücksichtigt, auch wenn ihr Wert sich immer mehr erhöhen und ins Unermessliche steigen wird, je beeinträchtigter und knapper sie werden. Ein anschauliches Beispiel dafür ist sauberes Wasser. Die Verschmutzung dieser lebenswichtigen Ressource wird oft in Kauf genommen, um schnell und billig Konsumgüter produzieren zu können. Doch ohne sauberes Trinkwasser ist das Überleben auf der Erde nicht möglich, sodass sein Wert in Zukunft immer mehr steigen wird. Ein anderes Beispiel ist die Bestäubungsleistung von Insekten. Viele sehen in Insekten nur Schädlinge, die bekämpft werden müssen. Durch den hohen Einsatz von Pestiziden (d. h. Pflanzenschutzmittel und Biozide) und die Zerstörung ihrer Lebensräume sind ihre Zahlen dramatisch zurückgegangen. Wenn sie ihre Funktionen wie die Bestäubung der Pflanzen in Zukunft nicht mehr erfüllen können, wird man diese Leistung ersetzen müssen, falls man dazu in der Lage ist. Bestäubung per Hand durch Menschen, wie sie bereits in einigen Regionen in China durchgeführt werden muss, ist teuer, zumal Deutschland kein Billiglohnland ist. Der Wert der Bestäubungsleistung ist groß und wird steigen, und es wäre somit auch wirtschaftlich klug, die Leistungen der Insekten anzuerkennen und sie zu schützen, bevor sie teuer ersetzt werden müssen. Da Insekten noch viele weitere Ökosystemleistungen erbringen und eine wichtige Nahrungsressource für viele Lebewesen sind, geht ihr Wert über einzelne Leistungen weit hinaus.

Der Großteil der Ökosystemleistungen ist nicht oder nur sehr schwer ersetzbar und für das Leben auf der Erde essenziell, sodass ihr Wert eigentlich unendlich ist. Leider wird den Ökosystemleistungen bisher in den Bilanzen kein Geldwert zugeschrieben, sie haben keinen Marktpreis und werden in die Berechnung von Kosten nicht mit einbezogen. Frische Luft, sauberes

Wasser und gesunder Boden werden immer noch als unbegrenzt verfügbare, freie Güter angesehen und fallen bei ökonomischen und politischen Entscheidungen leider viel zu häufig unter den Tisch.

Der Club of Rome, eine Denkfabrik aus Expert:innen aus mehr als 30 Ländern, die 1968 gegründet wurde und sich für eine nachhaltige Zukunft der Menschheit einsetzt, hat bereits vor mehr als 50 Jahren auf die Grenzen des Wachstums hingewiesen. 1972 erschien der Bericht des Club of Rome «The limits to growth» (dt. «Die Grenzen des Wachstums») von Donella Meadows und Kollegen, der sich mit der Zukunft der Weltwirtschaft beschäftigte.

Eine zentrale Schlussfolgerung des Berichtes lautete:

«Wenn die gegenwärtige Zunahme der Weltbevölkerung, der Industrialisierung, der Umweltverschmutzung, der Nahrungsmittelproduktion und der Ausbeutung von natürlichen Rohstoffen unverändert anhält, werden die absoluten Wachstumsgrenzen auf der Erde im Laufe der nächsten hundert Jahre erreicht.»

Es ist also Halbzeit, und es ist dringend Zeit, unser Verhalten anzupassen und uns der Grenzen des Wachstums und der Endlichkeit der natürlichen Ressourcen auf der Erde wirklich bewusst zu werden.

In diesem Kapitel wird nun beleuchtet, wie wichtig der Boden für die Bereitstellung der verschiedenen Ökosystemleistungen ist. Er spielt bei den meisten Ökosystemleistungen eine herausragende und fundamentale Rolle.

Unterstützende Ökosystemleistungen

Der Boden stellt viele Leistungen bereit und unterstützt das Leben auf der Erde in vielfältiger Weise. Ohne Boden wären das terrestrische Pflanzenwachstum und die pflanzliche Primärproduktion auf der Erde zum Beispiel nicht möglich. Unter Primärproduktion versteht man die Biomasse, die die Fotosynthese betreibenden Organismen wie Pflanzen, Algen und Cyanobakterien produzieren. Dazu fixieren sie Kohlendioxid aus der Luft und bauen daraus ihre eigene Biomasse. Doch ohne die Versorgung mit Nährstoffen und Wasser aus dem Boden und dem Halt, den der Boden mit seiner Struktur den Wurzeln gibt, wären der Aufbau der Biomasse und das Wachstum der allermeisten Pflanzen nicht möglich. Sie wiederum ernähren direkt oder indirekt die Lebewesen auf höheren Ebenen der Nahrungskette, also auch uns Menschen. Die Primärproduktion der Pflanzen stellt somit die Lebensgrundlage der meisten Organismen auf der Erde dar, sie ist abhängig von gesundem Boden und sauberem Wasser. Der Boden ist zudem Lebensraum von unzähligen Organismen mit verschiedenen Anpassungen und Funktionen. Bodenorganismen tragen maßgeblich dazu bei, dass der Boden seine Funktionen erfüllen kann und zum Beispiel Wasser gereinigt wird. Der Boden ist also nicht nur Substrat, sondern ein multifunktionales System, das nur durch seine unzähligen Lebewesen seine Ökosystemleistungen dauerhaft bereitstellen kann.

Zu den unterstützenden Ökosystemleistungen gehört auch die Bodenbildung. Sie läuft in verschiedenen Stadien ab und ist stark von abiotischen und biotischen Bedingungen abhängig. Durch äußere Einflüsse wie Regen und Temperaturextreme verwittert Untergrundgestein. In diesem ersten Stadium der Bodenbildung spielen Mikroorganismen eine entscheidende Rolle: Sie bilden bakterielle Krusten mit stickstofffixierenden Cyanobakterien und Algen. Langsam siedeln sich andere Organismen an, die in der Nahrungskette höher stehen, zum Beispiel Protozoen, Nematoden, Milben und Collembolen. Pflanzen kommen dazu, zuerst niedrige Pflanzen wie Moose und Farne, später Gefäßpflanzen, die durch ihre Streu zu einer organischen Auflage und später zur Humusbildung beitragen. Im nächsten Stadium ist die Bodenauflage dick genug, dass sich auch Büsche und Bäume ansiedeln können, die durch ihre Wurzeln und organischen Säuren aus der Streu weiter zur Verwitterung der Gesteinsschicht beitragen.

Im reifen Stadium hat man ein voll entwickeltes Bodensystem mit diverser Vegetation, die wiederum den Eintrag von organischem Material in den Boden gewährleistet und das Bodenleben stimuliert. Jetzt sind auch Ökosystem-Ingenieure wie Regenwürmer oder Ameisen aktiv und tragen zur Verbesserung der Bodenfunktionen maßgeblich bei. Dieses Stadium kann sich aber auch verschlechtern, wenn der Boden degradiert. Dann geht die Fruchtbarkeit verloren, weil beispielsweise Nährstoffe in tiefere Bodenschichten verlagert oder ausgewaschen werden. Dann ändert sich die Vegetation und der Boden versauert zunehmend, sodass sich Regenwürmer und andere wichtige Bodenorganismen nicht länger wohlfühlen. Der degradierte Boden kann weniger Pflanzenbiomasse hervorbringen und unterstützen, der Eintrag von organischem Material nimmt ab und das Bodenleben verarmt. Degradierter Boden ist anfällig für Erosion. Er hat weniger Bewuchs, die poröse Struktur des Bodens geht verloren und das Wasser kann nicht mehr so gut in ihn eindringen, sodass er schneller durch Regen oder Wind abgetragen wird.

Bodenorganismen und Pflanzen spielen somit bei der Bildung und der Erhaltung von Boden eine sehr wichtige Rolle. Sie haben mechanische und chemische Effekte auf den Boden in Form von Durchwühlen und Durchmischen (Bioturbation), dem Entstehen von Bodenstruktur (Aggregate, Poren, Gänge usw.), dem Transport und Vermischen von organischem und anorganischem Material und chemischen Transformationen. Tiere und Pflanzen und ihre Überreste, Exkremente und Abfälle bilden zudem das organische Material, das in den Boden eingetragen wird und dort als Nahrungsgrundlage, als Beitrag zur Bodenstruktur und als Kohlenstoffspeicher dient.

Der gesamte Prozess der Bodenbildung vollzieht sich sehr langsam. Es dauert ca. 20 000 Jahre, bis sich in unseren gemäßigten Breiten ein Meter

Boden bildet. Das bedeutet, dass ein Zentimeter humose Bodenschicht durchschnittlich ca. 200 Jahre (zwischen 100 und 300 Jahren) braucht, um sich zu bilden. Wenn das Klima nicht so günstig ist wie bei uns, kann der Bodenbildungsprozess noch länger dauern oder aufgrund von Trockenheit oder extremen Temperaturen in einem frühen Stadium stoppen. Dadurch, dass bei der Bodenbildung das Ursprungsgestein, das Klima und die Bodendiversität eng zusammenwirken, können Einflüsse auf diese Faktoren den Bodenbildungsprozess ändern oder sogar zum Erliegen bringen.

Bereitstellende Ökosystemleistungen

Der Boden verfügt auch über viele bereitstellende Ökosystemleistungen. Ohne Boden könnten wir weder unsere Nahrungsmittel produzieren noch natürliche Baustoffe wie Holz ernten. Es gibt zwar Nutzpflanzen, zum Beispiel Tomaten, die in Nährlösungen im Gewächshaus wachsen können, doch diese Möglichkeit besteht bisher nur für wenige Kulturpflanzen und ist oft kostenintensiv.

Die meisten Lebensmittel werden auf natürlichem Boden angebaut. Weltweit sind das etwa 7000 Kulturpflanzenarten, die für die menschliche Ernährung genutzt werden. Allerdings werden nur ca. 660 Arten im größeren Maßstab angebaut, und davon sind nur sechs Arten – Weizen, Reis, Mais, Kartoffel, Süßkartoffel, Maniok – für über 60 Prozent der globalen Kalorienversorgung verantwortlich. Für den Anbau von Nutzpflanzen braucht man Fläche. Umso mehr durch die Tatsache, dass 70 Prozent der landwirtschaftlich genutzten Flächen weltweit laut der Ernährungs- und Landwirtschaftsorganisation der Vereinten Nationen (FAO) als Weideflächen oder für die Produktion von Futtermitteln (Tierfutter) genutzt werden. Sie werden also nicht direkt für Nahrungspflanzen für den Menschen, sondern nur indirekt für die menschliche Ernährung eingesetzt. Die globale Fleischproduktion hat sich in den letzten 60 Jahren mehr als vervierfacht. Doch Fleisch, Milch und Eier über den Umweg von Futtermitteln wie Getreide und Soja herzustellen, führt zu Kalorienverlust. Die Umwandlungsrate von pflanzlichen in tierische Kalorien beträgt laut dem Weltagrarbericht im Idealfall zwischen 2:1 bei Geflügel, 3:1 bei Schweinen, Zuchtfischen, Milch und Eiern und 7:1 bei Rindern. 75 Prozent und mehr der an die Tiere verfütterten Nährstoffe werden laut Umweltbundesamt von den Tieren selbst verbraucht und wieder ausgeschieden. Nur etwa ein Viertel der verfütterten Nährstoffe wird von den Tieren in Nahrungsmittel wie Milch, Eier und Fleisch umgewandelt. Damit geht ein Großteil der an die Tiere verfütterten Energie und Nährstoffe für die menschliche Ernährung verloren. In Deutschland wird zum Beispiel knapp 60 Prozent des Getreides als Futtermittel genutzt. Je mehr Fleisch gegessen wird, umso weniger Menschen können von der gleichen Fläche Acker ernährt werden.

Zudem wird der Acker- und Grünlandboden, auf dem Nahrungsmittel produziert werden, oft sehr intensiv genutzt. Wichtig ist dabei aber, dass man nicht nur den kurzfristigen Ertrag im Blick hat, sondern den Boden und seine Funktionen auf Dauer schützt. In der konventionellen Landwirtschaft werden die natürlichen Bodenfunktionen durch den Einsatz externer Stoffe wie mineralischer Dünger teilweise ersetzt und durch intensive Bodenbearbeitung und den Einsatz von Pestiziden oft gestört. Mineralische Dünger ersetzen dabei die Bereitstellung von Nährstoffen wie Stickstoff und Phosphor aus organischem Material durch Bodenorganismen. Mykorrhizapilze und ihre Funktion, Phosphor aus dem Boden den Pflanzen zugänglich zu machen, werden durch die mineralische Phosphor-Düngung, intensive Bodenbearbeitung und Fungizide negativ beeinflusst. Da Phosphor eine begrenzte Ressource ist und sehr aufwendig gewonnen wird, wäre es sinnvoll, Mykorrhizapilze zu fördern und ihren Beitrag zur Bodenfruchtbarkeit zu nutzen. Ca. 80 Prozent der Landpflanzen gehen eine Symbiose mit Mykorrhizapilzen ein, die maßgeblich zur Nährstoffversorgung ihrer Wirtspflanze beitragen können. Neuere Studien zeigen auch, dass sie die Stresstoleranz der Pflanzen und ihre Abwehr gegen Pathogene stärken können. Auch viele Nutzpflanzen sind Wirtspflanzen für Mykorrhizapilze und profitieren von diesen Effekten.

Im Boden leben stickstofffixierende Organismen wie Knöllchenbakterien, die mit Leguminosen eine Wurzelsymbiose eingehen. Diese Bakterien fixieren den Stickstoff aus der Luft und stellen ihn ihrer Wirtspflanze zur Verfügung. Wenn die Leguminosen absterben oder geerntet werden, kann man sie in den Boden einarbeiten und sorgt so auf natürlichem Weg für eine Düngung des Bodens. Dadurch, dass der Stickstoff im organischen Material gebunden ist, müssen ihn erst Bodenorganismen wie Bakterien und Pilze in anorganischen Stickstoff umwandeln (mineralisieren). Diese sogenannte Gründüngung fördert das Bodenleben und führt zum Aufbau von Humus, da dem Boden organisches Material zurückgegeben wird.

Auch für die Bereitstellung von sauberem Wasser ist der Boden sehr wichtig. Ein gesunder Boden filtert Schadstoffe und sorgt mit seiner Struktur und seinen unzähligen Organismen dafür, dass das Wasser langsam versickert und gereinigt das Grundwasser erreicht. Er verfügt über eine physikalische, chemische und biologische Filterfunktion. Durch seine komplexe räumliche Struktur und große Oberfläche kann gesunder Boden ähnlich wie ein Schwamm kleinste Staub- und Schadstoffpartikel aus dem Niederschlags- oder Sickerwasser filtern. Durch die Anlagerung von Stoffen an die Oberfläche von Bodenpartikeln werden gelöste Substanzen gebunden und so aus dem Wasser entfernt. Durch Mikroorganismen findet dann der Abbau von Schadstoffen (zum Beispiel Altöl) statt. Viele Mikroorganismen sind wahre Recycling- und Entgiftungskünstler. Deshalb gilt: Gesunder Boden ist eine Voraussetzung für sauberes Trinkwasser.

Nicht zuletzt leben im Boden viele Organismen, die in der Lage sind, wichtige Arzneistoffe herzustellen. Selman Waksman, ein bekannter Bodenmikrobiologe, erhielt 1952 den Medizin-Nobelpreis für die Entdeckung des Antibiotikums Streptomycin, das von der Bakteriengattung *Streptomyces* produziert wird. Neben Streptomycin können Bakterien der Gattung *Streptomyces* auch andere Antibiotika mit unterschiedlichen Eigenschaften produzieren.

Der Boden ist das Fundament für das Leben auf der Erde, obwohl er nur eine sehr dünne Schicht auf der Erdoberfläche ausmacht. Die fruchtbare Schicht des Bodens, also die ca. 40 Zentimeter des Oberbodens, stellt eine hauchdünne Hülle um die Erde dar. In dieser dünnen Hülle sind die meisten Pflanzen verwurzelt und es spielen sich die Wechselwirkungen zwischen Pflanzen und Bodenorganismen oft auf kleinstem Raum ab. Jedoch tragen diese Wechselwirkungen maßgeblich zu den Stoffkreisläufen und dem Klima auf unserem Planeten bei.

Regulierende Ökosystemleistungen

Der Boden stellt vielfältige regulierende Ökosystemleistungen für die Erde bereit. Boden speichert mit ca. 1500 Gigatonnen allein im Humus fast dreimal mehr Kohlenstoff als die gesamte lebende Biomasse und damit alle Tiere und Pflanzen und andere Lebewesen auf der Erde zusammen. Boden speichert Kohlenstoff, er veratmet ihn aber auch in Form von Kohlendioxid. Genauer gesagt atmen die unzähligen Bodenorganismen und tragen so zum Kohlenstoffkreislauf bei. Kohlendioxid wird durch die Primärproduzenten aus der Luft fixiert, als organischer Kohlenstoff in lebende Biomasse eingebaut und nach dem Ableben der Organismen teilweise im Boden gespeichert. Bodenorganismen nehmen ihn durch Zersetzung des organischen Materials auf, bauen ihn in ihre Körper ein und immobilisieren ihn dadurch. Ein Teil wird verstoffwechselt und durch die Atmung der Bodenorganismen als Kohlendioxid in die Atmosphäre freigesetzt.

Böden speichern Kohlenstoff unterschiedlich gut. Manche Böden können sehr viel Kohlendioxid aufnehmen und langfristig speichern. Dazu gehören zum Beispiel **Moorböden**.

Unter dieser Bezeichnung werden Böden mit mehr als 30 Zentimeter Torfmächtigkeit zusammengefasst, die vor allem durch den unvollständigen Abbau von Pflanzenresten entstanden sind. Sie weisen eine häufig mehrere Meter mächtige Schicht Humus (den Humushorizont) auf und bestehen aus mindestens 30 Prozent organischer Substanz. Moorböden haben einen sehr hohen

Wassergehalt (> 90 %) und sind sauer, haben also einen niedrigen pH-Wert (< 7). Unter diesen Bedingungen fühlen sich nur wenige, daran angepasste Pflanzen, Tiere und Mikroorganismen wohl. Durch den hohen Wassergehalt ist der Sauerstoffgehalt in Mooren sehr gering und die aeroben Abbauprozesse können nicht wie üblich ablaufen. Das führt dazu, dass das organische Material langfristig im Boden eingelagert bleibt und der darin enthaltene Kohlenstoff nicht zersetzt, sondern konserviert wird. Jeder kennt die Berichte von Moorleichen, die gefunden wurden und Jahrhunderte überstanden haben, ohne dass sie von Mikroorganismen zersetzt wurden.

Moorböden sind ein sehr wichtiger Speicher von Kohlenstoff. Die Erhaltung und Wiedervernässung von Mooren spielt deshalb eine wichtige Rolle beim Erreichen der Klimaschutzziele. In Deutschland sind entwässerte Moore für ungefähr 40 Prozent der Treibhausgas-Emissionen in den Sektoren Landwirtschaft und Landnutzung verantwortlich. Da in Deutschland etwa 90 Prozent der Moorböden land- und forstwirtschaftlich genutzt werden – zum größten Teil als Grünland –, ergibt sich daraus ein großes Potenzial zur Reduzierung der Treibhausgas-Emissionen. Moore sind zwar ein sehr wichtiger Kohlenstoffspeicher, doch der Methanausstoß steigt durch die Wiedervernässung der Moore. Methan wird unter nassen Bedingungen von methanbildenden Mikroorganismen gebildet, zum Beispiel in Mooren, Feuchtgebieten oder Reisfeldern. Da Methan ein Treibhausgas ist, das ein 25-mal höheres Potenzial als Kohlendioxid hat, die Erdatmosphäre zu erwärmen, könnte man denken, dass die Wiedervernässung von Mooren kontraproduktiv ist, um die Treibhausgase zu reduzieren und die Klimakrise abzuschwächen. Eine Studie aus dem Jahr 2020 von Anke Günther und Kolleg:innen im Fachjournal «Nature Communication» zeigt jedoch, dass die Wiedervernässung von Mooren den Klimawandel abschwächen kann, weil die langfristige Verminderung der Kohlendioxidemissionen den kurzfristigen Anstieg an Methanemissionen, das eine kürzere Verweildauer in der Atmosphäre hat als Kohlendioxid, mehr als ausgleicht.

Ein anderes Treibhausgas ist das stickstoffhaltige Lachgas (N_2O). Auch hier ist die Abgabe aus terrestrischen Ökosystemen vor allem durch Mikroorganismen reguliert. Entwässerte Moore geben neben Kohlendioxid auch Lachgas ab, das ein 298-fach höheres Potenzial hat, zur Erwärmung der Atmosphäre beizutragen als Kohlendioxid – das sogenannte *Global Warming Potential* (GWP). Laut dem Mooratlas der Heinrich-Böll-Stiftung von 2023 emittieren entwässerte Moorböden weltweit pro Jahr über 1,9 Milliarden Tonnen CO_2-Äquivalente. Fast 90 Prozent davon sind auf das Treibhausgas CO_2 zurückzuführen, die übrigen Emissionen stammen von Methan und Lachgas. Durch die Wiedervernässung von Mooren kann man diese Emissionen reduzieren und maßgeblich zum Klimaschutz beitragen.

Ein großer Teil des Stickstoffkreislaufs, bei dem Stickstoff in verschiedene chemische Formen umgewandelt wird, findet im Boden statt. Stickstoff ist für alle Lebewesen essenziell, weil sich daraus Aminosäuren und Proteine aufbauen. In der Luft hat Stickstoff einen Anteil von rund 78,08 Volumen-Prozent (Vol.-%), Sauerstoff einen Anteil von rund 20,95 Vol.-%. Daneben gibt es das Edelgas Argon (0,93 Vol.-%), Kohlendioxid (0,04 Vol.-%) und andere Gase in kleinen Mengen.

Doch wie kommt der gasförmige Stickstoff aus der Luft in den Boden, wo er für das Wachstum der Pflanzen benötigt wird? Mancher wird jetzt wahrscheinlich zuerst an industriell hergestellten chemischen Stickstoffdünger denken, doch diese Möglichkeit, Pflanzen zu düngen, gibt es erst seit relativ kurzer Zeit. Das Haber-Bosch-Verfahren, bei dem aus atmosphärischem Stickstoff und Wasserstoff Ammoniak synthetisiert wird, wurde im Jahr 1911 patentiert. 1918 erhielt Fritz Haber dafür den Nobelpreis für Chemie. Vorher hat man zur Düngung von Nutzpflanzen in der Landwirtschaft Mist und Gülle der Nutztiere und mehr oder weniger kompostierte Pflanzenabfälle oder Ernterückstände eingesetzt.

In natürlichen Ökosystemen kommt der Stickstoff durch stickstofffixierende Bakterien, die frei im Boden leben oder mit Pflanzen eine enge Symbiose in den Wurzeln eingehen, in den Boden und zu den Pflanzen. Manche Pflanzenarten sind mithilfe von speziellen Mikroorganismen auch selbst in der Lage, den Stickstoff aus der Luft zu fixieren. Dazu gehören Leguminosen, aber auch andere Pflanzen, zum Beispiel Erlen *(Alnus)*. Sie können mithilfe von Actinomyceten der Gattung *Frankia* Luftstickstoff in ihren Wurzeln fixieren und sind so in der Lage, als Pionierpflanze auch sehr nährstoffarme Flächen zu besiedeln. Daneben ist in abgestorbenem Tier- und Pflanzenmaterial Stickstoff, das in Form von organischem Material vorliegt und von den Bodenorganismen in stickstoffhaltige anorganische Nährstoffe wie Ammonium oder Nitrat umgewandelt wird. Am Stickstoffkreislauf sind viele Bodenorganismen maßgeblich beteiligt. Ohne sie würde dieser Kreislauf nicht funktionieren. Bakterien spielen dabei eine unersetzliche Rolle: So wird bei der Nitrifikation Ammoniak bzw. werden die Ammonium-Ionen von Bakterien über Nitrit zu Nitrat oxidiert.

Die Denitrifikation ist ein Prozess, der stufenweise von verschiedenen Mikroorganismen ausgeführt wird. Dabei wird Nitrat reduziert und über mehrere chemische Schritte in atmosphärischen Stickstoff umgewandelt. Während zur Nitrifikation nur einige Bakteriengattungen fähig sind, ist die Fähigkeit zur Denitrifikation bei Prokaryoten weit verbreitet. Doch auch größere Bodenorganismen wie Regenwürmer spielen eine entscheidende Rolle, weil sie organisches Material in den Boden befördern und so den Abbauprozessen durch die Mesofauna und Mikroorganismen zugänglich machen. Der im organischen Material festgelegte Stickstoff wird auf diese Weise wieder in anorganische Formen wie Ammonium und Nitrat umgewandelt, die Pflanzen als Nährstoffe aufnehmen können.

Ein weiterer wichtiger Kreislauf, der unter anderem durch Bodenorganismen beeinflusst wird, ist der Phosphorkreislauf. Phosphor spielt in der Atmosphäre keine signifikante Rolle. Er ist im Boden, im Wasser und in Lebewesen vorhanden, und es gibt einen Austausch zwischen diesen Bereichen. In Lebewesen ist Phosphor ein essenzieller Bestandteil vieler Moleküle und Stoffe, zum Beispiel der Desoxyribonukleinsäure (DNA) und des Energieträgers Adenosintriphosphat (ATP). Somit ist Phosphor auch ein wichtiger Nährstoff für das Pflanzenwachstum. Er befindet sich in Gesteinen (zum Beispiel Apatit) und Ablagerungen und ist ein nicht ersetzbarer Rohstoff, der bald zur Neige geht. Man geht davon aus, dass die heute bekannten Phosphorvorräte nur noch etwa 100 bis 300 Jahre reichen. Das mag für die heutige Generation kein Problem sein, aber was ist mit den nächsten Generationen, die genauso wie wir auf diesen lebensnotwendigen Nährstoff angewiesen sind?

Der Großteil des in Minen abgebauten Rohphosphors wird zu Mineraldünger verarbeitet, um den immer größeren Bedarf der Menschheit an Nahrungs- und Futtermitteln, auch für den steigenden Fleischkonsum, zu decken. Es gibt einen stetig steigenden Verbrauch von Mineraldüngern, der auch durch die industrielle Produktion von Ammoniak aus atmosphärischem Stickstoff angetrieben wird. Ammoniak kann durch das Haber-Bosch-Verfahren in beliebig großen Mengen produziert werden, das Verfahren benötigt jedoch sehr viel Energie und führt zu hohen CO_2-Emissionen. Phosphor ist hingegen nicht industriell herstellbar, er muss abgebaut werden und geht immer mehr zur Neige. Ein anderes großes Problem ist, dass Rohphosphor aus Sedimentlagerstätten Uran enthält, das sich bei der weiteren Aufbereitung des Phosphors anreichert und danach mit der Düngung auf die Felder ausgebracht wird und so in die Nahrungskette gelangt. Ewald Schnug vom Institut für Pflanzenernährung und Bodenkunde der Bundesforschungsanstalt für Landwirtschaft in Braunschweig machte 2005 unter anderem in einem Artikel von Hans Schuh in «ZEIT ONLINE» publik, dass eine übliche Phosphor-Düngung in Höhe von 22 Kilogramm pro Hektar mit mineralischen Phosphor-Düngemitteln jährlich 10–22 Gramm Uran pro Hektar auf den Acker bringt. Dem stehen Austräge (zum Beispiel Entzüge durch Ernteprodukte, Erosion, Auswaschung) von ca. 1 Gramm pro Hektar Uran entgegen, sodass sich das Uran immer mehr anreichert. Eine Alternative zur Mineraldüngung ist die Düngung mit sogenannten Wirtschaftsdüngern (Mist und Gülle). Sie sind viel geringer mit Uran belastet (ca. 2 mg pro kg anstelle von bis zu 89–96 mg pro kg bei NP oder PK-Düngern). Bei gleicher Höhe der Phosphor-Düngung gelangen somit durch die Wirtschaftsdünger nur Uran-Mengen in Höhe des Austrages in die Böden.

Eine andere Phosphorquelle zur Düngung von Pflanzen ist Guano. Guano sind die verwitterten Exkremente von Seevögeln, die auf Kalkstein bzw. kalkreiche Böden einwirken. Zur Gewinnung von Guano hat man im 19. Jahrhundert südamerikanische Küsten, Inseln im Pazifischen Ozean und Westafrika ausgebeutet und die Ware nach Europa verschifft, um dort die landwirtschaftliche Produktion zu steigern. Phosphor ist also schon länger ein begehrter Stoff, für den man keine Mühe, Kosten und Risiken scheut.

Phosphor kommt aber auch in organischer Form in Böden vor. Organischer Phosphor im Boden besteht aus unterschiedlichen Stoffen, die in dieser Form nicht direkt als Nährstoffe für die Pflanzen zur Verfügung stehen. Das organische Material muss erst zersetzt und von Mikroorganismen mineralisiert werden. Dann steht es in anorganischer Form für die Pflanzen zur Verfügung. Da die Mikroorganismen Phosphor aber auch selbst zum Leben brauchen, kann es zu Konkurrenz mit Pflanzen kommen, wenn die Konzentrationen im Boden gering sind. Die meisten Pflanzen (ca. 80 Prozent) arbeiten eng mit Mikroorganismen zusammen, indem sie eine Symbiose mit Mykorrhizapilzen eingehen. Ihre pilzlichen Partner können den Phosphor besser aus dem Boden aufnehmen und stellen ihn den Pflanzen zum Wachstum zur Verfügung.

Eine andere wichtige Ökosystemleistung des Bodens ist die Regulation von Krankheiten. Einige Krankheiten, sowohl von Pflanzen als auch von Tieren und Menschen, kommen aus dem Boden und können durch Bodenorganismen kontrolliert werden. Eine diverse Gemeinschaft von Bodenorganismen unterdrückt Krankheitserreger im Boden. Sogenannte suppressive Böden halten zum Beispiel Wurzelkrankheiten von Pflanzen im Zaum, weil sich die pathogenen Organismen in einer diversen Gemeinschaft nicht so stark vermehren und ausbreiten können. Sie stehen mit anderen Organismen im Boden in Konkurrenz, die ihr Wachstum und ihre Verbreitung begrenzen. Pflanzenkrankheiten werden vor allem durch Pilze, Viren, Bakterien und Nematoden hervorgerufen. Diese Gruppen haben aber auch viele nützliche Vertreter. Ein Beispiel sind die entomopathogenen Nematoden, die mithilfe von Bakterien Wurzelschädlinge unter den Insekten abtöten können. Ein anderes Beispiel sind Mikroorganismen (zum Beispiel der Gattungen *Penicillium* und *Streptocmyes*), die für die Produktion von Antibiotika bekannt sind und medizinisch genutzt werden. Es gibt im Boden auch bodenbürtige Humanpathogene (sogenannte *euedaphic pathogenic organisms*, EPO). Ein Beispiel für ein humanpathogenes Bodenbakterium ist *Clostridium tetani*. Es ist weltweit in Böden verbreitet und verursacht Wundstarrkrampf (Tetanus). Es verursacht immer noch den Tod von vielen Menschen, besonders von ungeimpften Kindern in Entwicklungsländern.

Andere Krankheitserreger kommen im Boden vor, benötigen aber einen Wirt, um ihren Lebenszyklus zu vollenden. Sie werden als vom Boden übertragbare Pathogene *(soil-transmitted pathogens)* bezeichnet. Beispiele dafür sind Viren und Parasiten. Sie kommen oft als Dauerstadium im Boden vor und spielen eine untergeordnete Rolle für die Ökosystemfunktionen des Bodens. Als Dauersporen können sie sehr lange in Böden überdauern und ihre Wirte infizieren, wenn die Bedingungen günstig sind. Menschen werden vor allem durch von Tieren übertragbare Krankheiten bedroht, sogenannte Zoonosen. Sie führen regelmäßig zu Epidemien und sogar Pandemien. Ein aktuelles Beispiel ist das Corona-Virus, das vermutlich von noch unbekannten Wildtieren als Zwischenwirte auf den Menschen übertragen wurde.

Kulturelle Ökosystemleistungen

Als Letztes kommen wir zur kulturellen Bedeutung des Bodens. Der Boden ernährt die Menschen, die auf ihm leben, und hat deshalb eine sehr wichtige Bedeutung für uns Menschen. Heimatboden, Muttererde – das alles drückt ein Gefühl von Verbundenheit, Geborgenheit und Heimat aus. Wir kommen von der Erde und kehren zu ihr zurück. Oder anders ausgedrückt: Der Planet Erde ist unsere Heimat, und in der Erde, dem Boden, werden die meisten von uns begraben.

In vielen Religionen spielt Boden eine entscheidende Rolle. Laut der Bibel wurde Adam aus Lehm gemacht, Eva aus seiner Rippe. Im Koran wird der Mensch ebenso aus Lehm geschaffen. Buddha weist in der Geste der Erdberührung auf die Erde als Zeuge für die Wahrheit seiner Worte hin. Im Schöpfungsmythos der Mayas schufen Gottheiten den Menschen aus Mais, einer ihrer wichtigsten Nahrungspflanzen, die auf den heimischen Böden traditionell angebaut wird. Die Abhängigkeit des Menschen von der Erde, vom Boden, auf dem wir leben, wird in vielen Religionen deutlich.

Im Boden findet man auch wichtige Hinweise zum Leben der Menschen der Vorzeit. Der Boden konserviert zum Teil ihre Aktivitäten und gibt oft die einzigen Zeugnisse darüber, wie die Menschen vor unserer Zeit lebten. Alte Handelswege, Straßen und Bebauungen, landwirtschaftliche Nutzung, aber auch größere Brände und ausgeübte Berufe wie Gerber und Köhler hinterließen Spuren im Boden. Archäologen graben Hinterlassenschaften aus und rekonstruieren die Lebensbedingungen und kulturellen Gebräuche. Ohne den Boden wäre dieses Wissen längst verloren gegangen. Er ist ein wichtiges Archiv sowohl der Natur- als auch der Kulturgeschichte der Erde.

Schon lange Zeit vor dem Übergang vom jagenden-sammelnden Lebensstil zur Sesshaftigkeit und Landwirtschaft vor etwa 11 000 Jahren haben Menschen Boden genutzt. Höhlenmalereien in Spanien und Südfrankreich, die vor mehr als 40 000 Jahren entstanden sind, wurden mit Erdpigmenten in verschiedenen Ockertönen gezeichnet. Es wurden Fruchtbarkeitsgottheiten und andere kleine Figuren schon vor ca. 30 000 Jahren aus Ton gefertigt. Als älteste bekannte Keramikfigur gilt die Venus von Dolní Věstonice (Unterwisternitz, Mähren) aus einem steinzeitlichen Mammutjägerlager, die aus gebranntem Lösslehm vermischt mit Tierknochenmehl besteht. Bekannter ist jedoch die Venus von Willendorf, eine kleine Frauenstatuette, die aus Kalkstein (Oolith) gefertigt wurde.

Die frühesten Funde von Keramikgefäßen stammen aus China. Sie wurden vor 20 000 Jahren hergestellt und in einer Höhle namens Xianrendong in der Provinz Jiangxi gefunden. In Japan wurden etwa 10 000 Jahre vor unserer Zeitrechnung Gefäße aus Ton vom Volk der Jōmon nachweislich zum Kochen von Meeres- und Süßwasserorganismen genutzt. Auch um 10 000 Jahre vor unserer Zeitrechnung wurden in Mesopotamien, auch Zweistromland genannt, Zählsteine und Tontafeln für das Rechnen im Alltag und den Handel benutzt. Etwa 7000 Jahre vor unserer Zeitrechnung haben Menschen in verschiedenen Regionen der Erde angefangen, Lehm und gestampften Boden zum Bau ihrer Behausungen zu nutzen. In Südamerika haben etwa zu dieser Zeit die Jäger und Sammler der Chinchorro-Kultur begonnen, ihre Leichen mit Lehm zu bedecken, sie mit Erdpigmenten zu bemalen und so die ältesten künstlichen Mumien der Welt herzustellen. Sie entstanden ungefähr 2000 Jahre bevor man in Ägypten erstmals einen Pharao mit Leinenbinden einwickelte. Entdeckt wurden die ersten sogenannten Chinchorro-Mumien in der Atacama-Wüste im heutigen Chile zu Beginn des 20. Jahrhunderts. Sowohl sie als auch die Kulturstätten der Chinchorro, die mit ihnen in Verbindung stehen, sind seit 2021 Teil des UNESCO-Weltkulturerbes. Durch den Klimawandel sind die Mumien jedoch zunehmend bedroht, da die Luftfeuchtigkeit in der Region durch die stärker gewordenen El-Niño-Strömungen am äquatorialen Pazifik zunimmt und die Mumien anfangen, sich zu zersetzen. Am sichersten vor dem Zerfall sind sie im klimatisierten Museum oder im sehr trockenen Boden.

Boden und seine Bestandteile wurden also schon sehr lange von Menschen als Material genutzt und weiterverarbeitet und dienten vielfältigen Zwecken. Aber auch der unbearbeitete Boden spielt eine wesentliche Rolle als Archiv der Kulturgeschichte der Menschheit. Moorleichen wurden natürlicherweise in feuchtnassen sauren Moorböden unter Sauerstoffabschluss konserviert. Sie geben Aufschluss über die Lebensweise, Essgewohnheiten und Krankheiten der Menschen der Ur- und Frühgeschichte. Auch im Boden überdauernde Kulturgüter übermitteln uns wichtige Informationen aus der Vergangenheit.

Der Boden fungiert nicht nur als Archiv für die Geschichte der Menschheit, er gibt auch Aufschluss über die Erdgeschichte und klimatische Veränderungen. In Bodenschichten findet man zum Beispiel Pollen verschiedener Pflanzen, die über die Vegetation in früheren Zeiten Aufschluss geben, und Ablagerungen von Vulkanausbrüchen. Fossilien geben wichtige Hinweise zur Evolution des Lebens auf der Erde.

Nicht zu vergessen sind aber auch die vielfältigen Leistungen des Bodens für unser Wohlbefinden und unsere Gesundheit. Nicht nur bei der Gartenarbeit haben wir mit dem Boden zu tun, auch beim Spazierengehen draußen in der Natur oder im Park riechen wir den Boden und erfreuen uns an den Pflanzen, die er hervorbringt. Er macht durch seine Funktionen als Substrat und Nährstoffquelle für Pflanzen das Naturerleben erst möglich. Neuere Trends wie das Waldbaden, das ursprünglich aus Japan stammt und dort *Shinrin Yoku* heißt, rücken den Wert des Waldes für die mentale und körperliche Gesundheit auch bei uns mehr ins Bewusstsein. Es bedeutet einen sehr bewussten, achtsamen Aufenthalt im Wald, der die Gesundheit, aber auch das Bewusstsein für die Bedeutung der Natur stärken soll. Das heißt, langsam gehen, einfach nur dasitzen, meditieren, den Wald mit allen Sinnen bewusst erleben ... Der Begriff *Shinrin Yoku* wurde 1982 von der japanischen Forstwirtschaftsbehörde in Verbindung mit einer Waldschutzkampagne eingeführt. Später wurde die Heilkraft des Waldbadens in medizinischen Studien untersucht und man fand heraus, dass es Stresshormone reduziert, gut für das Herz ist, die Schlafqualität fördert und das Immunsystem stärkt. Phytonzide, sekundäre Pflanzenstoffe, die von Pflanzen abgegeben werden, um Krankheitserreger abzuwehren, sollen zu diesen Effekten beitragen. Sie sind als flüchtige Substanzen Teil der Gerüche von Wäldern, die die Physiologie unseres Körpers beeinflussen und zum Beispiel den Blutdruck senken können. Doch wahrscheinlich spielen alle fünf Sinne bei den Effekten des Waldbadens eine wichtige Rolle.

drei

Boden – in Gefahr

Invasive Arten
Übernutzung
Gefährdung
Ver-
schmutzung
Klimawandel
Habitatverlust

Boden – in Gefahr

Die Biodiversität auf der Erde und die Böden sind stark bedroht. Wir verlieren jeden Tag fruchtbaren Boden durch Versieglung, Erosion oder Verschmutzung. Doch der Boden, die Ressource, die unser Überleben auf der Erde sichert, ist endlich.

Es sind fünf Hauptfaktoren, die den Verlust der biologischen Vielfalt auf der Erde vorantreiben: Verlust von Lebensräumen, Verschmutzung, Übernutzung, Klimawandel und invasive Arten.

Auch der Boden und seine Bewohner sind von diesen Faktoren bedroht. Es kommt zu direktem Verlust von Boden als Lebensraum und Ressource, zum Beispiel durch Versiegelung oder Erosion. Durch Wind oder Starkregen, verbunden mit falscher Nutzung, geht fruchtbarer Oberboden unwiederbringlich verloren. Und es dauert Jahrtausende, bis sich neuer Boden bildet ...

Auch die Verschmutzung durch Industrie- und Hausabfälle bedroht den Boden, seine Lebewesen und Funktionen. Ein anderer entscheidender Gefährdungsfaktor ist die Übernutzung, zum Beispiel durch die industrielle Landwirtschaft. Die Bewirtschaftung des Bodens mit hohem Eintrag von mineralischen Düngern, Pestiziden und dem Befahren mit tonnenschweren Maschinen schadet langfristig dem Boden und seinen Lebewesen, auch wenn kurzfristig gute Erträge eingefahren werden.

Zudem werden durch den fortschreitenden Klimawandel das Bodenleben und die physischen Eigenschaften des Bodens negativ beeinflusst. Wasser kann dann noch schlechter in den Boden eindringen, was zu einer Verstärkung der negativen Effekte führt.

Der Einfluss von invasiven Arten auf den Boden ist bislang weniger erforscht. Sie können nützliche Bodenorganismen direkt dezimieren oder den Boden indirekt beeinflussen, indem sie die Zusammensetzung der Bodenorganismen und dadurch das Pflanzenwachstum und den Eintrag von Streu in den Boden verändern.

Alle diese Gefährdungsfaktoren treten nicht getrennt auf, sondern spielen zusammen und verstärken sich oft gegenseitig. Es ist höchste Zeit, dass die Faktoren, die dem Boden schaden, reduziert werden ...

Bodenverlust

Versiegelung
Der Boden und seine Lebewesen sind immer mehr in Gefahr, großflächig überbaut zu werden. Jeden Tag werden in Deutschland laut Umweltbundesamt (UBA) etwa 56 Hektar natürliche oder landwirtschaftliche Fläche in Siedlungs- und Verkehrsfläche umgewandelt. Bayern ist dabei der Spitzenreiter in Deutschland: 2022 wurden pro Tag 12,2 Hektar Fläche in Bayern bebaut – mit Gewerbegebieten, Straßen oder Wohnsiedlungen. Das ist jeden Tag eine Fläche von 17 Fußballfeldern Boden und Natur!

Die Siedlungs- und Verkehrsfläche ist in Deutschland in den letzten 30 Jahren (1992–2022) um 28,8 Prozent (11 598 km^2) angestiegen. Dabei dehnte sich laut Umweltbundesamt die Siedlungsfläche um knapp 42 Prozent und die Verkehrsfläche um ca. 10 Prozent aus. Bei den Siedlungs- und Verkehrsflächen handelt es sich aber nur zum Teil um versiegelte Flächen (ca. 45 Prozent). Meist unversiegelte Frei- und Grünflächen im Siedlungsbereich wie Haus- und Vorgärten, Campingplätze, Grünanlagen, Spielplätze und Friedhöfe zählen auch zu den Siedlungs- und Verkehrsflächen, trotzdem steigt mit der Siedlungs- und Verkehrsfläche die versiegelte Fläche in Deutschland stetig an. Die Zahlen sind seit 2004 zwar rückläufig, doch das Ziel der Deutschen Nachhaltigkeitsstrategie, im Jahr 2020 nur noch einen Flächenverbrauch von 30 Hektar pro Tag zu haben, wurde verfehlt. Es wurde nun auf 2030 verschoben, bis dahin möchte man den täglichen Flächenverbrauch auf unter 30 Hektar reduzieren. Bis 2050 möchte man sogar eine Flächenkreislaufwirtschaft erreichen. Das bedeutet, dass dann netto keine weiteren Flächen für Siedlungs- und Verkehrszwecke beansprucht werden sollen. Das heißt konkret: Wenn man dann noch Boden versiegelt, muss man ihn woanders entsiegeln. Wenn man natürliche Flächen bebaut, müssen dafür andere Flächen renaturiert werden. Das ist ein wichtiges Ziel.

Versiegelte Flächen schaden der Natur und dem Boden und letztlich auch uns. Biodiversität und vielfältige Ökosystemleistungen gehen dabei verloren. Das Niederschlagswasser kann nicht mehr langsam im Boden versickern und gereinigt ins Grundwasser gelangen. Der Boden ist vom Luft- und Wasseraustausch ausgeschlossen und fast alle Bodenorganismen gehen zugrunde. Gleichzeitig heizen sich die Städte durch die versiegelten Flächen immer mehr auf. Doch die wichtigen Ziele, den Flächenverbrauch und die Versiegelung des Bodens zu stoppen, werden noch nicht ernsthaft genug verfolgt. In der Praxis hat man zum Beispiel Ausnahmeregelungen geschaffen, um trotzdem neues Bauland auf der grünen Wiese erschließen zu können. Mit der Einführung des § 13b Baugesetzbuch (BauGB) «Einbeziehung von Außenbereichsflächen in das beschleunigte Verfahren» im Jahr 2017 wurde die Bebauung im Außenbereich von Siedlungen erheblich vereinfacht. So mussten die Auswirkungen auf die Tier- und Pflanzenwelt in der näheren Umgebung nicht mehr geprüft werden. Auch Ausgleichsmaßnahmen für Eingriffe in Natur und Landschaft, wie Ersatzpflanzungen oder Renaturierungen von Flächen, mussten nicht durchgeführt werden. Im Jahr 2023 urteilte der Bundesgerichtshof, dass das beschleunigte Bauverfahren nach § 13b Baugesetzbuch gegen Europarecht verstößt. Alle noch nicht abgeschlossenen § 13b-Bebauungspläne müssen seitdem ins Regelverfahren überführt werden. Das bedeutet, dass eine Umweltprüfung, ein Umweltbericht und Ausgleichsmaßnahmen für Eingriffe in die Natur und Landschaft durchgeführt werden müssen. Außerdem muss es eine frühzeitige Beteiligung der Öffentlichkeit geben. Das ist eine gute Nachricht für den Natur- und Bodenschutz. Denn der § 13b hatte noch mehr Flächenverbrauch und Versiegelung von Böden im Außenbereich von Siedlungen zur Folge. Das Bauen auf der sogenannten grünen Wiese führt zudem zu mehr Straßenverkehr im ländlichen Raum. Die Landschaft wird so immer mehr zersiedelt, fruchtbare Boden werden versiegelt und natürliche Flächen zu Siedlungs- und Verkehrsflächen umgewandelt – mit negativen Folgen für die Biodiversität und das Klima.

Erosion

Im Jahr 2011 kam es auf der Autobahn A19 südlich von Rostock zu einer Massenkarambolage. Ausgelöst wurde das Unglück mit mehreren Toten, vielen Verletzten und etwa 80 ineinander verkeilten Autos durch einen Sandsturm. Der Sand kam nicht aus der Sahara, sondern wurde durch den starken Wind aus umliegenden Äckern hochgewirbelt und über die Fahrbahn getrieben. Die Sicht war durch den Sand plötzlich stark eingeschränkt und führte zu diesem furchtbaren Unfall.

Wie kann es bei uns zu einem Sandsturm kommen? Die Anfälligkeit von Böden für Abtrag durch Wind oder Wasser wird durch die Bodentextur und den Humusgehalt der Böden bestimmt. Als besonders abtragsgefährdet (erodierbar) gelten trockene Sandböden mit einem hohen Anteil an Fein- und Feinstsand. Zudem sind ackerbaulich genutzte Moorböden leicht erodierbar. Aber nicht nur die Bodeneigenschaften und extremes Wetter wie starke Winde beeinflussen den Bodenabtrag, sondern auch die Bewirtschaftung des Bodens. Durch die Bewirtschaftung wird die natürliche Vegetationsdecke zerstört, und der Boden ist im Jahresverlauf zu bestimmten Zeiten ohne Bewuchs und somit ungeschützt. Die erosive Kraft von Wind und Wasser, aber auch Temperaturextreme wirken dann direkt auf den Boden ein. Bei ungeschütztem Boden trifft der Regen zum Beispiel direkt auf den Boden auf und zerstört bei starkem, langanhaltendem Regen zunehmend Bodenaggregate (der sogenannte Splash-Effekt). Die dadurch verkleinerten Aggregate verstopfen Poren, sodass die Infiltrationskapazität des Bodens herabgesetzt wird, was zu Verschlämmung führt. Das Wasser, das dann nicht mehr in den Boden eindringen und versickern kann, fließt oberflächig ab und führt zur Abtragung und Verlagerung von Bodenpartikeln.

Bei Bodenerosion durch Wind werden Bodenpartikel je nach Größe und Windstärke unterschiedlich transportiert. Besonders große Partikel werden an der Oberfläche «kriechend» transportiert (Reptation). Durch den Begriff Saltation wird der springende Transport von Partikeln bis in Höhen von wenigen Metern beschrieben. Kleine Bodenpartikel werden zum Teil über sehr weite Strecken von mehreren Hundert Kilometern transportiert (was in der Sedimentologie als Suspension bezeichnet wird).

Bodenerosion hat einen enormen negativen Effekt auf den Boden, weil die obere fruchtbare Schicht oder manchmal der ganze Boden verloren geht. Durch extreme Wetter wie Starkregen und Wind kann der Oberboden in kurzer Zeit abgetragen werden. Damit gehen die Funktionen des Bodens und seine Biodiversität weitestgehend verloren. Da Boden sehr lange braucht, um sich zu bilden, ist der Bodenverlust durch Erosion ein großes globales Problem. Der dann zurückbleibende Boden hat viele Funktionen, Humus und Bodenorganismen eingebüßt, und es ist schwer, auf ihm wieder erfolgreich Nahrungsmittel anzubauen. Auch kann Bodenerosion zu Verschmutzung und Beeinträchtigungen von anderen Flächen, Gebäuden, Infrastruktur und Gewässern führen, dort, wo sich das erodierte Material unkontrolliert ablagert.

Was hilft gegen Bodenerosion? Generell ist Boden mit Pflanzenbewuchs besser gegen Erosion geschützt als vegetationsfreier, nackter Boden. Klimafaktoren wie Sonneneinstrahlung, Regen und Wind treffen den nackten Boden direkter und extremer, weil die Pflanzen den Boden schützen und Klimaextreme abpuffern. Wenn Sie an einem heißen Sommertag im Wald spazieren gehen, spüren Sie diese klimaregulierende Funktion des Waldes. Die Bäume verhindern, dass die Temperaturen zu stark ansteigen und der Boden sich aufheizt, und auch bei starkem Regen schwächen sie den Einfluss auf den Boden ab, da der Regen erst das Kronendach und die Krautschicht durchdringen muss und auf dem Weg nach unten entschleunigt wird. An Hängen sind Pflanzen ebenfalls unerlässlich, denn ihr Wurzelsystem hält den Boden zusammen und verhindert dadurch, dass dieser abrutscht. Rodung von Wäldern, das Entfernen von Pflanzenbewuchs an Böschungen und die zeitweise Vernichtung jeglichen Bewuchses auf Äckern zum Beispiel durch Totalherbizide wie Glyphosat erhöhen das Erosionsrisiko. Der Boden sollte nicht großflächig nackt, ohne Bewuchs sein und den Umwelteinflüssen ungeschützt ausgesetzt werden.

Verschmutzung

Chemie im Boden

Die Verschmutzung der Böden ist weltweit ein großes Problem. Europa hat eine vergleichsweise lange industrielle Geschichte. Die industrielle Produktion mit ihren vielfältigen Abfallprodukten hat einen großen Anteil an der Bodenverschmutzung. Die Abfallstoffe der industriellen Produktion sind Mineralöle, Spurenelemente wie Arsen, Cadmium, Kupfer und Zink, Lösungsmittel, polychloriertes Biphenyl (PCB), polyzyklische aromatische Kohlenwasserstoffe (PAK) und per- und polyfluorierte Alkylsubstanzen (PFAS). Die meisten dieser Stoffe sind toxisch für Bodenorganismen. Hier ein paar Beispiele:

PFAS (Per- und polyfluorierte Alkylsubstanzen) sind chemische Stoffe, von denen wir bisher ca. 4700 Einzelsubstanzen kennen, die sehr schwer abbaubar sind und durch Wasser und Luft rund um die Erde transportiert werden. Sie reichern sich in der Nahrungskette an und sind sogar in Wildtieren wie Eisbären, weit weg von der menschlichen Zivilisation, nachweisbar. Sogar in Muttermilch, im Blut von Kindern und Erwachsenen werden sie nachgewiesen und können sich anreichern. Deshalb bezeichnet man sie auch als Ewigkeitschemikalien, weil sie fast unzerstörbar sind und nicht abgebaut werden. In welchen Produkten kommen sie vor, wo und warum werden sie im großen Maßstab hergestellt? Aufgrund ihrer Wasser und Schmutz und Fett abweisenden Eigenschaften werden sie zum Beispiel zur Produktion von Outdoor-Bekleidung, Schuhen, Teppichen und Heimtextilien verwendet.

Imprägniermittel für Textilien und Schuhe enthalten auch oft PFAS. Sie sind zudem in Wasser und Fett abweisenden Verpackungen wie Hamburgerverpackungen und Kaffee-to-go-Bechern und gelangen durch unseren Abfall kontinuierlich in die Umwelt, wo sie sich praktisch überall anreichern. Auch in Feuerlöschschäumen sind PFAS enthalten und gelangen mit dem Schaum bei ihrem Einsatz in großen Mengen in den Boden.

PFAS sind in geringen Konzentrationen bereits überall in den Böden nachweisbar. Sie sind chemisch extrem stabil, persistent und giftig. Deshalb werden von Fachleuten und Institutionen wie dem Umweltbundesamt weltweite Herstellungs- und Verwendungsverbote und die Entwicklung von umweltfreundlichen Alternativen gefordert. Was kann man selbst tun? Beim Kauf darauf achten, dass in den Produkten keine PFAS sind, und auf Einmalverpackungen verzichten. Das Umweltsiegel GOTS und der Blaue Engel für Textilien besagen unter anderem, dass keine PFAS verwendet wurden. Und man kann mit anderen über PFAS sprechen, damit möglichst viele Menschen darüber Bescheid wissen und ihr Konsumverhalten ändern.

Kupfer wird zum Schutz von Nutzpflanzen gegen pathogene Pilze und Bakterien, zur Düngung und als Tierfutterzusatz in der Landwirtschaft eingesetzt. Es reichert sich im Boden an und ist für Bodenorganismen wie Regenwürmer und Mikroorganismen toxisch. Kupferhaltige Pflanzenschutzmittel werden auch im ökologischen Landbau eingesetzt – laut einer Studie von Tamm und Koautor:innen aus dem Jahr 2022 in der Fachzeitschrift «Agronomy» ca. 42 Tonnen Kupfer pro Jahr in Deutschland, in der Schweiz ca. 7 Tonnen Kupfer pro Jahr. Dies entspricht in Deutschland 46 Prozent und in der Schweiz 68 Prozent der maximal erlaubten Einsatzmengen. Früher, zwischen 1920 und 1960, wurden noch sehr viel höhere Mengen in der Landwirtschaft verwendet: in der Schweiz bis zu 50 Kilogramm pro Hektar und Jahr, in Deutschland sogar teilweise 80 Kilogramm pro Hektar und Jahr. Das ist das Zehnfache bis mehr als Zwanzigfache der heute maximal erlaubten Einsatzmengen von 3 Kilogramm pro Hektar und Jahr für die meisten Kulturen (Hopfen 4 kg pro ha und Jahr) in Deutschland und 4 Kilogramm pro Hektar und Jahr in der Schweiz. Sowohl in Deutschland als auch in der Schweiz kommt das meiste Kupfer im Weinbau zum Einsatz, gefolgt vom Kartoffelanbau. Aber auch zum Schutz von Obstbäumen vor Krankheiten wie dem Apfelschorf und bei weiteren Sonderkulturen wie Hopfen- und Gemüseanbau wird es eingesetzt.

Ein kupferhaltiges Pflanzenschutzmittel war das erste erfolgreiche Fungizid, das als sogenannte Bordeauxbrühe im Weinbau berühmt wurde. Die

Bordeauxbrühe ist eine Suspension aus Kalk in einer wässrigen Kupfersulfatlösung. Wie hatte man diese Brühe und ihre Wirkung entdeckt? Der Erreger des Falschen Mehltaus der Weinrebe *(Plasmopara viticola)* wurde 1878 durch die Einfuhr von Weinstöcken aus Nordamerika, die als resistent gegen die Reblaus galten, eingeführt. Die Reblaus wurde Mitte des 19. Jahrhunderts als Neozoon auch aus Nordamerika eingeschleppt. Sie ist ein Herbivor mit kompliziertem Lebenszyklus, der große Schäden vor allem an den Wurzeln der europäischen Weinreben verursacht und im 19. Jahrhundert zur Reblauskrise mit Verlust von 80 Prozent der Reben in Europa führte. Man suchte damals händeringend nach Lösungen und fand schließlich eine einfache und effiziente Methode: Die europäischen Weinreben wurden auf die resistenten amerikanischen Weinstöcke aufgepfropft. Oberirdisch machten die Rebläuse wenig Schaden an den europäischen Weinreben, unterirdisch waren sie durch den resistenten Wurzelstock der amerikanischen Reben geschützt. Das war ein großer Erfolg und rettete den Weinbau in Europa. Doch die Einschleppung des Falschen Mehltaus mit den amerikanischen Reben führte wiederum zu großen Ertragseinbußen im Weinbau, da sich der Pilz epidemieartig ausbreitete. Pierre-Marie Alexis Millardet, ein Botanikprofessor an der Universität Bordeaux, entdeckte ein kupferhaltiges Gegenmittel gegen die Pilzkrankheit durch eine interessante Beobachtung. In einem Weingarten waren alle Reben mit dem Falschen Mehltau befallen, außer den Reben direkt am Weg. Er sprach mit dem Winzer, der ihm den Grund verriet: Die Trauben und Rebstöcke am Weg waren mit einer Mischung aus Kalkmilch und Kupfersulfat besprüht worden, um durch das unappetitliche Aussehen und den Geschmack (es wurde auch als Brechmittel verwendet) die Vorbeigehenden vom Stehlen der Trauben abzuhalten. Millardet forschte daran weiter und entwickelte eine Suspension, die sogenannte Bordeauxbrühe, die noch heute in abgewandelter Form gegen den Falschen Mehltau eingesetzt wird.

Da Kupfer jedoch schädlich für viele Organismen im Boden und im Wasser ist, wird im ökologischen Landbau nach anderen Lösungen gesucht und versucht, den Eintrag von Kupfer immer mehr zu reduzieren. Dabei helfen pilzresistente Sorten der Nutzpflanzen, aber auch Änderungen bei der Bewirtschaftung. Ganz verzichten kann man derzeit auf den Einsatz von Kupfer offenbar noch nicht, da Kupfer sehr wirksam gegen viele Pflanzenpathogene ist und keine synthetischen Fungizide im ökologischen Landbau eingesetzt werden dürfen. Aber die Forschung an Alternativen geht weiter und findet hoffentlich bald neue Lösungen.

Das Müllproblem

In Deutschland wird deutlich mehr Müll produziert als im EU-Durchschnitt. Pro Kopf waren das laut Statistischem Bundesamt durchschnittlich 606 Kilogramm Siedlungsabfall im Jahr 2022. Die Abfallmenge lag in Deutschland somit 18 Prozent über dem EU-Durchschnitt von 513 Kilogramm je Einwohner:in. Siedlungsabfall ist der Müll, der in Haushalten, im Handel und Gewerbe, in Büros sowie institutionellen Einrichtungen anfällt. Er umfasst zum Beispiel Papier und Papierprodukte, Pappe, Kunststoffe, Glas, Metalle, Lebensmittel- und Gartenabfälle, Textilien und auch den Sperrmüll.

Wenn man durch unsere Siedlungen, Wiesen und Wälder geht, sieht man schnell, dass manche Menschen auch aktiv zur Vermüllung ihrer direkten Umwelt beitragen. Die Abfälle, die achtlos entlang der Wege und Straßen in die Natur geworfen werden, verrotten aber sehr langsam oder gar nicht. Plastikabfälle werden generell zu einem immer größeren Problem. Kunststoffe reichern sich in der Umwelt und auch in unseren Böden kontinuierlich an, da Bodenorganismen nicht in der Lage sind, Kunststoffe vollständig zu zersetzen. Das bedeutet, dass Plastikpartikel zwar durch chemische, biologische und physikalische Prozesse zerkleinert, aber nicht komplett abgebaut werden.

Mikroplastik

Die Plastikteilchen werden nach ihrer Größe benannt: Mikroplastik sind Plastikteilchen, die kleiner als 5 Millimeter sind. Dabei unterscheidet man primäres Mikroplastik, das zum Beispiel in der Produktion von Plastik als Basispellets und als Granulate in Kosmetik-, Hygiene- und Medizinprodukten eingesetzt wird, und sekundäres Mikroplastik, das durch den Zerfall und die Zersetzung von größeren Plastikteilen entsteht. Nanoplastik sind winzige, für unsere Augen unsichtbare Kunststoffpartikel in der Größe von 1 bis zu maximal 1000 Nanometer. Es wird in Kosmetika und der (medizinischen) Forschung und Diagnostik eingesetzt.

Wie gelangt das ganze Plastik in die Umwelt? Ungeachtet der zunehmenden Vermüllung (engl. *littering*) der Landschaft durch achtlose Menschen ist der größte Verursacher von Mikroplastik in der Umwelt der Abrieb von Autoreifen. Dieser macht allein ein Drittel der Mikroplastik-Emissionen aus. Auch viele andere Quellen wie die Abfallentsorgung, Abrieb von Asphalt, Straßenmarkierungen oder Farben, Rückstände von Kunstrasen und synthetische Kleiderfasern tragen zu einer Verschmutzung von Luft, Wasser und Boden bei.

In landwirtschaftlich genutzte Böden gelangt Plastik über die eingesetzten Folien, aber auch über die Düngung mit Klärschlamm, Kompost und Gärrückständen, die oft Plastik aus Lebensmittelverpackungen und anderen Abfällen enthalten. Städtische Böden enthalten oft Plastik aus deponiertem Material (u. a. Bauschutt).

Plastik ist inzwischen fast überall zu finden und hat Auswirkungen auf den Boden und seine Funktionen. Die Bildung von Bodenaggregaten, die Dichte und das Porenvolumen sowie der Luft- und Wasserhaushalt im Boden werden beeinflusst. Mikroplastik kann auf Bodenorganismen direkt, aber auch indirekt einwirken. Die Mikropartikel können zum Beispiel direkt physikalische und chemische Schäden an Geweben und Membranen der Bodenorganismen hervorrufen, aber auch indirekt durch den Transport von Schadstoffen, die sich an die Partikel anlagern. Nanopartikel sind so winzig, dass sie sogar Zellwände passieren können und durch die Wurzeln von Pflanzen aufgenommen werden. So können sie auch in Nutzpflanzen und in unser Essen gelangen.

Eine größere Rolle spielen aber wahrscheinlich Kosmetik und Plastikverpackungen unserer Getränke und Lebensmittel als Ursache für Nano- und Mikroplastik im menschlichen Körper. Eine kleine Pilotstudie von Philipp Schwabl von der Medizinischen Universität Wien und Bettina Liebmann vom Österreichischen Umweltbundesamt hat 2018 erstmals nachgewiesen, dass sich im menschlichen Stuhl Mikroplastik befindet. Im Durchschnitt waren es bei den acht Studienteilnehmenden aus verschiedenen Ländern 20 Mikroplastikteilchen in 10 Gramm Stuhl. Sie stammten von neun verschiedenen Kunststoffen. Neuere Studien zeigen, dass Mikroplastik im Darm zu Veränderungen im Stoffwechsel und zu oxidativem Stress führt und Entzündungen und möglicherweise Darmkrebs verursachen kann. Inzwischen wurde von einem niederländischen Forscherteam um Heather A. Leslie Mikroplastik auch im menschlichen Blut zum ersten Mal nachgewiesen und die Ergebnisse in der Fachzeitschrift «Environmental International» im Jahr 2022 veröffentlicht. In 17 von 22 Blutspenden von anonymen Spender:innen wurde Mikroplastik gefunden. Welche Konsequenzen das für unsere Gesundheit hat, ist noch nicht bekannt, aber die Nachweise von Mikroplastik in fast allen untersuchten Proben sind alarmierend.

Beispiel: Zigarettenstummel

Wenn man einen Strand von Müll säubert, findet man viel Plastik und jede Menge Zigarettenstummel. Überall, wo Menschen sich aufhalten, sich ausruhen oder auf etwas warten, kann man unzählige Zigarettenstummel finden. Weltweit werden jährlich schätzungsweise 6 Billionen Zigaretten von mehr als einer Milliarde Raucher:innen konsumiert, wovon zwei Drittel direkt in die Umwelt «entsorgt» werden. Woraus bestehen Zigarettenstummel und wie wirken sie auf die Umwelt und den Boden? Der Filter besteht meist aus Celluloseacetat. Dieser Kunststoff ist biologisch schlecht abbaubar und wird zu Mikroplastik. Zigaretten enthalten bis zu 7000 Chemikalien, die zum Teil sehr giftig und krebserregend sind. Nikotin wird zum Großteil mit anderen Schadstoffen im Filter gesammelt. Neben Nikotin können in gebrauchten Zigarettenfiltern unter anderem Arsen, Blei, Chrom, Kupfer, Cadmium, Formaldehyd, Benzol, Nitrosamine, polyzyklische aromatische Kohlenwasserstoffe (PAK), Teer und Tabakzusatzstoffe aus Resttabak enthalten sein. Durch Nässe wird aus weggeworfenen Zigarettenstummeln unter anderem Nikotin in den Boden und Gewässer gespült. Da Nikotin ein starkes Nervengift ist, kann es bereits in geringen Konzentration Lebewesen im Wasser töten. Schon ein Zigarettenstummel auf 1 Liter Wasser ist genug, um 50 Prozent einer Fischpopulation zu töten. Studien zu Pflanzen zeigen, dass die Keimung und das Wachstum von wichtigen Graslandarten gestört werden. Effekte auf Bodenorganismen sind wenig untersucht, doch Kompostwürmer *(Eisenia fetida)* scheinen dabei zu helfen, Zigarettenstummel schneller zu zersetzen. Wie giftig diese für die Bodenorganismen dann noch sind, ist unbekannt. Aber es ist sehr unwahrscheinlich, dass die Gifte keinerlei negative Effekte auf die Lebewesen im Boden haben. ●

Schadstoffe aus der Luft

Auch der Eintrag von Schadstoffen aus der Luft ist schädlich für die Natur und unsere Böden. Die Hauptquellen von **Stickstoffoxiden**, auch Stickoxide genannt, sind Verbrennungsmotoren und Feuerungsanlagen. In Ballungsgebieten ist der Straßenverkehr die bedeutendste Stickoxid-Quelle. Stickoxide reichern sich in der Luft an und werden mit dem Regen in den Boden eingetragen. Sie führen zu Überdüngung von natürlichen Ökosystemen und Versauerung des Bodens. Viele Bodenorganismen haben ihr pH-Wert-Optimum im neutralen oder basischen Bereich und können unter sauren Bedingungen nicht überleben, das gilt zum Beispiel für Regenwürmer. Früher, in den 80er-Jahren des letzten Jahrhunderts, war der sogenannte saure Regen ein großes Thema in den Medien. Als sauren Regen bezeichnet man Niederschlag, dessen pH-Wert bei etwa 4,2–4,8 liegt und damit niedriger ist als der pH-Wert von 5,5–5,7 von reinem Regenwasser. Die Versauerung der Niederschläge wird durch Luftverschmutzung verursacht. Abgase, die Säuren bilden, wie Stickoxide oder Schwefeldioxide, sind dafür hauptsächlich verantwortlich. Im Boden führt die Versauerung zur Freisetzung von Schwermetallen und Aluminium-Ionen, die die Feinwurzeln der Bäume schädigen und zusammen mit weiteren Faktoren zum Absterben von Bäumen führen können. Wenn Temperaturextreme durch den Klimawandel, schlechte Bodenbedingungen und Schädlingsbefall zusammenkommen, ist es bis zum Waldsterben nicht weit, wie wir derzeit überall in unseren Wäldern sehen können. Die Konzentrationen an Schwefeldioxiden in der Luft sind seit den 1980er-Jahren aufgrund von Rauchgasentschwefelungsanlagen bei der Industrie immer mehr zurückgegangen. Doch das Verkehrsaufkommen steigt kontinuierlich, und Diesel-Fahrzeuge ohne Katalysatoren tragen maßgeblich zur schlechten Luft bei, sie stoßen zehnmal mehr Stickoxide aus als Benziner mit Katalysatoren.

Stickstoffoxide zusammen mit der UV-Strahlung der Sonne sind auch die Hauptursache für das Entstehen von bodennahem Ozon. Ozon hat nicht nur schädigende Wirkung auf unsere Gesundheit, sondern ist auch für andere Lebewesen wie Tiere und Pflanzen toxisch. Es ist ein aggressives Reizgas, das unsere Atemwege beeinträchtigt und besonders Kinder, alte Menschen und Lungenkranke gefährdet. Pflanzen und ihr Wachstum werden durch Ozon geschädigt und somit auch indirekt der Boden. Oft werden Ozonvorläuferstoffe aus städtischen Gebieten mit dem Wind verfrachtet und verstärken in ländlicheren Gebieten oder Vorstädten die Ozonbildung, die die Gesundheit von Pflanzen, Tieren und Menschen beeinträchtigt.

Auch **Feinstaub** ist nicht nur in der Luft, sondern auch im Boden eine Gefahr. Der Feinstaub in der Luft ist gefährlich, weil er durch seine geringe Größe leicht in die Lunge eindringen kann. An Rußpartikeln sitzen oft krebserzeugende Schadstoffe. Diese Stoffe wie polyzyklische aromatische Kohlenwasserstoffe (PAKs) werden durch Regen aus der Luft ausgewaschen und reichern sich in den oberen Bodenschichten an. Tübinger Geowissenschaftler haben herausgefunden, dass PAKs zwar nicht ins Grundwasser ausgewaschen werden, sich aber im Boden anreichern, da sie kaum abgebaut werden. Ob davon eine Gefahr ausgeht, ist noch unklar, denkbar ist das aber durchaus. Der Boden filtert die Schadstoffe heraus, sodass sie nicht ins Grundwasser gelangen, aber sie könnten von Nutzpflanzen aufgenommen werden und so in unsere Nahrung gelangen. Ein mögliches Szenario ist auch, dass die Aufnahmekapazität des Bodens irgendwann an ihre Grenzen gerät und die Schadstoffe dann recht plötzlich ins Grundwasser ausgewaschen werden. Regenwürmer reagieren auf die feinsten Partikel, die auch in ihren Körper eindringen, negativ.

Die Schadstoffe aus dem Boden zu entfernen, ist schwierig bis unmöglich. Es ist viel sinnvoller und auch einfacher, die Schadstoffe gleich an der Quelle ihrer Entstehung, etwa am Auspuff des Autos, abzufangen. Dann wird weder die Luft noch der Boden belastet. Aber nicht nur die Abgase sind ein Problem. Autoreifen verlieren bei der Fahrt eine große Menge an kleinen Gummipartikeln. In Deutschland sind es ca. 150 000 Tonnen Reifenabrieb pro Jahr. Der Reifenabrieb ist Mitverursacher des Feinstaubs im Straßenverkehr und bildet einen großen Teil des schädlichen Mikroplastiks in der Umwelt. Reifenabrieb enthält auch verschiedene kritische Stoffe wie Zink, Blei, Cadmium und Weichmacher, die für viele Organismen schädlich sind. Auch diese Stoffe reichern sich vor allem im Boden an und werden zum Teil durch Nutzpflanzen aufgenommen. Obwohl große Mengen an Reifenabrieb in Böden eingetragen werden, sind die Effekte auf Bodenorganismen und Pflanzen bisher kaum bekannt. Elektroautos werden voraussichtlich noch mehr Reifenabrieb verursachen, weil die Modelle schwerer sind und höhere Drehmomente aufweisen als die Benziner. Am besten lässt man das Auto stehen und steigt auf den öffentlichen Nachverkehr oder aufs Fahrrad um. E-Bikes sind eine gesunde Alternative und für kürzere Strecken sehr gut geeignet. Auch hält sich der Reifenabrieb bei Fahrrädern in Grenzen; er wird laut einer im Jahr 2018 veröffentlichten Studie des Fraunhofer-Instituts für Umwelt-, Sicherheits- und Energietechnik zu Kunststoffen in der Umwelt auf etwa ein Prozent des Reifenabriebs in Deutschland geschätzt.

Übernutzung

Industrielle Landwirtschaft

Die in der Landwirtschaft eingesetzten chemischen Stoffe wie Pflanzenschutzmittel und Düngemittel landen in großen Mengen im Boden und beeinträchtigen die Bodenorganismen, ihre Funktionen und das ökologische Gleichgewicht. Bei der Zulassung von Pestiziden (d. h. Pflanzenschutzmittel und Biozide zum Schutz der menschlichen Gesundheit und zur Haltbarmachung von Materialien) werden Bodenorganismen nicht oder nur am Rande getestet, sodass die Auswirkungen auf die Organismen und die Biodiversität im Boden größtenteils im Dunkeln liegen. Das heißt aber nicht, dass es keine negativen Auswirkungen gibt.

Herbizide

Ein bekanntes und häufig eingesetztes Herbizid (Unkrautbekämpfungsmittel) ist **Glyphosat**, das 1974 unter dem Namen «Roundup» von Monsanto auf den Markt gebracht wurde. Es ist ein Breitbandherbizid – das bedeutet, dass es unspezifisch toxisch für fast alle Pflanzenarten ist. Von den Pflanzen wird es über die Blätter aufgenommen, aber wirkt systemisch in der gesamten Pflanze. Glyphosat hemmt einen wichtigen Stoffwechselprozess in Pflanzen und Mikroorganismen, den sogenannten Shikimisäureweg. Shikimisäure wurde 1885 von Johann Frederik Eijkman, einem niederländischen Chemiker, der längere Zeit in Japan lebte und arbeitete, aus dem japanischen Sternanis isoliert. Die Säure ist ein Zwischenprodukt des Stoffwechselprozesses, der in Pflanzen und Mikroorganismen für die Biosynthese von aromatischen Aminosäuren (Tryptophan, Phenylalanin und Tyrosin) und weiteren wichtigen Substanzen zuständig ist. Diese Aminosäuren sind überlebenswichtig für Pflanzen und Mikroorganismen, aber auch für Tiere und Menschen, die diese Aminosäuren nicht selbst synthetisieren können und sie deshalb mit der Nahrung aufnehmen müssen. Wenn der Shikimisäureweg und die Synthese der Aminosäuren durch Glyphosat gehemmt wird (genauer hemmt Glyphosat das Enzym 5-Enolpyruvylshikimat-3-phosphat(EPSP)-Synthase), stirbt die Pflanze ab. Da auch die Nutzpflanze bei Kontakt mit Glyphosat stirbt, hat Monsanto genetisch modifizierte Pflanzen entwickelt, die resistent sind gegen Glyphosat. Nach Markteinführung dieser genetisch modifizierten «Roundup Ready»-Nutzpflanzen 1996 hat sich weltweit die Verwendung von Glyphosat etwa verfünfzehnfacht. Derzeit ist es das meistverwendete Herbizid weltweit, auch in Europa.

Wo und wie wird Glyphosat zumeist verwendet?

Bei uns wird es vor allem in der konventionellen Landwirtschaft, aber auch von Privatleuten im Garten verwendet, zumeist vor der Aussaat der Kulturpflanzen, um konkurrierende Pflanzen abzutöten. Diese unerwünschten Pflanzen werden entweder als «Unkraut» bezeichnet oder weniger wertend als «(Acker-)Begleitflora» oder «Beikräuter», denn der Wert vieler Pflanzen hängt für uns Menschen auch vom Kontext ab. Kamille kann zum Beispiel im Acker unerwünscht sein und als Unkraut bezeichnet werden, es ist aber auch eine nützliche Heilpflanze und hilft unter anderem bei Entzündungen und Erkältungen. Viele Wildpflanzen auf landwirtschaftlichen Flächen wie Äckern und Grünland spielen als Nahrung oder Lebensraum für Tiere wie Insekten und Vögel eine sehr wichtige Rolle. Sie sorgen auch für Bewuchs des offenen Bodens und vermindern so Erosion. Auf der anderen Seite sind sie Konkurrenten der Nutzpflanzen um Raum, Nährstoffe, Licht und Wasser. Durch den Einsatz von Totalherbiziden wie Glyphosat tötet man alle Pflanzen auf dem Acker ab und somit sowohl die unerwünschten als auch die erwünschten Eigenschaften dieser Pflanzen. Die nach der Behandlung mit Glyphosat ausgesäte und auskeimende Nutzpflanze wächst zunächst ohne Konkurrenzdruck heran, und Glyphosat, das nicht über die Wurzeln aufgenommen wird, wird von Mikroorganismen im Boden langsam abgebaut. Aber was bewirkt Glyphosat im Boden? Wie beeinflusst es das Bodenleben?

Unzulängliche Datenlage und Umgang mit kritischen Stimmen

2018 ist das Buch «Unser täglich Gift» meines Kollegen Johann Zaller von der Universität für Bodenkultur Wien (BOKU) erschienen. Johann Zaller hat dafür über Pestizide recherchiert und herausgefunden, dass von den mehr als 100 000 Studien über Pestizide seit den 1970er-Jahren weniger als ein Prozent die Auswirkungen auf Bodenorganismen untersucht haben. Bei den wenigen, die sich mit Bodenorganismen befasst haben, kommen viele Unzulänglichkeiten zum Vorschein. Die Tests sind oft kurz (ca. 8 Wochen) und erfassen somit keine langfristigen Wirkungen, haben nur wenige Zielorganismen im Fokus und finden unter kontrollierten, künstlichen Laborbedingungen und nicht unter natürlichen Bedingungen statt. Zum Beispiel werden als Zielorganismen oft Kompostwürmer *(Eisenia fetida)* getestet, die nicht auf dem Acker vorkommen und ziemlich unempfindlich gegenüber Pestiziden sind. Von der Reaktion einzelner Arten, die auf Äckern gar nicht vorkommen, werden dann Schlüsse für die Bodenorganismen im Acker gezogen.

Ein anderer wichtiger Kritikpunkt ist, dass nur der isolierte Wirkstoff Glyphosat getestet wird und nicht das eigentlich eingesetzte Herbizid, das neben dem Wirkstoff viele andere, ebenfalls toxische Substanzen enthält, zum Beispiel Lösungsmittel. Über die weiteren Inhaltsstoffe wird oft gar nicht informiert, sie gelten sogar oft als Geschäftsgeheimnis der produzierenden Firmen. Um die Datenlage zu verbessern, führten Johann Zaller und sein Team ein Experiment zum Einfluss von einem Glyphosat-haltigen Herbizid aus einem Baumarkt auf Regenwürmer (den Tauwurm, *Lumbricus terrestris*) und Mykorrhizapilze in 50-Liter-Töpfen mit Wildkräutern durch. Nach Besprühen der Pflanzen mit dem Herbizid welkten die Pflanzen und starben wie erwartet ab. Das Herbizid hatte negative Auswirkungen auf die Aktivität der Regenwürmer und führte zu einer Reduktion von Mykorrhizapilzen im Boden. Ein simulierter Starkregen zeigte zudem, dass eine große Menge des Herbizids aus dem Boden ausgewaschen wurde. Es würde unter natürlichen Bedingungen wahrscheinlich in nahe liegenden Gewässern landen. Bei einem weiteren Versuch mit Regenwürmern der Art *Aporrectodea caliginosa* führte das Glyphosat enthaltende Herbizid wiederum zu stark verminderter Aktivität der Regenwürmer und einer Halbierung der Anzahl an Nachkommen. Im Boden wurden Nitrat und Phosphat angereichert – Nährstoffe, die normalerweise von den Pflanzen aufgenommen werden und somit nicht ins Grundwasser oder in Gewässer ausgewaschen werden. Diese Untersuchungen haben erstaunliche Wellen geschlagen. Die Studie wurde umgehend kritisiert, zum Beispiel von einer Interessensgemeinschaft der pestizidproduzierenden Unternehmen in Österreich namens Industriegruppe Pflanzenschutz. Auch wurde die Studie als Beispiel für schlechte Wissenschaft im Internet angeprangert. Diesen starken Gegenwind und die zum Teil fundamentale Kritik hatte Johann Zaller nicht erwartet, sie ist aber keine Seltenheit. Unabhängige Forschende, die die Unschädlichkeit von Glyphosat infrage stellen, werden oft vernichtend kritisiert. Ein bekanntes Beispiel dafür ist der Fall Séralini, auch Séralini-Affäre genannt. Es geht dabei um eine Veröffentlichung des Biologen Gilles-Éric Séralini über die Verfütterung von Roundup-resistentem transgenem Mais und dem Herbizid Roundup an Ratten, die nach großem Druck von der Zeitschrift «Food and Chemical Toxicology», in der sie 2012 veröffentlicht wurde, zurückgezogen wurde. Die zweijährige Studie enthielt Ergebnisse zur Tumorentwicklung bei Ratten. Wenn die Ratten mit transgenem Roundup-Mais und dem Herbizid Roundup gefüttert wurden, wurde die Tumorentwicklung gefördert. Die Autor:innen forderten mehr unabhängige Langzeitstudien und Fütterungsstudien, um Gesundheitsgefahren von Roundup auf Tiere und Menschen besser einschätzen und wirklich ausschließen zu können. Die Studie wurde für Mängel und Unzulänglichkeiten wie einer eingeschränkten Stichprobenzahl und die Auswahl des Rattenstamms kritisiert, die sich aber von vergleichbaren Studien, die zur Zulassung der transgenen Maispflanzen dienten, nicht maßgeblich unterschieden. Auch nach Offenlegung aller Daten konnte den Autor:innen kein Fehlverhalten nachgewiesen werden. Trotzdem zog die Zeitschrift die Studie nach erfolgreich durchlaufenem Begutachtungsverfahren und anschließender Veröffentlichung aufgrund der zahlreichen negativen Reaktionen gegen den Willen der Autor:innen zurück. Es steht unter anderem der Vorwurf im Raum, dass der Rückzug der Studie mit einer Neubesetzung in der Zeitschrift, einem ehemaligen Mitarbeiter von Monsanto, zusammenhängen könnte. Bei der Offenlegung von internen Mails im Rahmen der Glyphosat-Klagen gegen Monsanto in den USA wurde aufgedeckt, dass die breite Ablehnung der Studie durch angeblich unabhängige Wissenschaftler:innen zumindest zum Teil auf eine gezielte Kampagne von Monsanto-Mitarbeitenden zurückging. ●

Einige Studien zeigen, dass Glyphosat-haltige Herbizide für die Pflanze nützliche Mikroorganismen in der Rhizosphäre negativ beeinflussen können. So wurde zum Beispiel in einer Studie in der Fachzeitschrift «Applied Soil Ecology» aus dem Jahr 2013 von Magdalena Druille und Kolleg:innen gezeigt, dass die Lebensfähigkeit von Mykorrhizapilzsporen stark reduziert war und die

Kolonisierung der Pflanzenwurzeln zurückging, wenn der Boden mit Glyphosat behandelt wurde. Glyphosat zeigt auch negative Effekte auf Knöllchenbakterien (Rhizobien), die bei Leguminosen für die Stickstofffixierung aus der Luft sorgen und zur natürlichen Bodenfruchtbarkeit maßgeblich beitragen. Noch dazu gibt es Hinweise, dass Glyphosat die Abwehr von Pflanzen gegen Pathogene reduziert. Das ist nicht verwunderlich, da der Shikimisäureweg auch Ausgangsstoffe für die Produktion von Abwehrstoffen in der Pflanze (sogenannte sekundäre Pflanzenstoffe) liefert. Zudem beeinflusst Glyphosat Mikroorganismen im Boden, die für die Aufnahme und Bereitstellung wichtiger Mikronährstoffe verantwortlich sind, und bindet Mikronährstoffe, die dann der Pflanze nicht mehr zur Verfügung stehen. Diese Mikronährstoffe helfen den Pflanzen unter anderem, sich erfolgreich gegen Krankheiten zu verteidigen. Fehlen sie, nimmt der Befall durch pilzliche Pathogene wie Pythium und Fusarium aus dem Boden zu und kann zum Absterben der Pflanze führen. Glyphosat wirkt somit auf viele Faktoren. Es beeinträchtigt nicht nur Pflanzen und ihre Fähigkeit, essenzielle Aminosäuren herzustellen, sondern auch nützliche Bodenorganismen. Es kann so die Verfügbarkeit von Nährstoffen vermindern und den Befall durch Krankheitserreger fördern. Das ist auch bei den gentechnisch veränderten «Roundup Ready»-Nutzpflanzen der Fall. Beim Anbau dieser Pflanzen in den USA und anderen Ländern außerhalb der EU werden zudem immer mehr Glyphosat und andere Herbizide eingesetzt, um die gegen Glyphosat resistenten Beikräuter – und das sind inzwischen ca. 50 – unter Kontrolle zu bekommen, was zu noch größeren Belastungen der Umwelt und des Bodens führt.

Nach Stand des Wissens ist es zumindest fraglich, ob Glyphosat wirklich unschädlich für uns Menschen ist. Die Internationale Agentur für Krebsforschung (IARC) der Weltgesundheitsorganisation (WHO) hat Glyphosat 2015 als «wahrscheinlich krebserregend für den Menschen» eingeschätzt. In den folgenden Jahren wurde dieses Urteil jedoch von vielen Institutionen wie der Europäischen Chemikalienagentur (ERCA) und nationalen Zulassungsbehörden nicht bestätigt. Die Zulassungsbehörden greifen aber auf andere Daten zurück, sie werten auch Herstellerstudien aus, die nicht öffentlich zugänglich sind. Hingegen lehnt die IARC es ab, Herstellerdaten zu verwenden, die zum Zeitpunkt der Bewertung nicht der Öffentlichkeit zugänglich und somit praktisch geheim sind. Auf die Umwelt hat der Einsatz von Glyphosat auf jeden Fall weitreichende direkte und indirekte Wirkungen – zum Beispiel auf den Rückgang von Wildpflanzen und der von ihnen abhängigen Tiere wie Insekten sowie Auswirkungen auf die Bodenorganismen. Viele Studien haben die Unbedenklichkeit von Glyphosat angeblich gezeigt, doch es sind meist Studien, die von den Unternehmen selbst durchgeführt oder beauftragt worden sind, die die Pestizide vermarkten und mit ihnen Milliarden verdienen. Wenn kritische Studien und Ergebnisse von unabhängiger Seite erscheinen, die negative Effekte auf die Umwelt, den Menschen und den Boden zeigen, werden oft regelrechte Hetz-Kampagnen gestartet, um die Glaubwürdigkeit der Forschenden und ihre Ergebnisse gänzlich infrage zu stellen. Wenn der Druck sogar dazu führt, dass Veröffentlichungen ohne nachgewiesenes Fehlverhalten von renommierten Zeitschriften zurückgezogen werden wie im Fall Séralini, ist das ein Angriff auf die Wissenschaft und letztlich auf die Wahrheit. Da diese kritischen Studien bei der Bewertung des Risikos dann oft nicht mehr berücksichtigt werden, ist es auch ein Angriff auf das Vorsorgeprinzip und die Gesundheit von Menschen.

Laut der Homepage des Umweltbundesamtes hat das Vorsorgeprinzip zwei Dimensionen: «Die beiden Dimensionen des Vorsorgeprinzips sind Risikovorsorge und Ressourcenvorsorge. Risikovorsorge bedeutet, bei unvollständigem oder unsicherem Wissen über Art, Ausmaß, Wahrscheinlichkeit sowie Kausalität von Umweltschäden und -gefahren vorbeugend zu handeln, um diese von vornherein zu vermeiden. Ressourcenvorsorge meint, dass wir mit den natürlichen Ressourcen wie Wasser, Boden und Luft schonend umgehen, um sie langfristig zu sichern und im Interesse künftiger Generationen zu erhalten.» Im Falle des Bodens sind beide Dimensionen wichtig, da er eine Lebensgrundlage für zukünftige Generationen darstellt, die auch der Staat nach Artikel 20a des Grundgesetzes schützen muss, was neben Gefahrenabwehr auch aktive Vorsorge beinhaltet.

Art. 20a GG: Der Staat schützt auch in Verantwortung für die künftigen Generationen die natürlichen Lebensgrundlagen und die Tiere im Rahmen der verfassungsmäßigen Ordnung durch die Gesetzgebung und nach Maßgabe von Gesetz und Recht durch die vollziehende Gewalt und die Rechtsprechung.

Neben Glyphosat gibt es viele weitere Herbizide, doch Glyphosat wird mit Abstand am meisten eingesetzt. Herbizide waren mit durchschnittlich 43 Prozent die größte Gruppe der eingesetzten Pestizide in den Jahren 1990–2021 in Deutschland (FAOSTAT). Laut Umweltbundesamt waren von den in Deutschland durchschnittlich 40 779 Tonnen abgesetzten Pestiziden (inkl. inerte Gase für den Vorratsschutz) pro Jahr in den Jahren 1995–2021 knapp 40 Prozent Herbizide. Wenn man die Gase (wie zum Beispiel Kohlendioxid), die im Vorratsschutz in geschlossenen Räumen und Lagerungsbehältern eingesetzt werden, nicht mitberücksichtigt, liegt der Anteil der Herbizide in diesem Zeitraum bei 52 Prozent. Der Anteil an abgesetzten Herbiziden sinkt dabei leider nicht, er lag im Jahr 2021 bei 55,5 Prozent und somit über dem Durchschnitt der vergangenen Jahrzehnte. Bei Glyphosat ist das nicht anders: Rund 3900 Tonnen Glyphosat wurden 2022 in Deutschland abgesetzt – das entsprach im Vergleich zu 2021 einem Rückgang von nur 5 Prozent, obwohl der Einsatz von Glyphosat seit August 2021 nur noch eingeschränkt möglich ist. Es ist nach der Änderung der Pflanzenschutz-Anwendungsverordnung zum Beispiel verboten, Glyphosat in öffentlichen Parks, Sportplätzen, Spielplätzen und Schul- und Kindergartengeländen zu verwenden. Auch bei der Verwendung in der Landwirtschaft gibt es strengere Vorgaben. Glyphosathaltige Herbizide dürfen nicht in Naturschutzgebieten, Kern- und Pflegezonen von Biosphärenreservaten und Wasserschutzgebieten verwendet werden. Bei der Vorsaat- und Stoppelbehandlung gibt es ebenfalls Einschränkungen, und der Vorernteeinsatz von Glyphosat – also das gezielte Abtöten von Nutzpflanzen (zum Beispiel Getreide) kurz vor der Ernte, um kontrollierte Erntetermine und Trocknung (Siccation) zu erzielen – ist verboten. Der Einsatz von Glyphosat darf nur mit festgelegtem Abstand zu Gewässern («allgemeiner Abstand von 10 Metern Breite, bei dauerhafter Begrünung von 5 Metern Breite zu Gewässern, ausgenommen kleine Gewässer von wasserwirtschaftlich untergeordneter Bedeutung») erfolgen, da es nachweislich toxisch für Wasserorganismen ist. Das sind sinnvolle Maßnahmen, doch sehr wahrscheinlich reichen sie nicht aus, um den negativen Effekt von Glyphosat und anderen Herbiziden auf die Umwelt und die biologische Vielfalt einzudämmen. Durch das umfassende Töten der Begleitflora auf den Äckern durch Herbizide nimmt man sehr vielen Tieren die Nahrungsgrundlage. Spezialisten, die auf ihre spezielle Wirtspflanze angewiesen sind, sind davon besonders stark betroffen. Aber auch Generalisten macht das sehr knappe Nahrungsangebot in den ausgeräumten Agrarlandschaften zu schaffen. Dies ist zum Beispiel ein Hauptgrund für den alarmierenden Rückgang der Insekten, die wiederum Nahrungsgrundlage für andere Tiere, Bestäuber von Wild- und Nutzpflanzen, Zersetzer und Gegenspieler von Schädlingen sind. Das gesamte Nahrungsnetz mit seinen vielfältigen Funktionen wird an der Basis angegriffen.

Fungizide und Bakterizide

Fungizide und Bakterizide, Mittel gegen Pilze und Bakterien, wurden mit durchschnittlich 27 Prozent in den Jahren 1990–2021 in Deutschland als zweithäufigste Pestizide eingesetzt (FAOSTAT), und dies besonders im Obst- und Weinbau. Äpfel werden im konventionellen Anbau im Laufe der Saison oft sehr intensiv gespritzt. Im Vinschgau in Südtirol, einem bekannten Apfelanbaugebiet, wurde laut einer Reportage von «Kontrovers» und Daten von 681 Obstbaubetrieben aus dem Jahr 2017 eine Apfelplantage von März bis September durchschnittlich 38-mal mit Pestizidwirkstoffen behandelt. Diese Daten wurden erst im Rahmen einer Klage wegen übler Nachrede und Markenfälschung gegen einen Mitarbeiter des Umweltinstituts München publik. Er hatte ein Tourismusplakat zu Südtirol mit dem alternativen Slogan «Pestizidtirol» ausgestattet, um auf die im Apfelanbau extrem hohen Spritzmittelmengen aufmerksam zu machen. Normalerweise sind die Betriebsdaten der Landwirt:innen nicht zugänglich, doch im Rahmen des Prozesses wurden sie angefordert, um zu prüfen, ob die Vorwürfe stimmen. Die so erlangten Daten zeigten, dass große Mengen an Pestiziden eingesetzt werden, um die makellosen Äpfel aus Südtirol zu produzieren. Durch Abdrift der Pestizide beim Spritzen sind von der hohen Belastung auch andere Kulturen, Gärten und natürlich auch die Gesundheit der Bevölkerung und der Tourist:innen betroffen. An manchen Tagen sollen sich Kinder am besten nicht im Freien aufhalten, um weniger exponiert zu sein, doch wenn das Spritzen wie im Vinschgau täglich geschieht, ist das praktisch nicht möglich. Die Klage des Landesrates für Landwirtschaft und 1375 Obstbauer:innen wegen übler Nachrede und Markenfälschung wurde übrigens zurückgezogen, weil die Aufmerksamkeit und der befürchtete Imageschaden für die Südtiroler Apfelbauer:innen zu groß wurden. Ob die ausgebrachten Pestizidmengen inzwischen reduziert wurden, ist schwer zu sagen, weil die Daten nicht veröffentlicht werden müssen. Oft wird auf die gute landwirtschaftliche Praxis und die Einhaltung der Grenzwerte verwiesen, doch diese Vorgaben lassen viel Spielraum und das kontinuierliche intensive Spritzen mit vielen verschiedenen Pestiziden führt auf Dauer zu einer starken Belastung der Umwelt und des Bodens.

Fungizide werden gegen pathogene Pilze eingesetzt, beeinflussen aber auch nützliche Mikroorganismen im Boden. Neben kupferhaltigen Pflanzenschutzmitteln, die oben schon behandelt wurden, gibt es zum Beispiel Conazole, auch Azol-Fungizide genannt. Das sind systemische Fungizide, die im Pflanzenschutz gegen von Pilzen verursachte Pflanzenkrankheiten wie Echter Mehltau, Roste, Blattdürre und Netzflecken eingesetzt werden. Der Einsatz von Fungiziden kann negative Effekte auf die Mikroorganismen im Boden haben, zum Beispiel eine reduzierte mikrobielle Aktivität und Enzymaktivität, und führt oft zu Veränderungen in der mikrobiellen Gemeinschaft. Diese Effekte hängen auch von Bodeneigenschaften ab, zum Beispiel vom Gehalt an organischem Material. Man hat interessanterweise herausgefunden, dass die negativen Effekte geringer sind und die Fungizide besser abgebaut werden, wenn mehr organisches Material im Boden vorhanden ist.

Insgesamt ist noch sehr wenig bekannt, wie der langfristige Einsatz von Fungiziden auf Bodenorganismen und ihre Funktionen wirkt. In den meisten Versuchen wird der einmalige Einsatz untersucht und nicht der wiederholte über Jahre hinweg. Wichtig ist auch zu wissen, ob und wie Fungizide nützliche Pilze im Boden beeinflussen. Mykorrhizapilze werden in ihrem Wachstum und ihrer Kolonisierung der Pflanzenwurzeln durch einige Fungizide gehemmt, wobei die externen Hyphen mehr betroffen sind als die im Wurzelinnern. Die Aufnahme von Phosphor durch die Pflanze kann dadurch beeinträchtigt sein. Auch Bodenpilze, die organisches Material zersetzen oder anderen Organismen als Nahrung dienen, können negativ beeinflusst sein. Sie tragen zu vielfältigen Ökosystemleistungen wie der Zersetzung oder den Stoffkreisläufen bei.

In einer Übersichtsstudie in der Zeitschrift «Frontiers in Environmental Science» aus dem Jahr 2021 fand ein US-amerikanisches Forschungsteam um Tari Gunstone vielfältige negative Effekte von Fungiziden auf Nichtzielorganismen der Meso- und Makrofauna im Boden in 71 Prozent der untersuchten Forschungsstudien. Pestizide insgesamt (also Insektizide, Herbizide, Fungizide, Bakterizide und Mischungen) führten zu negativen Effekten in 70,5 Prozent der Studien. Dabei wurden verschiedene Aspekte wie zum Beispiel Abundanz (Häufigkeit/Anzahl an Individuen einer Art), Mortalität, Reproduktion, Wachstum und Verhalten betrachtet. Auch diese Studien untersuchten eher kurzfristige Effekte, sodass die Frage bleibt, wie sich der jahrelange Einsatz von Pestiziden auf das Bodenleben auswirkt.

Bakterizide werden in der Landwirtschaft vor allem in der Tierhaltung, aber auch zum Schutz von Pflanzen gegen bakterielle Krankheiten eingesetzt. In der konventionellen Tierhaltung kommen zum Teil große Mengen Antibiotika und andere Arzneimittel zum Einsatz, auch vorbeugend. Die Tierarzneimittel und ihre Abbauprodukte gelangen mit den Ausscheidungen der Tiere in die Umwelt, zum Beispiel über Mist und Gülle, Abwässer und Klärschlamm. Dort beeinträchtigen sie Bodenorganismen und deren Aktivität und beeinflussen so auch die Funktionen des Bodens. Dabei unterscheiden sich die Abbauraten der Antibiotika im Boden zwischen verschiedenen Substanzklassen und hängen von vielen Faktoren im Boden ab. Manche Substanzklassen wie beispielsweise β-Lactam-Antibiotika (zu denen auch Penicillin gehört) werden normalerweise recht schnell abgebaut, während andere wie Tetracycline Monate bis Jahre im Boden verbleiben können. Sie können auch von Pflanzen aufgenommen werden und gelangen so in sehr geringen Mengen in die menschliche Nahrungskette.

Eine stärkere Gefährdung, insbesondere für Menschen, geht jedoch von antibiotikaresistenten Bakterien aus. Diese resistenten Bakterien kommen in der Umwelt von Natur aus vor oder erwerben ihre Antibiotikaresistenz durch Mutationen oder durch Übertragung der entsprechenden Resistenz-Gene von bereits resistenten Bakterien. Das geschieht besonders, wenn die Bakteriendichte sehr hoch ist, wie in Abwässern oder Gülle. Dabei können sich auch sogenannte multiresistente Bakterien entwickeln, die gegen mehrere Antibiotika-Wirkstoffe gleichzeitig resistent sind. Durch den Eintrag von Antibiotika in Böden und Gewässer erhalten diese resistenten Bakterien einen Überlebensvorteil und können sich im Vergleich zu anderen Bakterien stärker vermehren. Das bringt vielfältige Probleme mit sich: Die bakterielle Gemeinschaft im Boden verändert sich und die Funktionen des Bodens können beeinträchtigt werden. Aber auch für die Gesundheit von Menschen und Tieren hat das weitreichende Folgen. Geringe Mengen antibiotikaresistenter Bakterien sind zwar für gesunde Menschen normalerweise nicht gefährlich, bei empfindlichen Menschen, Menschen mit Vorerkrankungen oder einer Immunschwäche können jedoch Infektionen entstehen, die nur noch schwer oder im schlimmsten Fall gar nicht mehr mit Antibiotika behandelbar sind. Antibiotikaresistente Krankheitserreger werden heute als eines der drängendsten Probleme des öffentlichen Gesundheitssystems gesehen. Ein sparsamerer Einsatz von Antibiotika in der Veterinär- und der Humanmedizin ist sehr wichtig und könnte dazu beitragen, sowohl den Eintrag dieser Arzneimittel in den Boden und die Umwelt als auch die Entwicklung von Antibiotikaresistenzen zu reduzieren.

Durch Tierarzneimittel werden gleichzeitig die Artenvielfalt und damit wichtige Ökosystemfunktionen beeinträchtigt. Dung- und Mistkäfer suchen das Weite oder sterben, wenn sie mit dem Giftcocktail in Kuhfladen und Pferdeäpfeln in Kontakt kommen. Pferdeäpfel von Reitpferden gelten als besonders toxisch, da die Pferde oft routinemäßig und beinahe durchgehend mit Medikamenten behandelt werden. Nutztiere werden immer mehr und auch vorbeugend gegen Krankheiten und Parasiten wie Würmer behandelt, sodass ihre Ausscheidungen durch die Arzneimittelrückstände toxisch für viele nützliche Organismen sind. Das hat nicht nur einen negativen Einfluss auf die Artenvielfalt, sondern auch auf die Zersetzung und den Abbau von organischem

Material wie zum Beispiel Kuhfladen und Pferdeäpfel. Der Begriff «Betonfladen» machte in der Presse die Runde – das sind Kuhfladen, die austrocknen und nicht bzw. sehr langsam abgebaut werden und somit auf der Weide liegen bleiben. Für diese harten Fladen werden die negativen Effekte der Tierarzneimittel auf Mistkäfer und andere Zersetzer, aber auch die zunehmend lang anhaltenden Trockenperioden durch den Klimawandel verantwortlich gemacht. Insgesamt werden Fladen und Köttel in der Landschaft aber immer mehr zur Mangelware. Durch die Intensivierung und Industrialisierung der Tierhaltung und den starken Rückgang der Nutztierhaltung auf Weiden finden die Zersetzergemeinschaften im Offenland viel weniger Lebensräume und Nahrung. Das ist ein Problem für viele Insekten und ihre Larven, zum Beispiel für den Mistkäfer und Dungfliegen, die Kuhfladen als Lebensraum und Nahrungsquelle nutzen. Ihr Rückgang hat weitreichende negative Konsequenzen für das gesamte Ökosystem, es werden die Zersetzung und Stoffkreisläufe negativ beeinflusst, und sie fehlen als Nahrungsquelle für höhere Ebenen des Nahrungsnetzes wie Vögel und Säugetiere.

Nematizide

Nematizide wirken, wie der Name erahnen lässt, gegen Fadenwürmer (Nematoden). Pflanzenpathogene Nematoden sind oft auf bestimmte Nutzpflanzen als Wirt spezialisiert. Wenn ihre Wirtspflanzen in Monokultur angebaut werden, können sie sich sehr gut vermehren und zählen zu den gefährlichsten Schädlingen von Kulturpflanzen. Zum Teil sind sie auch Überträger (Vektoren) und Wegbereiter für andere Krankheitserreger wie Viren, Bakterien und Pilze. Zur Bekämpfung von Nematoden setzt man Pflanzenschutzmittel aus unterschiedlichen chemischen Gruppen ein, zum Beispiel halogenierte Kohlenwasserstoffe und organische Phosphorverbindungen. Um auf die sehr kleinen Fadenwürmer wirken zu können, müssen sie gut im Boden verteilt werden. Dafür benutzt man meist Begasungsmittel oder in Wasser lösliche Substanzen.

Einige Nematizide wirken zudem auch unspezifisch gegen andere Organismen wie Insekten und Pilze und können somit die gesamte Gemeinschaft der Bodenorganismen beeinflussen. Nematoden, die von Experten als individuenreichste Gruppe von vielzelligen Tieren eingeschätzt werden, haben diverse Ernährungsweisen und wichtige Funktionen im Boden und tragen zur Regulierung anderer Organismen und zu Nährstoffkreisläufen bei. Deshalb ist der Einsatz von Pestiziden, die Nematoden töten, genau zu prüfen, und es sollten möglichst alternative Methoden verwendet werden. Durch Fruchtwechsel kann man dem Befall zum Beispiel wirksam vorbeugen oder die Vermehrung der pflanzenpathogenen Nematoden durch resistente Pflanzensorten bekämpfen. Gegen Rübenzystennematoden *(Heterodera schachtii)* gibt es resistente Zwischenfruchtsorten von Gelbsenf und Ölrettich, die in der Lage sind, die Nematodenpopulation um bis zu 90 Prozent zu reduzieren. Resistenter Ölrettich und Senf aktivieren zwar auch den Larvenschlupf und die Einwanderung in die Wurzeln, aber im Gegensatz zu den nicht resistenten Wirtspflanzen werden Nährzellen in den Wurzeln nur eingeschränkt gebildet. Dadurch können sich die Nematoden nicht ausreichend ernähren und sterben frühzeitig. Es entwickeln sich auch mehr Männchen als Weibchen, da die Weibchen während ihrer Entwicklung etwa 40-mal mehr Nahrung benötigen. Die fehlenden Weibchen führen langfristig zu einem Populationsrückgang.

Eine alternative Bekämpfungsmethode ist die sogenannte Schwarzbrache, bei der der Acker oder das Gemüsebeet mehrere Monate nicht bepflanzt wird und so die Nematoden keine Wirtspflanzen finden. Der Nachteil dabei ist, dass der offene Boden ungeschützt ist und Erosion beispielsweise bei starken Winden droht. Des Weiteren gibt es Pflanzen wie Tagetes, die Abwehrstoffe gegen Nematoden bilden und sie abgeben, wenn ein Nematode die Wurzel ansticht. Man kann sie als Zwischenfrucht oder Unterfrucht verwenden. Ihre Wirkung ist aber auf frei lebende Nematoden wie *Pratylenchus* beschränkt, für die Tagetes eine Wirtspflanze ist.

Insektizide

Für Insektizide sind sehr unterschiedliche Zahlen im Umlauf. Aber auch wenn Insektizide mengenmäßig nur etwa 3 Prozent der eingesetzten Pestizide stellen, haben sie in sehr geringen Dosen eine fatale Wirkung auf Insekten, sowohl auf Zielorganismen oder sogenannte Schädlinge der Nutzpflanze als auch auf Nichtzielorganismen.

Eine relativ bekannte Stoffgruppe sind die **Neonikotinoide**.

Neonikotinoide werden synthetisch hergestellt. Sie binden an die Nikotinischen Acetylcholinrezeptoren von Nervenzellen und beeinträchtigen die Weiterleitung von Nervenreizen. Sie wirken auf Nervenzellen von Insekten viel stärker als auf die Nerven von Wirbeltieren und gelten deshalb als selektive Nervengifte. Neonikotinoide wirken bei Insekten an den Nikotinischen Acetylcholinrezeptoren der Nervenzellen wie der Neurotransmitter Acetylcholin, wobei aber kein Abbau durch das Enzym Acetylcholinesterase stattfindet. Die Rezeptoren werden dadurch dauerhaft stimuliert, die Signalübertragung gestört, und der daraus entstehende Dauerreiz führt zu Krämpfen und schließlich zum Tod der Insekten.

Neonikotinoide sind bekannt dafür, dass sie als Fraß- und Kontaktgift Bienen schädigen können. Sie schwächen deren Immunsystem und machen sie anfälliger für Pathogene und Parasiten, sie beeinträchtigen ihre Motorik, kognitive Fähigkeiten wie die Orientierungsfähigkeit und ihre Fruchtbarkeit. Bodenbrütende solitäre Wildbienen und Hummelvölker werden besonders negativ beeinflusst. Hummelvölker werden beispielsweise in ihrem Wachstum und der Produktion von Königinnen, die für die Gründung neuer Hummelvölker zuständig sind, beeinträchtigt. Doch was ist mit dem Boden insgesamt und seinen vielfältigen Lebewesen? Rund 60 Prozent des Neonikotinoid-Einsatzes dienen der Behandlung von Saatgut und des Bodens. Der Großteil der aktiven Inhaltsstoffe der Saatgutbeize, oft mehr als 90 Prozent, verbleibt im Boden, sodass Bodenorganismen hohen Konzentrationen dieser Insektizide ausgesetzt sind. Neonikotinoide sind wasserlöslich, ihre Halbwertzeiten variieren, können aber mehrere Jahre betragen und hängen vom Bodentyp und anderen Faktoren wie dem Gehalt an organischem Material im Boden ab. Durch wiederholte Behandlung reichern sich die Neonikotinoide nachweislich im Boden an. Langzeitstudien dazu sind jedoch selten. Das ist umso bedenklicher, als dass diese Stoffe schon in sehr geringen Mengen toxisch wirken. Ein Anteil wird ausgewaschen und findet sich im Grundwasser und in Gewässern wieder. Die Konzentrationen im Boden und in den Gewässern überschreiten dabei oft die Grenzwerte und sind toxisch für viele Nichtzielorganismen, besonders für Insekten.

Auch andere Tiere wie Regenwürmer, Krebse und Fische werden negativ beeinflusst, doch die Studienlage dazu ist recht dürftig. So werden beispielsweise in toxikologischen Experimenten zu Regenwürmern oft Kompostwürmer untersucht, die weniger empfindlich als andere Regenwurmarten auf Pestizide reagieren und eben im Kompost, nicht aber in unseren Ackerböden leben. In einer Studie aus dem Jahr 2005 von Yvan Capowiez und Kolleg:innen in der Zeitschrift «Biology and Fertility of Soils» zum Effekt des Neonikotinoids Imidacloprid auf zwei Regenwurmarten, die in vielen Böden in Europa vorkommen, wurden letale und subletale Effekte auf ihr Gewicht nachgewiesen. 2–4 mg pro kg Boden war die Konzentration, bei der 50 Prozent der Regenwurmpopulation getötet wurden. Bei 0,5–1 mg pro kg Boden kam es zu signifikanten Reduktionen des Gewichts. Subletale Effekte auf die Aktivität wurden in anderen Studien nachgewiesen, sodass wahrscheinlich die Funktionen der Regenwürmer für den Boden schon bei relativ geringen Konzentrationen beeinträchtigt werden. Auf dem Acker hat man nach einer normalen Anwendung von Imidacloprid festgestellt, dass die Regenwurmlosungen an der Bodenoberfläche zurückgingen, was auf einen signifikanten Effekt auf Regenwürmer und ihre Funktionen als Ökosystem-Ingenieure hinweist.

Die Giftigkeit von Neonikotinoiden auf Wirbeltiere gilt zwar als relativ gering, doch das hängt von den aufgenommenen Konzentrationen ab. Die Dosis macht bekanntlich das Gift! Samen, die mit Neonikotinoiden behandelt wurden, sind aber schon in sehr geringen Mengen toxisch für Vögel und Nagetiere. Dave Goulson hat im Jahr 2013 im «Journal of Applied Ecology» unter anderem letale Dosen für samenfressende Wirbeltiere veröffentlicht: Die letale Dosis, die 50 Prozent der Individuen tötet, auch LD50 genannt, liegt bei weniger als drei mit Imidacloprid behandelten Maissamen für eine Maus. Ein Rebhuhn erreicht durch das Fressen von etwa 5 Maissamen oder 32 Rapssamen bereits LD50. Da ein Rebhuhn pro Tag etwa 25 Gramm Samen frisst, ist die Wahrscheinlichkeit groß, schnell die letale Dosis zu erreichen.

Folgende Tiere sind wahrscheinlich durch Neonikotinoide besonders gefährdet: Insekten im Boden und in der Bodenzone von Gewässern, Bestäuber und samenfressende Vögel und Kleinsäuger.

Dadurch dass man Neonikotinoide und andere Pestizide oft prophylaktisch, zum Beispiel in Form von gebeiztem Saatgut, einsetzt, wird das umweltfreundlichere Prinzip des sogenannten Integrierten Pflanzenschutzes immer mehr außer Kraft gesetzt. Beim Integrierten Pflanzenschutz entscheidet man anhand der Schädlingspopulationen, ob man überhaupt handeln muss, und vermeidet Breitbandherbizide, die sich in der Umwelt anreichern. Erst wenn eine Schadschwelle erreicht ist, handelt man und reduziert so den Einsatz von Pflanzenschutzmitteln und die Wahrscheinlichkeit, dass sich die Schadorganismen anpassen und Resistenzen entstehen. Dadurch werden viele Organismen, aber auch die menschliche Gesundheit geschont.

2018 wurden drei häufig eingesetzte Neonikotinoide in der EU für den Einsatz im Freiland verboten. Es sind Imidacloprid, Clothianidin und Thiamethoxam, die meist als Granulat im Boden und Saatgut-Beizmittel verwendet werden. In ihrer Risikobewertung vom Februar 2018 hat die Europäische Behörde für Lebensmittelsicherheit (EFSA) die Neonikotinoide als schädlich für Wild- und Honigbienen eingestuft. Das war etwa 10 Jahre nach dem plötzlichen und alarmierenden Bienensterben im Frühjahr 2008 im Oberrheingraben, bei dem ca. 12 000 Honigbienenvölker von 700 Imker:innen betroffen waren. Dort, in der frühlingshaft blühenden Rheinebene, war es bei der Aussaat von mit Clothianidin gebeiztem Maissaatgut mit pneumatischen Sämaschinen zu einer Umweltkatastrophe gekommen. Es wurden Beizmittelstäube freigesetzt, die sich über blühende Rapsfelder in der Nähe der Maisflächen legten und Bienen und andere Insekten vergifteten. Zuerst hatte man Pestizide aus dem Obstanbau im Verdacht, doch das von Bayer Crop Science hergestellte Beizmittel PONCHO PRO war der Verursacher und brachte die Neonikotinoide und ihre Gefahren in die Öffentlichkeit. Es hat dennoch 10 Jahre gedauert, bis die drei Neonikotinoide zumindest im Freiland verboten wurden. Andere sind immer noch im Umlauf und dürfen weiter eingesetzt werden.

Gegen welche Schädlinge wurde der Mais eigentlich mit Clothianidin behandelt? Hauptsächlich zur Vorbeugung eines Befalls durch den Westlichen Maiswurzelbohrer *(Diabrotica virgifera)*, einen berüchtigten Maisschädling, der ursprünglich aus Mittelamerika stammt und seit Beginn der 1990er-Jahre in Europas Maismonokulturen einwandert. Es gibt jedoch auch umweltfreundlichere Alternativen. Anstatt hochgiftige Insektizide wie Clothianidin zu verwenden, kann man den Käfer, der auf Mais spezialisiert ist, nachhaltig durch Fruchtfolgen mit Maisanbau nur alle drei Jahre eindämmen. Denn durch den dauerhaften Maisanbau auf denselben Flächen ohne Fruchtfolgen kommt es erst zur massenhaften Vermehrung der Blattkäfer und seiner gefürchteten Larven, die unterirdisch die Wurzeln fressen und bis zum Umfallen die Pflanzen schädigen können. Wenn man die Monokultur durchbricht und zwischendurch Nichtwirtspflanzen anbaut, haben die spezialisierten Larven nichts mehr zu fressen und die Population bricht ein. Durch ein Verbot in der Schweiz, in betroffenen Regionen in zwei aufeinanderfolgenden Jahren Mais anzubauen, konnte eine weitere Ausbreitung des Quarantäneschädlings in 2005 laut Agroscope in Changins zum Beispiel wirksam unterbunden werden.

Trotz des EU-weiten Verbots im Freiland dürfen die drei giftigen Neonikotinoide exportiert werden, und das geschieht in großen Mengen. Imidacloprid und Clothianidin von Bayer und Thiametoxam von Syngenta gelangen so weiterhin massenhaft in die Umwelt – außerhalb von Europa. Nach einer Recherche der Schweizer Nichtregierungsorganisation «Public Eye» sowie der britischen Recherchegruppe «Unearthed» wurde allein von September bis Dezember 2020 ein Exportvolumen von fast 3900 Tonnen Neonikotinoid-Produkten angemeldet. Diese Menge würde ausreichen, um die Agrarfläche Frankreichs komplett zu spritzen. Der wichtigste Importeur war Brasilien, ein Land, das weltweit für seine einzigartige und bedrohte Biodiversität bekannt ist. Dort und in etlichen anderen Ländern sind die Anwendungsbestimmungen weniger strikt, die Wirkstoffe richten aber nicht weniger Schaden an und gefährden die Artenvielfalt. Auch kommen die mit den Nervengiften behandelten Agrarprodukte als Importe wieder zurück auf den europäischen Markt und auf unsere Teller.

DDT

Das Buch der Biologin und Wissenschaftsjournalistin Rachel Carson namens «Silent Spring» (dt. «Der stumme Frühling») ist weltweit bekannt. Es wurde 1962 veröffentlicht und schildert die Ausmaße und drastischen Folgen des Pestizideinsatzes in den USA auf Ökosysteme und die Gesundheit. Es verstärkte bereits bestehende Bedenken, löste eine weitreichende, emotionale und politische Debatte aus und führte letztendlich mit zum Verbot von Dichlordiphenyltrichlorethan (DDT). DDT wurde seit Anfang der 1940er-Jahre als Kontakt- und Fraßgift gegen Insekten eingesetzt. Es wurde bereits 1874 im Rahmen einer Doktorarbeit in Österreich synthetisiert, aber erst 1939 entdeckte der Schweizer Industriechemiker Paul Hermann Müller seine Wirkung gegen Insekten. Dafür bekam er 1948 sogar den Nobelpreis in Medizin. Zuerst wurde DDT zur Bekämpfung der Malariamücken und anderer Krankheitsüberträger bei Soldaten und Zivilisten im Zweiten Weltkrieg eingesetzt. Es wurde als Breitbandinsektizid gegen verschiedene Insekten in großen Mengen gespritzt, tötete dabei sowohl Schädlinge als auch Nützlinge und reicherte sich aufgrund seiner Stabilität und Fettlöslichkeit in der Nahrungskette an. Vor allem bei Greif- und Seevögeln führte die Anreicherung von DDT zu einer Störung des Kalkstoffwechsels und zu sehr dünnschaligen Eiern, die beim Bebrüten leicht zerbrachen, was die Zahl der Nachkommen stark reduzierte. Es wurde als wahrscheinlich krebserregend eingestuft und führt zu hormonellen Änderungen auch bei Menschen. Die Halbwertzeit von DDT ist mit über 20 Jahren lang, sodass der Stoff und seine Abbauprodukte lange Zeit in der Umwelt verbleiben. Aufgrund der Risiken und Nachteile der DDT-Anwendung wurde in der Bundesrepublik Deutschland in den 1970er-Jahren ein Herstellungs- und Ausfuhrverbot erlassen und die Anwendung auch in vielen anderen Ländern in Europa und Nordamerika verboten. In manchen Ländern Südamerikas, Südostasiens und Afrikas wird DDT aber auch noch heute, vorwiegend zur Bekämpfung von Malaria, eingesetzt. Ein Problem zusätzlich zu den vielen negativen Eigenschaften ist, dass die Anopheles-Mücken Resistenzen ausbilden, sodass die Wirksamkeit zurückgeht und die Dosierung oftmals hochgesetzt wird. ●

Überdüngung

Viel hilft viel? Das ist beim Einsatz von Mineraldüngern die große Frage. Denn was die Pflanze nicht braucht, landet oft im Grundwasser oder in angrenzenden Gewässern. Dort führt es zu Nitratbelastungen mit negativen Folgen für die Umwelt und die menschliche Gesundheit. Bei Säuglingen kann es durch den Verzehr von Trinkwasser oder Gemüse mit zu hohen Nitrat-Werten zu einer lebensgefährlichen Störung des Sauerstofftransports kommen. Neben stickstoffhaltigem Mineraldünger werden vor allem Gülle aus Tiermastställen und Gärrückstände aus Biogasanlagen auf unseren Äckern und Grünländern ausgebracht. Der Anteil der Düngemittel, den die Pflanzen nicht aufnehmen und der im Boden nicht durch Denitrifikation abgebaut wird, gelangt oft als Nitrat ins Grundwasser. In ca. 16 Prozent der 1152 Grundwasser-Messstellen in Deutschland wird laut Umweltbundesamt der geltende Grenzwert von 50 Milligramm Nitrat je Liter Trinkwasser überschritten. Bei etwa einem Drittel der Messstellen liegt der Nitratgehalt höher als 25 Milligramm je Liter und ist somit im Vorwarnbereich. Das ist schlecht für die Gesundheit, aber auch teuer, denn das Grundwasser muss mit sauberem Wasser gemischt oder aufbereitet werden, um die Grenzwerte für Trinkwasser zu unterschreiten.

Zu viel Düngung mit Stickstoff führt auch zu Problemen bei den Nutzpflanzen. Sie wachsen schneller, bilden aber weniger sekundäre Pflanzenstoffe, die zur Abwehr dienen, und haben ein niedrigeres Verhältnis zwischen Kohlenstoff und Stickstoff im Gewebe. Das macht sie anfälliger für Herbivore und Pathogene und auch instabiler gegen Wind und Wetter. Wenn andere wichtige Ressourcen wie Wasser oder Mikronährstoffe begrenzt sind, helfen auch keine riesigen Mengen an Stickstoff, um das Pflanzenwachstum und den Ertrag zu steigern. Das ist keine neue Erkenntnis, sondern wurde schon 1828 als Minimumgesetz von dem deutschen Agrarwissenschaftler Carl Sprengel als Erstes veröffentlicht und von Justus Liebig später übernommen und bekannt gemacht. Veranschaulicht wurde das Minimumgesetz durch die «Minimum-Tonne» oder besser das «Minimum-Holzfass», da damals Tonnen aus Holz mit Längshölzern (sogenannte Dauben) hergestellt wurden. Ein Holzfass mit unterschiedlich langen Dauben lässt sich nur bis zur Höhe der kürzesten Daube füllen. Genauso kann ein Organismus sich nur so weit entwickeln, wie es die knappste Ressource zulässt.

Stickstoff, der in Deutschland zu zwei Dritteln durch die Landwirtschaft und zu einem Drittel durch Industrie, Verkehr und private Haushalte freigesetzt wird, bringt neben seiner positiven Eigenschaft als Nährstoff für

Pflanzen auch viele Probleme für die Umwelt mit sich. Er entweicht in Form von gasförmigem Ammoniak aus Tiermastställen und wird in Form von Stickstoffoxiden durch die Industrie und Energiewirtschaft und Dieselfahrzeuge in großen Mengen in die Luft abgegeben. Stickstoffoxide und Ammoniak in der Luft reizen und beeinträchtigen Augen, Atemwege und die Lunge. Lachgas, Distickstoffmonoxid, das bei der Denitrifikation von Nitrat durch Mikroorganismen entsteht, ist ein sehr wirksames Treibhausgas. Es ist rund 300-mal so klimaschädlich wie Kohlendioxid, zerstört die Ozonschicht und verringert so den Schutz vor UV-Strahlung auf der Erde. Sein Name kommt davon, dass es im späten 18. Jahrhundert zur Belustigung von Gesellschaften eingesetzt wurde, da es zum Lachen reizt. Es wurde aber auch als Betäubungsmittel bei Zahnoperationen eingesetzt. Zurzeit ist es wieder als Trenddroge zurück. Hier muss man jedoch Vorsicht walten lassen, denn es kann zu Schädigungen des Nervensystems, Lähmungen und sogar Ersticken in ungelüfteten kleinen Räumen führen.

Durch die Stickoxide in der Luft, die sich durch Stickstoffemissionen aus der Landwirtschaft, der Industrie und dem Verkehr in der Luft anreichern, kommt es zu einer atmosphärischen Stickstoffdüngung des Bodens. Das ist für viele natürliche Ökosysteme ein Problem, denn dadurch werden magere Standorte gedüngt und viele seltene Pflanzenarten verdrängt, die an diese nährstoffarmen Standorte angepasst sind. Dafür setzen sich konkurrenzstarke Pflanzen durch und überwachsen diverse Standorte wie Trocken- und Magerrasen. Orchideen und andere geschützte Pflanzen findet man deshalb immer weniger in der freien Natur. Auch in der Lüneburger Heide ist der Stickstoffeintrag über die Luft ein Problem. Er fördert das Wachstum von Moosen und Gräsern, die den Heidekräutern Konkurrenz machen und Offenbodenstellen zuwachsen, die die Heidepflanzen zum Keimen und somit für die Regeneration benötigen. Die Düngung aus der Luft führt immer mehr zu einer Angleichung der Lebensbedingungen und einer Abnahme der Diversität der Lebensräume. Die mangelnde Vielfalt und die Angleichung der Bedingungen führen wiederum zu einem Verlust von Arten. Viele Pflanzen- und Tierarten sind auf spezielle Umweltbedingungen angewiesen oder können sich nur unter diesen Bedingungen durchsetzen und überleben. Durch den Stickstoffeintrag aus der Luft werden diese oft mageren Bedingungen verändert und die Spezialisten durch schnell wachsende Allerweltsarten verdrängt.

Auch die Eigenschaft von Stickstoff als Nährstoff für Pflanzen hat also nicht immer einen positiven Effekt, selbst auf Pflanzen. Denn durch den hohen

Eintrag von Stickstoff in die Umwelt, auch über die Luft und den Regen, werden die Nährstoffbedingungen in vielen Ökosystemen verschoben. Dadurch werden die konkurrenzstarken, stickstoffliebenden Pflanzenarten gefördert, die andere Arten verdrängen. Zum Beispiel gibt es dann sehr viele Gräser, die krautige Pflanzen aus den Wiesen drängen. Oft sind das auch noch gezüchtete Nutzpflanzensorten, die an hohe Stickstoffgehalte auf den Äckern und dem Wirtschaftsgrünland angepasst sind und die natürlichen Arten und Genotypen auf den Wiesen und Weiden ersetzen. Das ist ein Grund, warum unsere Wiesen und Weiden immer weniger divers und bunt sind. Fast die Hälfte der in der Roten Liste für Deutschland aufgeführten Farn- und Blütenpflanzen sind durch Stickstoffeinträge gefährdet.

In den Gewässern führt ein Zuviel an Nährstoffen wie Phosphor und Stickstoff zu einem gesteigerten Wachstum von Algen. Diese sogenannten Algenblüten führen zu mehr organischem Material im Gewässer, das nach dem Absterben nicht schnell genug und ausreichend zersetzt und abgebaut werden kann. Die Folge ist eine Anreicherung des organischen Materials, eine Sauerstoffzehrung durch den mikrobiellen Abbau, anaerobe Bedingungen, bei denen viele Wasserorganismen nicht überleben können, und insgesamt eine Änderung des ökologischen Gleichgewichts des Gewässers. Diese sogenannte Eutrophierung, d.h. die Anreicherung von Nährstoffen in Ökosystemen, ist ein großes Problem für die biologische Vielfalt. Es ist nicht nur die Vielfalt der Arten betroffen, sondern auch die genetische Vielfalt innerhalb der Arten und die Vielfalt an Ökosystemen und Funktionen.

Aber wie wirken sich die hohen Dünger- und Nährstoffgaben konkret auf den Boden und seine Lebewesen aus? Im Boden gibt es Mikroorganismengemeinschaften, die an verschiedene abiotische Bedingungen angepasst sind und deren Funktionen sich unterscheiden. Es wird zwischen Bakterien- und Pilz-basierten Abbauprozessen unterschieden. In der englischen Fachliteratur wird das als *bacterial-based energy channel* bzw. *fungal-based energy channel* bezeichnet. Was bedeuten diese Energiekanäle? Das ist nichts Esoterisches, sondern ein Modell von den Nahrungsnetzen und Energieströmen im Boden, die entweder von Bakterien oder Pilzen auf den unteren trophischen Ebenen bestimmt sind. Bakterien sind eher auf schnell abbaubares organisches Material spezialisiert, Pilze hingegen auf zum Teil sehr komplexe Verbindungen. Dazu gehören zum Beispiel holzzersetzende Pilze, die Lignin abbauen können.

Ändert sich nun die Verfügbarkeit von Nährstoffen und die Intensität der Nutzung, hat das Einfluss auf die Bodengemeinschaft. Oft sind mit Mineraldünger gedüngte Ackerböden mit höherer Nutzungsfrequenz durch Bakterien und Mikrofauna dominiert, bei ungedüngten Grünland- oder Waldböden mit hohem Anteil von schwer abbaubaren, komplexen organischen Stoffen spielen Pilze, Mikroarthropoden und Regenwürmer eine größere Rolle. Feldstudien zeigen, dass ein langfristiger Gebrauch von Mineraldünger negative Auswirkungen auf den organischen Kohlenstoffgehalt im Boden haben kann, wohingegen organischer Dünger oft positive Effekte auf verschiedene Bodeneigenschaften und die Diversität der Bodenorganismen zeigt. Die Effekte auf den Boden sind aber sehr komplex und noch nicht ausreichend untersucht und verstanden. Oft ersetzt die Zugabe von Mineraldünger die Funktionen von wichtigen Bodenorganismen wie Mykorrhizapilzen, die den Pflanzen Phosphor zur Verfügung stellen. Das kann langfristig zu einer Verarmung der natürlichen Funktionen des Bodens und zu immer mehr Abhängigkeit von Düngergaben von außen führen.

Intensive Bodenbearbeitung

Eine hohe Intensität der Bodenbearbeitung ist für viele Bodenorganismen ein Problem. Nicht nur das Pflügen, sondern auch das Befahren der Agrarflächen mit großen und schweren Maschinen beeinflusst die Eigenschaften und Funktionen des Bodens als Ressource und Lebensraum. Durch das Pflügen werden größere Bodenorganismen wie Regenwürmer getötet und das Hyphennetzwerk von Mykorrhizapilzen zerstört. Bodenschonende Beikrautregulierung ist wichtig, doch der oft angepriesene Einsatz von Glyphosat, um ohne Pflügen konkurrierende Pflanzen zu töten, ist keine umwelt- und bodenschonende Alternative. Es kommt durch das chemische Abtöten und anschließende Verrotten der Ackerbegleitflora auf der Fläche häufig zu Problemen. Schnecken werden zum Beispiel angelockt und fressen zwar die sich zersetzenden Pflanzen, sind aber auch nicht abgeneigt, die frischen Sämlinge der Nutzpflanzen nach der Aussaat zu fressen. Auch die Glyphosatrückstände bleiben auf der Fläche und haben negative Effekte auf die Bodenorganismen. Die vermeintlich schnelle und saubere Lösung hat viele negative Nebenwirkungen, langfristig führt sie zu einem Verlust von natürlichen Funktionen des Ökosystems. Der Einsatz schwerer Maschinen, besonders bei nasser und feuchter Witterung, führt zu Bodenverdichtung und einem Verlust der Poren im Boden. Diese Poren sind Lebensraum für viele sehr kleine und größere Bodenorganismen und spielen eine wichtige Rolle bei der Belüftung und Drainage des Bodens. Ist der Boden stark verdichtet, kann Wasser nicht mehr gut versickern und

Pflanzenwurzeln können nicht mehr in den Boden eindringen. Dann sind die Funktionen des Bodens stark und zum Teil irreversibel gestört.

Folgen der Übernutzung

Im Falle der industriellen Landwirtschaft sind die Grenzen zwischen intensiver Nutzung, Übernutzung und Verschmutzung fließend. Nicht nur die oberirdisch lebenden Tiere und Pflanzen sind durch intensive Nutzung, Pestizide und Überdüngung stark beeinträchtigt und nehmen in ihren Zahlen immer mehr ab, auch im Boden ist das Leben bedroht. Nur ist darüber das Wissen immer noch sehr beschränkt, weil die Wahrnehmung an der Bodenoberfläche meist aufhört. Eine aktuelle Studie von 2023 von Barnes und Kollegen im Journal «PLOS ONE» zeigt erstmals, dass innerhalb von 25 Jahren die Regenwurmzahlen im Vereinigten Königreich (UK) um 33–41 Prozent zurückgegangen sind. Die sogenannte Krefelder Studie von Hallmann und Kollegen hat 2017 im selben Journal den alarmierenden Rückgang der Biomasse von fliegenden Insekten um 76 Prozent innerhalb von 27 Jahren in Naturschutzgebieten in Deutschland veröffentlicht. Diese Studie, die auf den Daten zu Fluginsekten aus Malaisefallen des Entomologischen Vereins Krefeld basiert, hat große Wellen geschlagen. Das Insektensterben und seine Ursachen und Folgen wurden danach in der breiten Öffentlichkeit wahrgenommen und diskutiert. Die intensive Landwirtschaft mit hohem Einsatz von Pestiziden, aber auch der Klimawandel tragen zum Rückgang der Insekten und anderer Lebewesen bei, mit weitreichenden Folgen. Viele wissen inzwischen, dass die Bestäubung der Pflanzen von der Anzahl und Vielfalt von Wildbienen abhängt und dass Insekten die Nahrungsgrundlage für viele Tiere sind. Das Insektensterben trifft uns, unsere Umwelt und unsere Lebensgrundlagen. Aber wer weiß, wie sich das Sterben der Regenwürmer und anderer Organismen im Boden auswirkt? Ist der alarmierende Rückgang vieler Vogelarten mit dem Rückgang der Regenwurmzahlen korreliert? Was passiert, wenn die Bodenorganismen mit ihren vielfältigen Funktionen nicht mehr zur Verfügung stehen? Was passiert, wenn zum Beispiel die Zersetzung nicht mehr funktioniert und tote Tiere und Pflanzen nicht abgebaut werden? Wie werden organische Stoffe dann recycelt und wieder für die Pflanzen und neues Leben zur Verfügung gestellt? ●

Rohstoffabbau

Durch den Abbau von Rohstoffen im Tagebau werden Böden und Landschaften großflächig zerstört und Wasserhaushalt und Wasserqualität oft dauerhaft beeinträchtigt. Im Jahr 2022 kamen laut Umweltbundesamt täglich etwa 7,7 Hektar Fläche in Deutschland neu durch den Abbau von Rohstoffen «unter den Bagger», davon 4,3 Hektar für Bau- und Industriemineralien, 1,8 Hektar für Torf und 1,6 Hektar für Braunkohle. Zwischen der Neuinanspruchnahme von Flächen für den Rohstoffabbau und ihrer Aufgabe und Renaturierung vergehen meist Jahre bis Jahrzehnte. Die Fläche, auf der Rohstoff aktuell abgebaut wird, ist deshalb viel größer als die jährlich neu in Anspruch genommene Fläche. Im Jahr 2022 waren rund 134 000 Hektar in Deutschland durch Bergbaubetriebe, Steinbrüche, Tagebau und Gruben belegt. Nach Angaben der Bundesanstalt für Geowissenschaften und Rohstoffe (BGR) wurden 2022 bundesweit insgesamt 690,75 Millionen Tonnen abiotische Rohstoffe im Tagebau abgebaut. Zu den abiotischen Rohstoffen werden fossile Energierohstoffe wie Kohle, Baumineralien wie Sande, Kiese oder Steine, mineralische Industrierohstoffe wie Salze oder feuerfeste Tone und sogar Torf gerechnet.

Doch unser Konsum fördert auch den Abbau von Rohstoffen in anderen Ländern. In unseren Konsumgütern wie Smartphones sind etliche Metalle verbaut, vor allem Kupfer, aber auch Nickel, Zink, Tantal oder Gold. Tantal wird aus dem Erz Coltan gewonnen und ist ein wichtiger Rohstoff für die Elektronikbranche. Da der Abbau von Rohstoffen einen sehr großen Eingriff in die Umwelt, inklusive Böden, Wasserhaushalt und Landschaft, darstellt und in Entwicklungsländern oft in großen Abbaugebieten unter verheerenden sozialen und gesundheitlichen Bedingungen stattfindet, ist es wichtig, den Verbrauch dieser Ressourcen zu reduzieren. Das kann zum Beispiel durch bewusstere Konsumentscheidungen, die längere Nutzung von elektronischen Geräten und das Recycling der Rohstoffe geschehen.

Invasive Arten

Gebietsfremde Arten, nach 1492 eingeführte Arten, die negative Effekte auf heimische Arten und Ökosysteme haben, indem sie sich zum Beispiel stark ausbreiten und andere Arten verdrängen, werden als invasive Arten bezeichnet. Im Boden sind im Gegensatz zur oberirdischen Welt wenige invasive Arten bekannt. In manchen Gebieten von Großbritannien sorgt zum Beispiel ein aus Neuseeland stammender Plattwurm *(Arthurdendyus triangulatus)* für einen Rückgang der Regenwurmpopulationen. Der Plattwurm ist durch den Menschen nach Großbritannien eingeschleppt worden und ernährt sich fast ausschließlich von Regenwürmern. Anfang der 1960er-Jahre wurde der Plattwurm erstmals in Nordirland und Schottland beobachtet, in den 1980er-Jahren kam es dann zu massenhaftem Auftreten in Nordirland und Mittelschottland, und die Regenwurmpopulationen brachen teilweise zusammen.

Aktuell wandert ein anderer räuberischer Plattwurm namens *Obama nungara* aus Südamerika in Deutschland ein. Er wurde 2021 erstmals bei Regensburg gefunden. Er jagt Schnecken und Regenwürmer und gilt als invasive Art ohne natürliche Feinde, die zu einer Bedrohung von Regenwürmern und ihrer Funktionen für den Boden werden könnte. Aber auch europäische Regenwürmer gelten in Nordamerika als invasive Arten, weil sie für eine Veränderung von Waldökosystemen und einen Rückgang dort heimischer Pflanzenarten sorgen. Es ist also nicht immer leicht, Täter und Opfer zu unterscheiden. Die globale Verbreitung von Tier- und Pflanzenarten durch den Menschen führt an vielen Orten zu Problemen und einem Rückgang von endemischen Arten. Wer fremd und wer einheimisch ist, wer invasiv ist und wer nicht – das kommt auf den Ort und auch auf die Betrachtungsweise an.

Die Invasion durch gebietsfremde, exotische Arten ist häufig eine Folge des globalen Transports und Tourismus. Fremde Pflanzen, Tiere und Bodenorganismen werden zum Beispiel in Blumentopferde von exotischen Pflanzen miteingeführt. Samen und Mikroorganismen kleben an schmutzigen Schuhen, an Autoreifen oder reisen mit Zügen und Flugzeugen von einem Land ins andere, auch über Kontinente hinweg. Ein berüchtigter Maisschädling, der Westliche Maiswurzelbohrer, wurde in Europa anfangs häufig in der Nähe von Flughäfen gefunden, von wo aus er sich immer mehr verbreitete. Der Blattkäfer, ursprünglich aus Mittelamerika, breitet sich seit Anfang des 20. Jahrhunderts auf Maisanbauflächen in die USA und Kanada aus. Seit den 90er-Jahren des letzten Jahrhunderts ist er auch in Europa angekommen und schädigt als Larve auch hier Maisanpflanzungen in großem Stil. Da immer mehr Maisfelder angelegt werden, fiel ihm die Verbreitung nicht schwer. Das ist ein großes Problem von Monokulturen: Spezialisierte Schädlinge können sich ungestört durch andere Arten und Fruchtfolgen ernähren und vermehren sich zum Teil massenhaft. Bei sehr hohen Ernteverlusten werden Quarantänemaßnahmen gemäß EU-Verordnungen angeordnet, und es werden Anbauverbote verhängt, um die weitere Vermehrung und Verbreitung des Schädlings zu verhindern. Es wird aber angenommen, dass sich die weitere Ausbreitung des Maiswurzelbohrers in Europa nicht mehr aufhalten, sondern nur noch verzögern lässt. Der wirtschaftliche Schaden ist immens.

Ein anderes Beispiel für invasive Bodenorganismen sind Pathogene. Ob es sich dabei um mit Boden eingeschleppte pflanzenpathogene Nematoden, Pilze oder Bakterien handelt – sie alle können ein Problem für den Nutzpflanzenanbau werden. Man versucht die Einfuhr von Pathogenen durch Vorschriften und Kontrollen zu minimieren, dennoch verbreiten sie sich durch die globalen Aktivitäten des Menschen leichter und mehr. Das kann zu Problemen bei der Nahrungsmittelproduktion und zu ökonomischen Kosten führen.

Neben Bodenorganismen können auch invasive Pflanzen den Boden beeinflussen. Die Streu der Pflanzen kann zum Beispiel schwer abbaubar sein, weil sie Stoffe enthält, die die heimischen Bodenorganismen bisher nicht kannten. Manche Pflanzen geben auch Stoffe in den Boden ab, die toxisch für gewisse Bodenorganismen sind. Die nach Nordamerika eingewanderte Knoblauchsrauke *(Alliaria petiolata)* ist dafür ein Beispiel. Sie gibt hemmende chemische Stoffe über die Wurzeln an den Boden ab und führt so zum Rückgang von Mykorrhizapilzen, auf die viele Laubbäume angewiesen sind. Andere invasive Pflanzen bringen die Fähigkeit mit, Stickstoff aus der Luft zu fixieren, und führen so zu großen Veränderungen in ihrem neuen Lebensraum. In Hawaii ist der Gagelbaum *(Myrica faya)* mit der Fähigkeit, durch Wurzelsymbionten Luftstickstoff zu fixieren, eingewandert. Keine der auf Hawaii heimischen Pflanzen verfügte über diese Fähigkeit. Die Folge war, dass sich der Stickstoffgehalt im Boden erhöhte und sich ganze Ökosysteme vollständig änderten. Der Neophyt stellt deshalb eine Bedrohung für die heimischen Eisenholzbaum-(Metrosideros-)Wälder dar. Bei uns ist die Lupine ein Beispiel für eine stickstofffixierende Neubürgerin. Sie wird landwirtschaftlich als Gründünger verwendet. Wenn sie jedoch in der Natur einwandert und sich ausbreitet, kann sie die Stickstoffverfügbarkeit ändern und auch hier Arten der heimischen Vegetation verdrängen.

Klimawandel

Der Klimawandel ist eine Bedrohung für uns Menschen und für das gesamte Leben auf der Erde. Nicht nur die oberirdische Artenvielfalt wird davon negativ beeinflusst, auch die Vielfalt im Boden ist bedroht. Mit dieser Vielfalt hängen unzählige Funktionen untrennbar zusammen. Die Folgen des Klimawandels wären schon für gesunde Ökosysteme und Böden schwer zu bewältigen. Aber der Klimawandel trifft auf Ökosysteme, die durch Übernutzung und Umweltgifte wie Pestizide schon am Rande ihrer Belastbarkeit sind. Im Boden gelten die Milliarden Organismen und der hohe Artenreichtum als Garantie dafür, dass es immer jemanden gibt, der eine Aufgabe übernehmen kann. Auch wenn Arten ähnliche Funktionen – beispielsweise die Zersetzung von organischem Material – haben, kommen sie zum Teil unter speziellen Umweltbedingungen vor und erfüllen unter diesen Bedingungen ihre Aufgaben. Es gibt zum Beispiel Spezialisten, die an saure oder basische, trockene oder nasse und warme oder kalte Bedingungen angepasst sind. Wir brauchen diese Vielfalt als Versicherung, dass wichtige Funktionen auch unter nicht optimalen Bedingungen gewährleistet sind. Doch wenn die Böden in vielen Regionen lange Zeit zu wenig Wasser haben oder in anderen Regionen durch Starkregen überschwemmt und weggespült werden, ist die Belastungsgrenze für viele Organismen erreicht. Bei nicht allzu langen Trockenzeiten können Organismen wie Regenwürmer im Boden in tiefere Bodenschichten ausweichen, doch wenn die tiefen Bodenschichten auch austrocknen oder der Boden zu verdichtet ist, um auszuweichen, sterben sie. Sie können dann nicht mehr zur Auflockerung des Bodens und zum Streueintrag beitragen, was weitere negative Folgen für die Bodenfruchtbarkeit hat. Das ist nur ein Beispiel – sehr viele Organismen im Boden sind betroffen, und auch das Pflanzenwachstum ist ohne Wasser nicht möglich.

Auch um die negativen Folgen des Klimawandels abpuffern zu können, ist der Boden samt seinen Funktionen besser zu schützen. Laut Alfred-Wegener-Institut (AWI) sind in den Böden der Erde 3350 Gigatonnen Kohlenstoff gespeichert, in der Vegetation sind es 520 Gigatonnen, in der Atmosphäre befinden sich 882 Gigatonnen. Dadurch, dass wir Humus im Boden aufbauen und Moore renaturieren, können wir Kohlendioxid aus der Atmosphäre im Boden binden. Doch die Fähigkeit von Böden, Kohlenstoff zu speichern, hängt von vielen Faktoren ab: neben spezifischen Eigenschaften des Bodens auch von der Temperatur und dem Wassergehalt, folglich auch vom Klimawandel. Wenn die Temperaturen weiter steigen, wird der im Boden gespeicherte Kohlenstoff zum Beispiel verstärkt von Mikroorganismen abgebaut und als Kohlendioxid in die Atmosphäre abgegeben.

Ein alarmierendes Beispiel sind die Dauerfrostböden in der nördlichen Hemisphäre. Permafrost enthält laut AWI zwischen 1460 und 1600 Gigatonnen Kohlenstoff und damit fast die doppelte Menge an Kohlenstoff verglichen mit der Atmosphäre mit 882 Gigatonnen. Permafrost speichert riesige Mengen an Kohlenstoff. Taut jedoch der Dauerfrostboden aufgrund steigender Temperaturen, wird der im Boden gespeicherte Kohlenstoff von Mikroorganismen abgebaut und als Kohlendioxid oder Methan in die Atmosphäre abgegeben. Die Vereinten Nationen warnen eindringlich davor, die Umwelt- und Klimagefahren aus tauendem Permafrost zu unterschätzen. Das Auftauen des Permafrosts führt dazu, dass Treibhausgase freigesetzt werden, die wiederum die Erderwärmung beschleunigen. Je wärmer es auf der Erde wird, desto schneller taut der Permafrost. Wissenschaftler:innen sprechen in diesem Zusammenhang von einem positiven Rückkopplungseffekt und von einem «Tipping point». Tipping points, Kipp- oder Umschlagpunkte, sind kritische Schwellenwerte, deren Überschreitung in vermutlich kurzer Zeit dramatische Veränderungen bewirken. Es sind Schwellen, die wir nicht übertreten sollten, weil die Folgen voraussichtlich nicht mehr umkehrbar sind.

Permafrost

Permafrost ist Boden, Sediment oder Gestein, das mehr als zwei Jahre in Folge gefroren ist. Im Permafrost sind Tiere und Pflanzen aus der nahen und fernen Vergangenheit konserviert. Bis in eine Tiefe von 1600 Metern kann der gefrorene Boden reichen. Er macht 25 Prozent des Festlandes der Nördlichen Hemisphäre aus und existiert schon seit mehr als 2,5 Millionen Jahren. Die oberste Schicht eines Dauerfrostbodens ist die Auftauschicht, die im Sommer auftaut und in der Bodenorganismen leben und Pflanzen wachsen können.

Ein Problem kommt selten allein

Alle aufgezeigten Probleme und Gefahren für den Boden treten meist nicht einzeln auf, sondern spielen zusammen. Belastete, verdichtete Böden sind dem Klimawandel ausgesetzt, was ihre Funktionen weiter verringert. Oft verstärken sich die negativen Effekte. Ein verdichteter Boden kann zum Beispiel keine klimatischen Extremereignisse mehr abpuffern und wird durch Starkregen oder Dürre noch mehr in seiner Funktion beeinträchtigt. Wenn es zu Starkregen kommt, ist ein fruchtbarer Boden mit einer guten Bodenstruktur zwar besser in der Lage, das Wasser aufzunehmen, als ein verdichteter Boden, aber es gibt Grenzen der Aufnahmekapazität. Gibt es zu wenig unverdichtete und unversiegelte Flächen, dann schafft es ein gesunder Gartenboden auch nicht, eine ankommende Flutwelle aufzuhalten. An diesen Beispielen sieht man, dass sich negative wie auch positive Effekte verstärken können. Deshalb brauchen wir dringend mehr unversiegelte, ökologisch wertvolle, artenreiche Grünflächen, sowohl in Städten als auch auf dem Land. Diese Flächen sind nicht nur für die Artenvielfalt gut, sie erfüllen wichtige Funktionen für die Natur und uns Menschen. Sie sorgen für ein besseres Mikroklima, speichern Kohlenstoff, puffern klimatische Extreme wie Hitze und Starkregen ab, stellen Lebensräume für bedrohte Pflanzen und Tiere dar und stellen uns vielfältige Ökosystemleistungen bereit. ●

vier

Boden –
Schutz

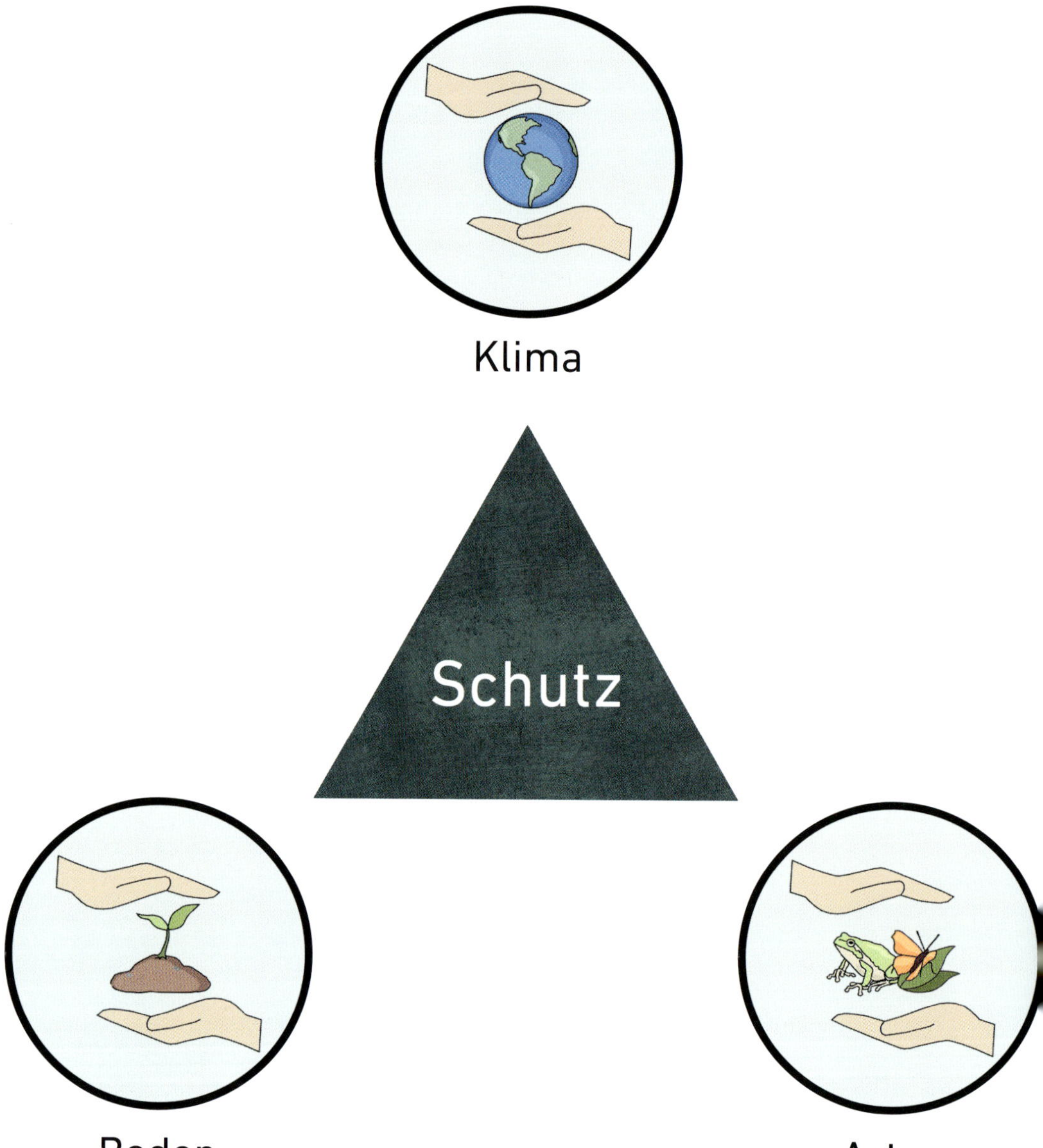
Klima
Schutz
Boden
Arten

Boden – Schutz

Die menschengemachte Klimakrise ist Realität und bekommt immer mehr Aufmerksamkeit. Aber wir können uns nicht nur auf das Klima und die Reduzierung von Treibhausgasen wie Kohlendioxid konzentrieren.

Böden speichern mehr Kohlenstoff als die gesamte oberirdische Biomasse auf der Erde und die Atmosphäre zusammen. Damit sind sie der wichtigste terrestrische Kohlenstoffspeicher. Böden speichern jedoch nicht nur Kohlenstoff, sie geben ihn auch frei und spielen so für das Klima eine entscheidende Rolle.

Das Artensterben und der Rückgang der biologischen Vielfalt sind Katastrophen, die noch immer viel zu wenig Beachtung finden. Ausgestorbene Arten sind unwiederbringlich verloren und können nicht mehr zu Ökosystemleistungen beitragen. Auch Bodenorganismen gehen verloren. Das meiste, was wir verlieren, können wir nicht wiederherstellen, geschweige denn durch Technik ersetzen.

Die Überlebensformel heißt deshalb: Boden-, Arten- und Klimaschutz!

Diese drei Aspekte gehören eng zusammen und müssen zusammen gedacht, geplant und vor allem umgesetzt werden. Wenn wir den Boden schützen, profitieren unzählige Lebewesen in und außerhalb des Bodens davon. Die unter- und die oberirdische Welt sind eng miteinander verbunden. Bodenschutz bedeutet also Artenschutz! Der Schutz des Bodens trägt aber auch zum Klimaschutz bei. Ein gesunder, humoser Boden speichert mehr Kohlenstoff und trägt so zur Reduktion von Kohlendioxid in der Atmosphäre bei. Bodenschutz bedeutet also Klimaschutz! Aber auch Arten- und Klimaschutz hängen eng zusammen. Werden Wälder geschützt und nicht abgeholzt, wird der Lebensraum vieler Arten erhalten und Kohlenstoff bleibt in der pflanzlichen Biomasse und im Boden gespeichert. Artenschutz bedeutet also Klimaschutz!

Und Klimaschutz bedeutet im Umkehrschluss auch Arten- und Bodenschutz. Denn wenn das Klima sich in kurzer Zeit dramatisch verändert, können sich viele Arten nicht daran anpassen und sind vom Aussterben bedroht. Auch der Boden kommt mit extremerem Klima schlecht zurecht, sei es Starkregen oder lang anhaltende Trockenperioden. Es ist also höchste Zeit, unser Handeln an dieser Überlebensformel auszurichten …

Die Überlebensformel Boden-, Arten- und Klimaschutz

Der Boden und seine Funktionen sind von einer Vielzahl von Arten im und auf dem Boden abhängig. Sie wurden im ersten Kapitel vorgestellt. Ohne sie, lebendig oder tot, kann der Boden seine vielfältigen Funktionen nicht erfüllen. Die Zersetzung, der Aufbau von Humus, die Versickerung von Wasser, die Stoffkreisläufe, das Wachstum der Pflanzen, unsere Ernährung und vieles mehr hängt von gesundem Boden und der Vielfalt seiner Bewohner ab. Das sind Ökosystemleistungen des Bodens, die wir im zweiten Kapitel kennengelernt haben. Vielfältige Gefahren bedrohen den Boden, seine Lebewesen und damit auch die Funktionen, die ein gesunder Boden erfüllt. Mit diesen Gefahren haben wir uns im dritten Kapitel beschäftigt. Aber was ist die Lösung?

Boden-, Arten- und Klimaschutz gemeinsam denken und umsetzen!

Wir müssen unsere Lebensgrundlagen mehr wertschätzen und besser schützen. Der Schutz des Bodens, der Arten und des Klimas ist essenziell für unser (Über-)Leben auf der Erde. Durch den Schutz des Bodens und seiner Funktionen tragen wir auch zum Artenschutz und zum Klimaschutz bei. Wie eng diese drei Aspekte zusammengehören, darum geht es in diesem Kapitel. Es geht – etwas plakativ ausgedrückt – um eine Überlebensformel, denn sie betrifft unsere Lebensgrundlagen: das Netz des Lebens, von dem wir ein Teil sind und das wir brauchen, um auf der Erde zu leben.

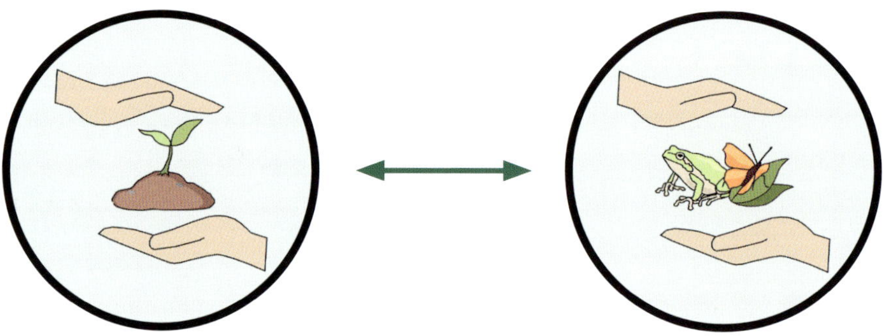

Boden- und Artenschutz gehören zusammen und sind voneinander abhängig. Mehr als die Hälfte aller Arten lebt im Boden. Eine aktuelle Studie von 2023 von Mark Anthony und Kollegen im Fachjournal «PNAS» geht davon aus, dass 59 Prozent aller Arten auf der Erde im Boden leben. Das macht den Boden zum artenreichsten Lebensraum auf der Erde. Deshalb bedeutet Bodenschutz direkten Artenschutz. Aber auch das Wachstum und die Vielfalt der Pflanzen ist von einem gesunden und diversen Boden abhängig. Von einer vielfältigen Pflanzenwelt hängen wiederum unzählige andere Organismen ab. Sie nutzen die unterschiedlichen Pflanzenarten zum Beispiel als Nahrung, als Baumaterial, als Versteck, Behausung und Lebensraum. Die höheren trophischen Ebenen der Nahrungskette sind wiederum von ihren Beutetieren abhängig, die sich oft von Pflanzen ernähren. Der Schutz des Bodens ist also Grundlage für den Erhalt eines diversen und funktionierenden Nahrungsnetzes.

Artenschutz, sowohl unter- als auch oberirdisch, spielt eine entscheidende Rolle für den Boden. Naturschutzgebiete schützen nicht nur die oberirdische, sondern auch die unterirdische Vielfalt. Im naturnahen Wald zersetzt zum Beispiel eine Vielzahl an Bodenorganismen organisches Material und wandelt es in pflanzenverfügbare Nährstoffe um. Pflanzen profitieren von diesen Nährstoffen und tragen dazu bei, dass diverses organisches Material über die Streu wieder in den Boden zurückkehrt. Mit ihren unterschiedlichen Wurzelsystemen sorgen die Pflanzen für eine Bodenlockerung und gute Nährstoffverteilung. Eine Forst- und Landwirtschaft, die sich an den unterschiedlichen Funktionen der Arten, den natürlichen Kreisläufen und Ökosystemleistungen orientiert und sie nutzt, ist nachhaltiger und fördert sowohl die Biodiversität als auch den Klimaschutz. Die Reduktion und bestenfalls der komplette Verzicht auf Pestizide belastet die Nahrungsnetze nicht unnötig mit Giften, wodurch sich auch keine Gifte in der Nahrungskette anreichern und Ökosystemleistungen wie die Bestäubung von Nutzpflanzen, die Zersetzung organischen Materials, die Stoffkreisläufe und die Bereitstellung von Nährstoffen durch unzählige, für uns unsichtbare Bodenorganismen erhalten bleiben.

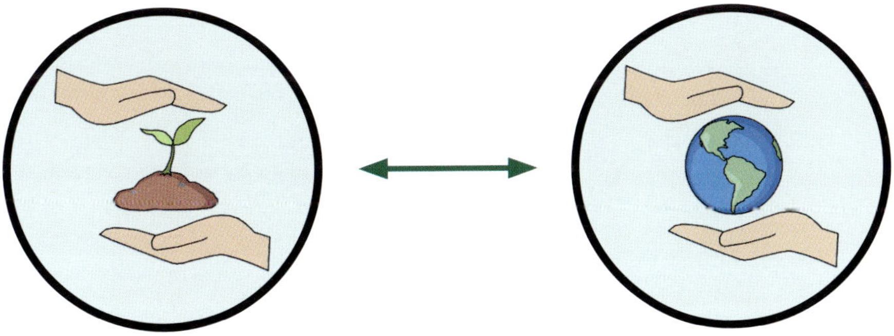

Für das weltweite Klima spielt der Boden eine entscheidende Rolle. Laut Bodenatlas 2015 der Heinrich-Böll-Stiftung ist allein im Humus fast dreimal mehr Kohlenstoff gespeichert als in der gesamten lebenden Biomasse, und damit in allen Tieren und Pflanzen und anderen Lebewesen auf der Erde zusammen. Moore und Grünland speichern große Mengen Kohlenstoff in ihren Böden. Wenn wir Moore renaturieren und den Humusaufbau in Ackerböden fördern, können wir Kohlenstoff aus der Atmosphäre im Boden binden. Das hat enormes Potenzial im Kampf gegen die Klimakrise, wie die internationale «4 pro 1000»-Initiative zeigt, die auf den nächsten Seiten vorgestellt wird. Doch viele Funktionen des Bodens wie die Fähigkeit, Kohlenstoff zu speichern, hängen vom Klima ab. Wenn die Temperaturen weiter steigen, kann der im Boden gespeicherte Kohlenstoff verstärkt von Mikroorganismen abgebaut und als Kohlendioxid in die Atmosphäre abgegeben werden. Wir müssen das Klima also auch schützen, damit der Boden in Zukunft seine vielfältigen Funktionen erfüllen kann – von der Speicherung von Kohlenstoff bis hin zur Versorgung der Pflanzen mit Wasser und Nährstoffen. Denn in einem zu trockenen Boden wächst nicht mehr viel, und viele Bodenorganismen können starke Trockenheit auf Dauer nicht überleben.

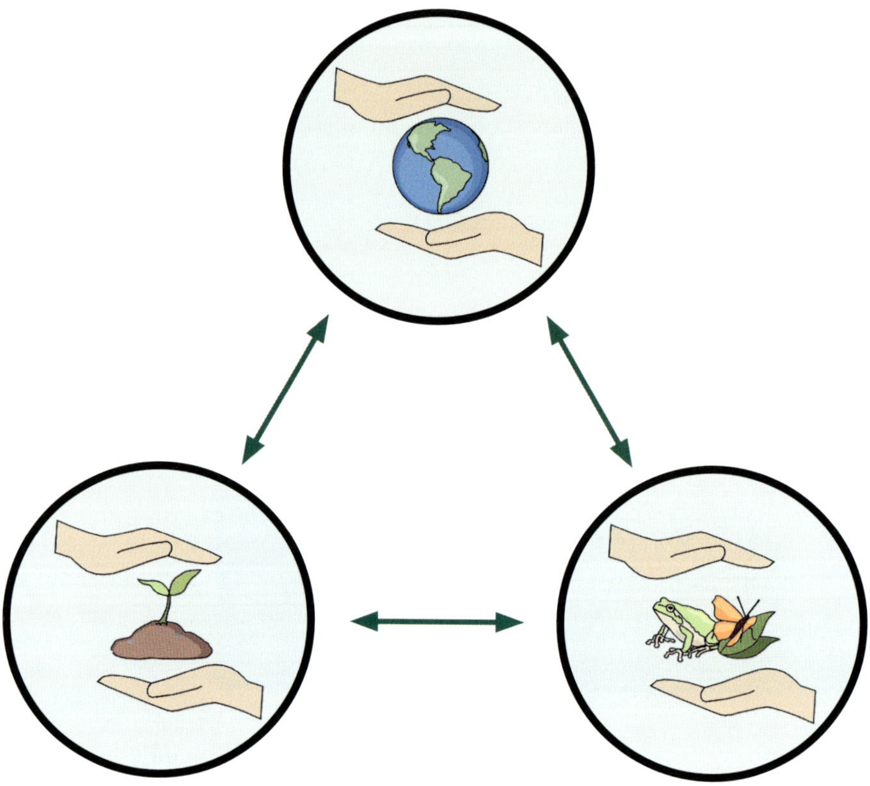

Klima-, Boden- und Artenschutz gehören also zusammen und müssen gemeinsam gedacht und angegangen werden. Klimaschutz ist nicht erfolgreich, wenn wir den Boden, die Artenvielfalt und die Ökosystemfunktionen nicht schützen. Das bedeutet im Umkehrschluss: Ohne den Schutz der Böden, der Lebewesen und ihrer essenziellen Funktionen können wir das Klima nicht effizient schützen.

Aber wie machen wir das? Um unsere Böden zu schützen und langfristig zu erhalten, brauchen wir einen anderen Umgang mit Böden. Eine umweltfreundliche Land- und Forstwirtschaft und ein wirksamer Schutz von Naturgebieten sind zwingende Voraussetzungen sowohl für den Bodenschutz als auch für den Arten- und Klimaschutz. Das ist nicht nur bei uns so – ein prominentes, internationales Beispiel ist der tropische Regenwald. Die Abholzung des Regenwaldes bedroht unzählige Arten auf der Erde, hat Einfluss auf das weltweite Klima und führt zu Bodenerosion und dem Verlust der Lebensgrundlage für Pflanzen, Tiere und Menschen. Die Böden des tropischen Regenwaldes haben keine nennenswerte Humusschicht, die Nährstoffe sind zum Großteil in der Pflanzenbiomasse gebunden und werden so schnell recycelt, dass sich keine Kohlenstoffspeicher im Boden aufbauen können. Rodet man den Regenwald, hinterlässt man Böden, die wenig Nährstoffe enthalten und schnell verarmen oder durch Wasser und Wind abgetragen werden.

Aber auch bei uns, wo der Humusgehalt und die Fruchtbarkeit der Böden naturgemäß hoch sind, verlieren wir durch Übernutzung und Versiegelung immer mehr fruchtbare, unbelastete Böden. Diese Böden gehen nicht nur für Pflanzen und Tiere und die Produktion von gesunden Nahrungsmitteln verloren, sie können auch nur noch eingeschränkt zur Speicherung von Kohlenstoff und zur Minderung des Treibhauseffektes beitragen. Wir sollten also hier bei uns anfangen, den Schutz des Bodens, der Biodiversität und des Klimas als Grundlage für unser Überleben auf diesem Planeten ernst zu nehmen, unser Handeln zu hinterfragen und Schritt für Schritt zu ändern. Unser eigenes Handeln hat Einfluss auf unsere direkte Umwelt, aber durch die Politik, die Handelsbeziehungen, unsere Kaufentscheidungen und unser Konsumverhalten beeinflussen wir auch weltweite Entwicklungen und Trends. Jede einzelne Handlung fällt ins Gewicht und kann den Ausschlag für das Umdenken anderer geben und zu einem Wandel beitragen.

Nachhaltige Land- und Bodennutzung

Der Mensch braucht und nutzt Böden in vielfältiger Hinsicht. Gleichzeitig sind alle anderen Arten, die auf der Erde leben, direkt oder indirekt von gesunden Böden abhängig. In Deutschland machen laut Umweltbundesamt Landwirtschaftsflächen etwa 50,4 Prozent der Gesamtfläche aus, gefolgt von Waldflächen mit 29,9 Prozent, Siedlungs- und Verkehrsflächen mit 14,5 Prozent, sonstigen Flächen mit 2,9 Prozent wie «Abbauland», zum Beispiel Kies- oder Braunkohlengruben, und «Unland» wie Felsen, ehemalige Militärgelände oder ehemalige Abraumhalden und seit 2016 auch ungenutzte Vegetationsflächen wie Heideland, Moore, Sümpfe, Gehölze und Gewässerbegleitflächen. Die Wasserflächen wie Seen, Flüsse, Kanäle und nahe Küstengewässer betragen 2,3 Prozent der rund 357 595 Quadratkilometer Deutschlands.

Die praktizierte Landwirtschaft hat also einen sehr großen Einfluss auf unsere Böden, aber auch die Forstwirtschaft, die Nachfrage nach Siedlungs- und Verkehrsflächen und der Umgang mit «Abbau- und Unland» spielen eine wichtige Rolle für den Bodenschutz. Wie sieht eine bodenfreundliche Nutzung unserer Flächen aus? Diese Frage ist eine sehr wichtige Zukunftsfrage, denn sie entscheidet, ob wir auch morgen noch auf die vielfältigen Funktionen von Böden zurückgreifen können oder lebenswichtige Ökosystemleistungen nach und nach verlieren. Die Zeit drängt, denn mittlerweile gelten laut dem aktuellen Bodenatlas 2024 der Heinrich-Böll-Stiftung in der Europäischen Union mehr als 60 Prozent der Böden als geschädigt.

Landwirtschaft

Wie kann man den Boden so bewirtschaften, dass er langfristig gesunde Nahrungsmittel liefert und seine vielfältigen Ökosystemleistungen nicht verliert? Eine Antwort darauf hat die sogenannte regenerative Landwirtschaft.

Regenerative Landwirtschaft oder regenerative Agrikultur hat das Bodenleben und den Humusaufbau im Fokus und unterstützt und fördert die natürlichen Ökosystemleistungen des Bodens. In den 1970er-Jahren prägte der US-amerikanische Landwirt und Herausgeber Robert Rodale den Begriff *regenerative organic farming*, dt. regenerative Landwirtschaft. Laut der deutschen Homepage des Rodale-Instituts ist die Bodengesundheit die Priorität Nummer eins im regenerativen Landbau. Dort heißt es: «Die Bodengesundheit ist untrennbar mit der Gesamtgesundheit unseres Nahrungsmittelsystems verbunden. Die Bodengesundheit beeinflusst alles von der

Pflanzengesundheit über das Wohlbefinden des Menschen bis hin zur Zukunft unseres Planeten.»

Gabe Brown, ein Farmer aus North Dakota, ist ein Pionier der regenerativen Landwirtschaft. Er hat auf Basis seiner eigenen praktischen Erfahrungen das Buch «Dirt to Soil. One Family's Journey into Regenerative Agriculture» (dt. «Aus toten Böden wird fruchtbare Erde. Eine Familie entdeckt die regenerative Landwirtschaft») geschrieben. In dem Buch schildert er anschaulich und unterhaltsam, wie er den von den Schwiegereltern übernommenen landwirtschaftlichen Betrieb nach mehreren Ernteverlusten durch Hagel durch viel Versuch und Irrtum in einen produktiven regenerativen Landwirtschaftsbetrieb umwandelt.

Fünf Prinzipien bilden nach Gabe Brown die Grundlage der regenerativen Bewirtschaftung:

1. so wenig mechanische und chemische Beeinflussung/Störung des Bodens wie möglich,
2. eine ständige, ganzjährige Bodenbedeckung,
3. die Förderung der Vielfalt, zum Beispiel von Tier- und Pflanzenarten,
4. den möglichst langen Erhalt von lebenden Wurzeln,
5. die Einbindung von Tieren in den landwirtschaftlichen Betrieb.

Im Vorwort des Buches steht: «Wenn wir gesund bleiben oder werden möchten, brauchen wir gesunde Nahrung, die auf intakten, nicht auf toten Böden gewachsen ist. Dies ist nur mithilfe der Bodenorganismen zu erreichen, keinesfalls mithilfe von Herbiziden und Kunstdünger.»

Warum gesunde Pflanzen vom Boden und der Art des Anbaus abhängig sind, wird deutlicher, wenn man sich die *Plant Health Pyramid* (dt. Pflanzengesundheitspyramide), ein konzeptionelles Modell von John Kempf, dem Autor des Buches «Quality Agriculture», anschaut. Die Pyramide veranschaulicht die Stadien der Pflanzengesundheit, die laut Kempf durch regenerative landwirtschaftliche Praktiken erreicht werden können. John Kempf propagiert, dass gesunde Pflanzen resistent gegenüber Krankheiten und Insekten werden können, wenn man den Boden mit regenerativen landwirtschaftlichen Praktiken bewirtschaftet. Auf der untersten Stufe seiner Pflanzengesundheitspyramide ist die Fotosynthese verortet, danach kommt die Proteinsynthese, danach die Lipidsynthese und an der Spitze der Pyramide die Synthese von sekundären Pflanzenstoffen. Die Förderung der beiden Basisstufen der Pyramide beruhen nach Kempf auf einer (Boden- und Pflanzen-)Chemie im Gleichgewicht und vermitteln eine passive Immunität. Die beiden höheren Stufen der Pyramide sind von einer diversen und vitalen Gemeinschaft von Bodenorganismen abhängig und vermitteln eine aktive Immunität der Pflanzen. Das ist ein theoretisches Modell und muss sicherlich noch durch wissenschaftliche Studien und Praxisversuche untermauert werden. Doch es gibt bereits viele Untersuchungen, die zeigen, dass Pflanzenernährung, Abwehrstoffe und die Resistenz gegen Krankheiten und Herbivore von Bodenorganismen abhängen. Auch sind suppressive Böden, die Krankheitserreger im Boden unterdrücken, schon recht lange bekannt. Die Wirkung der Mikroorganismen und anderer Bodenorganismen geht über direkte Wechselwirkungen hinaus, sie können Immunabwehrreaktionen der Pflanzen hervorrufen und indirekt auch oberirdische Wechselwirkungen beeinflussen. Diese Interaktionen sind komplex und ihre Erforschung ist noch in den Anfängen. Doch wenn man Bodenorganismen verliert und die Böden immer mehr verarmen, werden diese natürlichen Wechselwirkungen und Funktionen wegfallen und können nicht mehr zur Pflanzengesundheit beitragen.

Ohne einen gesunden Boden mit einer diversen Gemeinschaft an Bodenorganismen kann man jedoch auf Dauer keine hohen Erträge erzielen. Gesunde Böden können Krankheitserreger in Schach halten und sichern eine ausgewogene Nähstoffversorgung der Pflanzen. Das führt zu resistenteren Pflanzen, die nicht durch einseitig zu hohe Stickstoffkonzentrationen durch Mineraldüngung anfälliger für Pflanzenkrankheiten und Herbivore sind. Diverse Bodenorganismen und ihre Aktivitäten führen nicht nur zu ausgewogenerer Nährstoffversorgung und gutem Pflanzenwachstum, sie können die Produktion von für die Abwehr wichtigen sekundären Pflanzenstoffen steigern und sorgen für die Durchlüftung des Bodens und die Humusbildung. Das macht das System Pflanze-Boden auch widerstandsfähiger gegen abiotische Faktoren wie Klimaextreme. Diese Fähigkeiten werden in der Zukunft immer wichtiger werden, wenn die Klimakrise sich weiter verstärkt. Durch einen verstärkten Einsatz von Mineraldüngern und Pestiziden wird man die gegenwärtigen und zukünftigen Herausforderungen nicht in den Griff bekommen. Schon jetzt zeigen viele Studien und Erfahrungen aus der Praxis, dass bei der Pflanzenproduktion bereits eine Grenze erreicht ist, jenseits der eine Steigerung der Dünger- und Pestizidgaben zu keiner Steigerung der Erträge führt.

Die regenerative Landwirtschaft mit ihren Prinzipien fördert den Humusaufbau, der entscheidend für gesunde und widerstandsfähige Böden ist. Wenn Landwirt:innen den Boden nicht oder nur schonend bearbeiten, wird weniger Kohlendioxid freigesetzt und weniger Humus abgebaut. Wenn der Boden ganzjährig bedeckt wird und auf ihm eine große Vielfalt von Pflanzenarten wächst, ist der Boden besser durchwurzelt und kann mehr Kohlenstoff speichern. Wenn Tiere in den landwirtschaftlichen Betrieb integriert und dem Boden organische Stoffe in Form von Mist und Gülle zugeführt werden, werden Bodenleben und Humusaufbau gefördert.

Bei uns ist die sogenannte konservierende Bodenbearbeitung für viele Landwirt:innen ein Begriff und bereits Praxis. Es wird auf den Pflugeinsatz verzichtet, stattdessen werden nicht wendende Bodenbearbeitungsgeräte wie Grubber oder Scheibenegge eingesetzt. Durch den Pflugverzicht wird der Boden weitgehend in seinem natürlichen Aufbau belassen. Da Pflanzenrückstände nicht in den Boden eingearbeitet werden, sondern an oder nahe an der Bodenoberfläche verbleiben, wird auch die Erosion eingedämmt. Wenn das pfluglose Verfahren nicht dazu führt, dass vermehrt Herbizide wie Glyphosat eingesetzt werden, um Beikräuter zu bekämpfen, ist es ein wichtiger erster Schritt zur Regeneration des Bodens.

Auch im ökologischen Landbau werden viele Prinzipien der regenerativen Landwirtschaft umgesetzt. Verfahren wie eine diverse Fruchtfolge, die Gründüngung mit Leguminosen, die Verwendung von Untersaaten und Zwischenfrüchten und der Verzicht auf Mineraldünger und Pestizide tragen zur Regeneration und Gesundheit von Böden bei. Laut Bundesamt für Naturschutz lag 2023 der Flächenanteil des ökologischen Landbaus an der gesamten landwirtschaftlichen Nutzfläche in Deutschland bei 11,2 Prozent, Tendenz steigend. Ziel der Bio-Strategie 2030 des Bundesministeriums für Landwirtschaft und Ernährung ist ein Flächenanteil von 30 Prozent bis zum Jahr 2030 in Deutschland.

Humusaufbau

Im oberen Meter landwirtschaftlich genutzter Böden sind in Deutschland laut «Thünen-Report 64» derzeit insgesamt rund 2,5 Milliarden Tonnen organischer Kohlenstoff gespeichert. Somit sind landwirtschaftlich genutzte Böden mit Abstand der größte terrestrische organische Kohlenstoffspeicher in Deutschland. Die Humusgehalte unter Ackernutzung liegen in Deutschland überwiegend bei 1–4 Prozent, bei forstlicher Nutzung bei 2–8 Prozent und unter Grünland bei 4–15 Prozent. Die Daten zu den Humusgehalten stammen von der Bundesanstalt für Geowissenschaften und Rohstoffe (BGR), die in dem Projekt «Gehalte an organischer Substanz in Oberböden Deutschlands» etwa 9000 Bodenprofildaten aus den Jahren 1985–2005 ausgewertet und die typischen Humusgehalte in Oberböden ermittelt hat. Durch intensive Landnutzung und die Klimaerwärmung geht der Humusgehalt zurück. Wie viel Humus unsere Böden im letzten Jahrhundert verloren haben, ist nicht bekannt. Doch es ist sehr wichtig und weitgehend Konsens, dass der Verlust von Humus gestoppt und Humus aufgebaut werden muss. Denn Humus hat viele positive Eigenschaften, von denen Böden und Pflanzen profitieren. Humusreichtum trägt zur Bodenfruchtbarkeit maßgeblich bei. Er bindet Nährstoffe und gibt sie langsam an Pflanzen ab, gleichzeitig schützt er sie vor Auswaschung. Er beeinflusst das Porensystem und reguliert den Luft- und Wasserhaushalt im Boden. Zudem dient er als Nahrung für Bodenorganismen.

Durch eine konventionelle Landwirtschaft, die der Agrarfläche Pflanzenbiomasse stetig entnimmt, aber wenig organisches Material auf dem Acker belässt oder dem Boden in Form von Gründüngung als Nahrung zurückgibt, kommt es zu einer Verarmung des Bodens an Humus und Kohlenstoff. Viele landwirtschaftliche Betriebe haben keine Tierhaltung mehr und geben keinen Stallmist als organische Düngung auf ihre Ackerflächen. Auch der Rückgang der Beweidung auf Grünlandflächen und damit der fehlende Fraß und Eintrag von organischem Material in den Boden führen zu negativen Effekten. Der Fraß der Weidetiere steigert die Abgabe von Kohlenstoff in den Wurzelraum, was zur Versorgung und Aktivierung von Mikroorganismen beiträgt, die wiederum die Nährstoffverfügbarkeit für Pflanzen verbessern. Die Exkremente der Tiere auf der Weide oder im Stall sowie Stroh und andere pflanzliche Ernterückstände haben als sogenannter Hof- oder Wirtschaftsdünger einen wichtigen Beitrag zur organischen Düngung des Bodens. Doch es stehen immer weniger Tiere auf Weiden und in Ställen mit Einstreu, sondern meist in industriellen Großställen, die Ernterückstände werden energetisch genutzt und nicht auf dem Feld belassen, und es werden in vielen Betrieben keine Zwischenfrüchte als Gründüngung eingesetzt. Bodenorganismen sind aber auf organisches Material als Nahrung angewiesen und bilden daraus die Humusschicht. Die Humusschicht ist nicht nur für gesunde Böden essenziell, sondern trägt als Senke für Kohlendioxid maßgeblich dazu bei, dem Klimawandel entgegenzuwirken. Das hat auch die Politik erkannt und die internationale «4 pro 1000»-Initiative ins Leben gerufen. ●

«4 pro 1000»-Initiative

Die internationale «4 pro 1000»-Initiative, auch 4-Promille-Initiative genannt, wurde 2015 im Rahmen der Klimarahmenkonvention (COP21) in Frankreich ins Leben gerufen. Ziel der Initiative ist es, weltweit gesunde und kohlenstoffreiche Böden für die Sicherstellung der Nahrungssicherheit und zur Bekämpfung der Klimakrise zu etablieren. Durch die zusätzliche jährliche Speicherung von 4 Promille Kohlenstoff im Oberboden kann sowohl die Nahrungssicherheit gesteigert als auch die Klimakrise reduziert werden. Böden enthalten allein in Form von abgestorbener organischer Substanz (Humus) fast doppelt so viel Kohlenstoff wie die Atmosphäre. Wenn man den Humusgehalt des Bodens und die Speicherung von Kohlenstoff in den ersten 40 Zentimetern global um 0,4 Prozent (also 4 Promille) jährlich steigern könnte, kann man große Mengen an Kohlenstoff aus der Atmosphäre fixieren und den Kohlendioxid-Anstieg stark reduzieren und zu einem großen Teil kompensieren.

Die Bedeutung von organischem Material für den Boden haben schon viele Menschen und Kulturen vor uns erkannt. Im Amazonasgebiet trifft man auf vor langer Zeit von Menschen hergestellten fruchtbaren Boden. Er wird **Terra preta** («schwarze Erde») genannt und besteht aus einer Mischung von Holz- und Pflanzenkohle, Kompost, tierischen und menschlichen Fäkalien und Abfällen, vermischt mit Tonscherben. Dieser anthropogene Boden entstand durch den langjährigen Eintrag von Verkohlungsrückständen und organischen Materialien aus dem Alltag der Menschen. Die Menschen im Amazonasgebiet haben ihre gesamten organischen Abfälle einschließlich der Fäkalien zusammen mit der Holzkohle, die beim Kochen entstand, zum Teil in großen Tontöpfen im Boden vergraben oder in Komposthaufen oberirdisch verbrannt bzw. verkohlt. Durch Mikroorganismen und Bodentiere wurde die organische Substanz dann teilweise abgebaut, stabilisiert und in die Tiefe verlagert, sodass bis zu 2 Meter mächtige Horizonte der fruchtbaren Erde entstanden. Terra preta weist einen sehr hohen Humusgehalt auf und unterscheidet sich stark von den nährstoffarmen, eisenhaltigen Böden der Umgebung. Ihr ist es zu verdanken, dass im Amazonasgebiet mehrere Millionen Menschen leben konnten.

Es gibt einige Initiativen, die dazu aufrufen, Pflanzenkohle auch heute als Bodenzusatz zu nutzen. **Pflanzen- oder Biokohle** (engl. *biochar*) entsteht durch unvollständige Verbrennung (Verkohlung oder Pyrolyse) von Pflanzenmaterial oder hydrothermale Carbonisierung von wasserreicher Biomasse wie Klärschlamm und Gärresten. Dabei geht es um die Lösung verschiedener Herausforderungen: Der Einsatz von Biokohle kann zur CO_2-Bindung beitragen und somit einen Beitrag gegen den Klimawandel leisten. Sie kann die Wasserspeicherkapazität und den Humusaufbau unterstützen und so die Bodenfunktionen verbessern. Doch beim Einsatz von Biokohle ist Vorsicht geboten, denn bei unsachgemäßer Herstellung können sich Schadstoffe in ihr anreichern und Grenzwerte überschritten werden. Zudem entstehen bei der Herstellung von Pflanzenkohle Luftschadstoffe wie Feinstaub und Kohlenmonoxid und das klimaschädliche Methan.

Welches Ausgangsmaterial zur Herstellung von Biokohle benutzt wird, ist ausschlaggebend für deren Einschätzung. Natürlich ist es sinnvoller, Reststoffe wie Strauchschnitt zu verkohlen als pflanzliche Biomasse, die auch als Nahrung genutzt werden könnte. Auch sollte das Ausgangsmaterial nicht kontaminiert sein, zum Beispiel durch Schadstoffe wie Schwermetalle und Pestizide. Im Boden hat Biokohle auch nicht immer positive Effekte auf das Pflanzenwachstum, weil sie Nährstoffe und Wasser aus der Umgebung abziehen kann, die dann erst mal nicht für die Pflanzen zur Verfügung stehen. Deshalb muss man Biokohle vor dem Einsatz aktivieren, das heißt, mit Nährstoffen anreichern. Durch Kompostierung und/oder Fermentation von Biokohlen mit nährstoffreicheren organischen Stoffen kann zum Beispiel eine Oberflächenaktivierung, mikrobielle Besiedlung und Nährstoffanreicherung erreicht werden. Die stabilen Kohlenstoffverbindungen werden so durch leichter umsetzbare organische Substanzen ergänzt und wirken als kombinierte organische Düngung ähnlich wie die ursprüngliche Terra preta. Auch wenn das vielversprechend klingt, ist die Wirkung von Biokohlen auf den Humus- und Nährstoffhaushalt und das Leben im Boden noch nicht ausreichend geklärt. Deshalb ist eine generelle Einschätzung schwierig und man sollte sich gut informieren, bevor man Biokohle in den Boden einbringt. Zumal manche Biokohlen im Boden sehr stabil sind und mehrere Hundert bis Tausend Jahre verweilen können. Es gibt Richtlinien für die nachhaltige Produktion von Pflanzen-/Biokohle als freiwilliger Industriestandard in Europa (EBC (2012–2023) European Biochar Certificate – Richtlinien für die Zertifizierung von Pflanzenkohle, Ithaka Institute, Arbaz, Switzerland). Die Zertifizierungsstufe EBC-AgroBio gilt in der Schweiz als Voraussetzung für den Einsatz von Pflanzenkohle zur Verbesserung des Bodens.

Eine andere, natürlichere Art, den Gehalt an Kohlenstoff und Humus im Boden zu erhöhen, ist das Pflanzen von Bäumen. Bäume versorgen mit ihren Wurzeln und ihrer Streu den Boden mit Kohlenstoff und haben darüber hinaus vielfältige positive Eigenschaften auf ihre Umwelt und das lokale Klima. Warum sollten sie diese Funktionen nicht auch auf dem Acker erfüllen und zur nachhaltigen Ertragssteigerung beitragen?

Die **Agroforstwirtschaft**, häufig auch mit dem Begriff «Agroforst» abgekürzt, bezeichnet laut dem Deutschen Fachverband für Agroforstwirtschaft eine Landnutzungsform, bei der Gehölze in Kombination mit landwirtschaftlichen oder gärtnerischen Kulturen und/oder mit der Haltung von Nutztieren angebaut werden. Sie bringt viele Vorteile: Durch die Gehölze auf dem Acker wird der Wind entschleunigt und das Wasser besser zurückgehalten. So kommt es weniger zu Erosion der oberen Bodenschichten durch Wind oder Wasser und dem Verlust des wertvollen Oberbodens. Das herabfallende Laub der Bäume und die reduzierte Bodenbearbeitung in den Gehölzflächen fördert den Humusaufbau im Boden. Die Bodenverdichtung nimmt durch die Durchwurzelung und die geringe Bodenbearbeitung in den Gehölzflächen ab. Die Bäume werfen zudem Schatten. Dadurch wird die Bodentemperatur verringert und nimmt die Verdunstung von Wasser ab. Das spielt nicht zuletzt in Hitzeperioden eine wichtige Rolle, wenn zum Beispiel Tiere Schutz im Schatten finden können und der Boden nicht oder weniger schnell austrocknet.

Die Agroforstwirtschaft wirkt zudem positiv auf die Artenvielfalt und Landschaftsstruktur. Es entstehen neue Lebensräume, auch für Feinde von Herbivoren. Laufkäfer können von den Gehölzstreifen auf Beutezug in die angrenzenden Ackerflächen ziehen, und Vögel und Bestäuber finden mehr Nistgelegenheiten. Die gesamte Landschaft verändert sich und wird strukturreicher. Die Vernetzung von Lebensräumen wird durch die Gehölze in den landwirtschaftlichen Flächen gestärkt. Tiere können die Gehölzstreifen als geschützte Aufenthaltsorte oder Wanderkorridore nutzen. Agroforstsysteme sind aber nicht nur für den Naturschutz eine Bereicherung. Die Gehölzflächen haben einen geringeren Pflegebedarf, was die Arbeits- und Maschinenkosten und den Einsatz von Dünger verringern kann. Durch die Bepflanzung mit Bäumen wird das Mikroklima verändert und werden klimatische Extremereignisse besser abgepuffert. Das verringert das Risiko, durch starke Windböen oder Regenfälle den kostbaren Ackerboden durch Erosion zu verlieren. Nicht zuletzt tragen die Agroforstsysteme aktiv zum Klimaschutz bei, indem Kohlenstoff im Holz und Boden gespeichert wird.

Man unterscheidet unterschiedliche Formen der Agroforstwirtschaft, je nachdem wie die Fläche genutzt wird:

- Silvoarable Systeme – Bäume mit Ackerkulturen
- Silvopastorale Systeme – Bäume mit Tierhaltung
- Agrosilvopastorale Systeme – Bäume mit Ackerkulturen und Tierhaltung

Es gibt viele Möglichkeiten, wie man Agroforstsysteme gestalten kann: So können zum Beispiel Streuobstwiesen mit Beweidung durch Schafe kombiniert werden, aber auch eine Kombination mit Nutzpflanzen ist denkbar. Eins ist sicher: Agroforstsysteme sind vielversprechend und tragen sowohl zum Bodenschutz als auch zum Klima- und Artenschutz bei.

Wälder und Forstwirtschaft

In den Wäldern Deutschlands sind etwa 2,5 Milliarden Tonnen Kohlenstoff gespeichert, davon über die Hälfte in den Waldböden. Laut der dritten Bundeswaldinventur von 2012 enthalten die ober- und unterirdische Biomasse sowie das Totholz 1169 Millionen Tonnen Kohlenstoff. Die Ergebnisse der vierten Bundeswaldinventur 2021–2022 zeigen, dass die Wälder in Deutschland zwar strukturreicher werden und es mehr ältere Bäume gibt, alarmierend ist jedoch, dass die durchschnittliche Kohlenstoff-Speicherleistung des Waldes abgenommen hat und die Wälder zwischen 2017 und 2022 sogar zur Kohlenstoff-Quelle wurden. Aufgrund des hohen Verlusts von Bäumen durch Kalamitäten (abiotische und biotische Extremereignisse, die zu flächenhaftem Absterben von Bäumen führen) und durch den reduzierten Zuwachs aufgrund des Klimawandels ist der Kohlenstoffvorrat in lebenden Bäumen zurückgegangen. Die zum Zeitpunkt der zweiten Bodenzustandserhebung von 2006–2008 abgeschätzten Kohlenstoffvorräte in Auflagehumus und Mineralboden bis in 90 Zentimeter Tiefe beliefen sich auf rund 1,32 Milliarden Tonnen Kohlenstoff. Fast zwei Drittel davon sind im Auflagehumus und im Oberboden (0–30 cm) gespeichert.

Neben klimatischen, bodenphysikalischen und -chemischen Faktoren hat die Waldbewirtschaftung einen Einfluss auf die Kohlenstoffvorräte in den Böden. Durch die Wahl der Baumarten und die Bewirtschaftungspraktiken kann die Speicherung oder Freisetzung von Kohlenstoff beeinflusst werden. Laut der zweiten Bodenzustandserhebung führen zum Beispiel die Kalkung von Waldböden oder eine Erhöhung des Laubwaldanteils zu einer Verlagerung von Kohlenstoffvorräten aus der Auflage in den Mineralboden. Für die dritte Bodenzustandserhebung wurden in einem Zeitraum von drei Jahren zwischen

2022 und 2024 an ca. 1900 Stichprobenpunkten boden- und vegetationskundliche Daten erhoben. Nun folgen mehrjährige Laboranalysen und Auswertungen, die Veröffentlichung der Ergebnisse ist für 2028 geplant.

Der Schutz und die richtige Bewirtschaftung von Wäldern ist sehr wichtig für den Arten- und Klimaschutz. In der Forstwirtschaft ist es ebenso wie in der Landwirtschaft Ziel, Humus zu erhalten und aufzubauen. Die Zusammensetzung der Baumarten spielt dabei eine Rolle, weil ihre Streu dem Boden als organisches Material zur Verfügung steht. Da das Laub und die Nadeln der unterschiedlichen Bäume auch unterschiedliche Eigenschaften haben, werden sie verschieden gut abgebaut. Es gibt Bodenorganismen, die auf den Abbau verschiedener Blattstrukturen und chemischer Stoffe spezialisiert sind. Eine diverse Streu von unterschiedlichen Bäumen kann somit die Diversität im Boden fördern. Auch das Belassen von Totholz im Wald trägt zum Abbau der Biomasse und der Verfügbarkeit von Kohlenstoff im Boden bei. Schwere Erntemaschinen verdichten hingegen den Boden und beschleunigen dessen Degradation. Auch hier zeigt sich, dass Boden-, Arten- und Klimaschutz eng zusammengehören.

All diese Maßnahmen zum Humusaufbau und der Verbesserung des Bodenlebens sind nicht an eine bestimmte Art der Land- und Forstwirtschaft geknüpft. Sie können sowohl in konventionellen Betrieben als auch im ökologischen Landbau zum Einsatz kommen und zur Bodenverbesserung beitragen. Der Erhalt des Bodens und seiner Funktionen ist eine Aufgabe für alle. Auch Menschen, die nicht in der Land- und Forstwirtschaft arbeiten, können sich für den Schutz unserer Lebensgrundlage, des Bodens, einsetzen.

Siedlung und Verkehr

In unseren Siedlungen muss man leider immer mehr die Versiegelung von Gärten beobachten. Vorgärten werden gepflastert oder asphaltiert, um Parkplätze zu schaffen. Oder aber Böden werden durch Schotter ersetzt. Das führt dazu, dass die Funktionen des Bodens verloren gehen. Ein versiegelter Boden kann keinen Kohlenstoff speichern, und wo keine Pflanzen wachsen, wird auch kein Sauerstoff produziert. Bei Starkregen kann das Wasser nicht im Boden versickern, sondern überlastet die Kanalisation. An heißen Tagen spendet kein Baum Schatten und die Hitze staut sich auf versiegelten Plätzen und Straßen. Tiere finden keine Nahrung, weder Beeren von heimischen Sträuchern und Hecken noch genügend Insekten. Durch den Rückgang der Bestäuber werden die Blüten der Wild-, Nutz- und Zierpflanzen weniger bestäubt, und wir werden weniger Früchte ernten können. Wollen wir das wirklich?

Straßen und neue Baugebiete zerschneiden Lebensräume für Pflanzen und Tiere, die an Barrieren stoßen und sich nicht verbreiten können. Fruchtbare Böden werden dem vermeintlichen Fortschritt geopfert. Aber ist es wirklich ein Fortschritt, dass immer mehr Neubaugebiete und Einkaufszentren fernab der Kleinstadtzentren entstehen, die oft nur mit eigenem Pkw und weder zu Fuß noch mit Fahrrad gut erreichbar sind? Große Flächen Acker- und Grünland werden für Parkplätze, Gebäude und Lagerhallen versiegelt, der Verkehr nimmt zu. Auch trifft man dort keine Nachbar:innen wie früher beim lokalen Bäcker oder im Lebensmittelladen um die Ecke zum gemütlichen Plausch. Viele Entwicklungen kommen zusammen und beeinflussen sich gegenseitig. Neubaugebiete auf der grünen Wiese führen zu mehr Versiegelung von Böden, dem Verlust und der Zerschneidung von Lebensräumen und nicht zuletzt zu mehr Verkehr, dem Ausbau von Straßen und mehr Stau. Das ist nicht im Sinne des Boden-, Arten- oder Klimaschutzes.

Was können Sie in Ihrem eigenen Umfeld tun? Gestalten Sie Ihren Garten und Balkon naturnah. Pflanzen Sie heimische Wildkräuter, Sträucher und Bäume in Ihren Garten und bieten Sie Tieren Nahrungs- und Nistmöglichkeiten. Informieren Sie sich über nachhaltige Alternativen für Ihren Garten und seine Gestaltung, zum Beispiel über Permakultur. Kaufen Sie in lokalen Läden ein und nutzen Sie das Fahrrad oder den ÖPNV. Freuen Sie sich an Ihrem Vorgarten und zerstören Sie keine Lebensräume, um Autos immer mehr Platz einzuräumen. Das gilt auch für Lebensräume für Menschen, wie spielende Kinder, Fußgänger:innen oder Fahrradfahrer:innen. Schützen Sie auch unterirdische Lebensräume und kämpfen Sie um jeden Meter unversiegelten Boden!

Permakultur

Permakultur bedeutet übersetzt dauerhafte Kultivierung und ist ein Konzept für Landnutzung, das die natürlichen Prozesse, Wechselwirkungen und Kreisläufe in der Natur beobachtet und nachahmt, um sie bestmöglich zu nutzen. Dieses Konzept wurde in den 1970er-Jahren in Australien von Bill Mollison und David Holmgren entworfen. Es geht dabei nicht nur um die Bewirtschaftung des Bodens, sondern um eine Kultur der nachhaltigen Landnutzung und Lebensweise, zum Beispiel im Bereich Ernährung, Gesundheit und Wohnen. In Europa wird Permakultur in privaten Gärten und kleineren Bauernhöfen angewendet. Auch hier spielen natürliche Kreisläufe, Humusaufbau und Artenvielfalt eine entscheidende Rolle.

Neue Bodenschutzgesetze

Und wie steht es um die Gesetze zum Schutz des Bodens?

Das Bundes-Bodenschutzgesetz (BBodSchG), das 1998 verabschiedet wurde, würdigt den Boden und seine vielfältigen Funktionen: seine natürlichen Funktionen als Lebensgrundlage und Lebensraum für Menschen, Tiere, Pflanzen und Bodenorganismen, als Bestandteil des Naturhaushalts (insbesondere mit seinen Wasser- und Nährstoffkreisläufen) und als Abbau-, Ausgleichs- und Aufbaumedium für stoffliche Einwirkungen aufgrund der Filter-, Puffer- und Stoffumwandlungseigenschaften, insbesondere auch zum Schutz des Grundwassers. Daneben erfüllt der Boden Funktionen als Archiv der Natur- und Kulturgeschichte sowie Nutzungsfunktionen als Rohstofflagerstätte, Fläche für Siedlung und Erholung, Standort für die land- und forstwirtschaftliche Nutzung und Standort für sonstige wirtschaftliche und öffentliche Nutzungen, Verkehr, Ver- und Entsorgung.

Das Bundes-Bodenschutzgesetz wird derzeit überarbeitet, insbesondere im Hinblick auf den Klimaschutz, die Klimaanpassung und den Erhalt der Biodiversität. Bislang fokussierte sich das Gesetz vor allem auf die Nachsorge, wie auf den Umgang mit Altlasten. Der Erhalt der Bodenbiodiversität und der damit zusammenhängenden Ökosystemfunktionen und somit das Vorsorgeprinzip sollen in Zukunft mehr in den Vordergrund rücken. Der Beitrag des Bodens für den Klimaschutz und zur Klimaanpassung, die Bedeutung und der Schutz der Bodenbiodiversität auch für Bodenfunktionen und die daraus resultierenden Ökosystemleistungen sollen dabei rechtlich stärker verankert werden. Auch soll ein guter, gesunder Zustand des Bodens definiert werden, um dessen Erreichung als Ziel festzulegen.

Auf europäischer Ebene war ein Bodengesundheitsgesetz (Soil Health Law) geplant, für das die EU-Kommission bis 2023 einen Legislativvorschlag vorlegen wollte. Da nach Schätzungen der Europäischen Kommission 60–70 Prozent der Böden in Europa als nicht gesund gelten, sollte der Boden besser geschützt werden. In der EU-Bodenstrategie für 2030, veröffentlicht Ende 2021, ist deshalb das ambitionierte Ziel formuliert, dass sich bis 2050 alle Bodenökosysteme in der EU in einem gesunden Zustand befinden und somit widerstandsfähiger sind. Als «gesund» werden Böden definiert, die sich in einem guten chemischen, biologischen und physikalischen Zustand befinden und dauerhaft möglichst viele Ökosystemleistungen beziehungsweise Bodenfunktionen erfüllen. Gesunde Böden sind unter anderem essenziell für die

Nahrungsmittelsicherheit, sauberes Trinkwasser, den Erhalt der Biodiversität und als Kohlenstoffspeicher. Boden ist also ein sehr wichtiges Schutzgut, und es ist verwunderlich, dass es noch kein EU-weites Gesetz zum Schutz von Böden gibt, vergleichbar mit EU-Gesetzen für Wasser, Luft und die Meeresumwelt. Die EU-Kommission hat im Juni 2023 jedoch nur einen Gesetzgebungsvorschlag für ein Bodenüberwachungsgesetz (Soil Monitoring Law) veröffentlicht. Es soll die gesetzlichen Rahmenbedingungen schaffen, um bis 2050 das Ziel «gesunde Böden» zu erreichen. Dazu soll ein solides und vergleichbares Monitoring für alle Böden in der EU etabliert werden, damit die Mitgliedstaaten daraus Maßnahmen ableiten können, um degradierte Böden zu regenerieren. Nachhaltige Bodenbewirtschaftung soll die Norm in der EU werden, und die EU-Mitgliedstaaten sollen festlegen, welche Praktiken implementiert und welche gestoppt werden müssen, weil sie zu Bodendegradierung führen. Die Mitgliedstaaten sollen potenziell kontaminierte Flächen identifizieren, untersuchen und gegen unakzeptable Risiken für die menschliche Gesundheit und die Umwelt vorgehen und so zu einer giftfreien Umwelt bis 2050 beitragen. Leider ist der Gesetzestext nicht sehr ambitioniert. Er gibt keine bindenden Ziele und nationalen Pläne für die Bodenwiederherstellung vor. Bleibt zu hoffen, dass es der erste Schritt in die richtige Richtung bedeutet, auf den noch viele weitere zum konkreten Schutz und der Wiederherstellung von Böden in Europa folgen werden.

Bodenbewusstsein

Ganz wichtig – und Grundlage jeglicher Schutzbemühungen – ist das Bewusstsein für die Bedeutung des Bodens. Er ist unsere Lebensgrundlage, und wir sind mit ihm in vieler Weise eng verbunden. Als Menschen sind wir Teil der Natur und abhängig von natürlichen Ressourcen und Ökosystemleistungen. Besonders deutlich wird das am Beispiel des Bodens. Wir brauchen Boden als festen Untergrund, auf dem wir uns bewegen, und als Platz zum Wohnen und Arbeiten. Doch je mehr wir den Boden für unseren immer größeren Raumbedarf nutzen und versiegeln, desto weniger bleibt für die Produktion von Nahrungsmitteln, für die Speicherung von Kohlenstoff und als Lebensraum für Pflanzen und Tiere übrig. In Deutschland und der Schweiz nutzen wir mehr Fläche für unseren Konsum, als unsere Landesfläche und die Erde bereitstellen kann. Es bräuchte etwa drei Planeten Erde, wenn alle Menschen so viel konsumieren würden wie wir in Deutschland. Das zeigt sich jedes Jahr am Erdüberlastungstag, der 2024 für Deutschland am 2. Mai war. Das ist der Tag, an dem laut den Berechnungen des Global Footprint Network die nachwachsenden, natürlichen Ressourcen verbraucht sind, die in einem Jahr wieder erneuert werden können. Es ist also an der Zeit, sich mit unserem Verbrauch der natürlichen Ressourcen und insbesondere der Böden ernsthaft auseinanderzusetzen. Um dauerhaft auf der Erde überleben zu können, müssen wir unsere Werte und unser Handeln neu ausrichten. Die Überlebensformel Boden-, Arten- und Klimaschutz ist dabei eine Richtschnur, an der wir uns orientieren können.

Es gibt verschiedene Ebenen, auf denen etwas für den Boden und seinen Schutz getan werden kann. Auf der politischen Ebene muss der Boden mit seinen essenziellen Ökosystemleistungen mehr beachtet und in Entscheidungen berücksichtigt werden. In Gesetzen auf EU- und Landes-Ebene muss der Schutz des Bodens weitreichend verankert werden und diese Gesetze müssen konsequent umgesetzt werden. Es dürfen nicht nur Absichtserklärungen bleiben, die dann bei konkreten Entscheidungen den «Sachzwängen» unterliegen. Das gilt für die Politik und Umsetzung, aber auch bei Entscheidungen innerhalb von Kommunen, von Unternehmen und Privatpersonen. Uns allen muss bewusst sein, dass Böden eine kostbare und nicht oder sehr schwer wiederherstellbare Ressource sind. Der Bodenschutz muss Priorität bekommen, weil Böden die Grundlage darstellen für unser Leben und unser Wirtschaften auf der Erde. Welche Konsumgüter können ganz ohne Verbindung zu Böden produziert werden? Bei fast allen Gütern spielen Böden im Herstellungsprozess eine entscheidende Rolle. Aber wir müssen uns erst unserer Abhängigkeiten von der Erde als unserem Heimatplaneten und als Bodensubstrat wieder bewusst werden.

Der Mensch versucht durch Technik und industriellen Fortschritt, sich immer mehr von der Natur unabhängig zu machen. Dabei vergessen wir, dass wir Teil der Natur sind und es nachhaltige Lösungen nur mit, nicht gegen die Natur gibt. Die Naturgesetze sind stärker als wir! Das führt uns auch der Klimawandel immer deutlicher vor Augen. Wenn Wassermassen durch Stark- und Dauerregen Orte unter Wasser setzen und Hab und Gut mit sich reißen, werden auch große Mengen fruchtbaren Bodens weggespült. Nach den Aufräumarbeiten bleiben nicht nur große Schäden, sondern auch degradierte Böden zurück. Die Folgen solcher Katastrophen wirken noch sehr lange nach.

Auch Dürreperioden schädigen unsere Böden nachhaltig, und wir müssen dringend Maßnahmen zur Anpassung an den Klimawandel umsetzen. Dafür müssen Auen renaturiert werden und das Wasser in den Lebensräumen gehalten werden, damit bei Starkregen Wasser gespeichert werden kann, das dann in Trockenzeiten zur Verfügung steht. Die Natur und gesunde Böden können wie ein Schwamm wirken, der überschüssiges Wasser aufnimmt und dann wieder abgibt. Doch dafür muss man die Ökosystemleistungen der Natur kennen und optimal nutzen.

Das Konzept der Schwammstadt verfolgt dieses Prinzip im urbanen Bereich. Städte und Kommunen kämpfen immer häufiger mit Starkregen und Überschwemmungen. Durch die Versiegelung der Flächen kann das Wasser nicht mehr in Böden versickern, und die Kanalisation ist mit den Wassermassen überfordert. Es werden Versickerungsmulden geplant, das sind tiefer gelegene Grünflächen mit und ohne Baumbestand, wo das überschüssige Wasser hinfließt und langsam im Boden versickert. Entsiegelte Flächen, Parks, Gärten und Dachbegrünungen tragen zur Versickerung von Wasser bei und sorgen an heißen Tagen für Abkühlung und ein besseres Klima. Auch hier sieht man, dass es nur zusammen mit der Natur geht, nicht gegen sie. Technische Lösungen allein werden die vielfältigen Herausforderungen der Klimakrise nicht meistern können. Die Krise des Artenverlusts bei uns und weltweit ist überhaupt nicht mit Technik zu lösen. Arten, die aussterben, können nicht ersetzt werden. Auch wenn es Initiativen gibt, zumindest die genetische Information zu konservieren und aufzubewahren, um sie in Zukunft evtl. für technische Lösungen zur Verfügung zu haben. Mit dem Verlust der Arten geht die Vielfalt des Lebens und seine Fähigkeit, sich an geänderte Umweltbedingungen anzupassen, verloren.

Auch essenzielle Ökosystemleistungen hängen von der Vielfalt der Arten und ihren Funktionen ab. Manche Menschen haben die Illusion, dass wir durch Erfindungen und technische Entwicklungen immer unabhängiger von der Natur werden und ihre Leistungen ersetzen könnten. Doch denken Sie an die Bestäubung von Blütenpflanzen, an die Zersetzung von organischem Material (seien es Exkremente, tote Tiere, Menschen oder Pflanzen), an Stoffkreisläufe, an die Bereitstellung von sauberem Wasser, Sauerstoff, Nahrung und Ressourcen. Alles basiert auf Ökosystemleistungen, funktionsfähigen Böden und unzähligen Arten, die zusammenwirken. Diese Prozesse sind überlebenswichtig und nicht durch Technik zu ersetzen.

Es ist höchste Zeit, dass wir wieder auf den Boden der Tatsachen zurückkehren und uns ernsthaft mit den vielfältigen Krisen auseinandersetzen und naturbasierte Lösungen finden. Das bedeutet nicht, dass wir keine Technik einsetzen oder keine neuen Erfindungen brauchen. Doch wir müssen bei jeder Technik prüfen, ob sie dem Boden-, Arten- und Klimaschutz dient oder schadet. Schwere landwirtschaftliche Maschinen mögen zum Beispiel kurzfristig für Arbeitserleichterung und mehr Effizienz sorgen, doch sie schaden den Böden und den darin lebenden Organismen und führen zu Problemen wie Verdichtung, Erosion und einem fortschreitenden Verlust der Bodenfunktionen. Es müssen angepasste Lösungen entwickelt werden, die die natürlichen Ökosystemleistungen unterstützen, wiederherstellen oder erweitern. Eine gute Nachricht ist, dass die EU im Juni 2024 die Verordnung über die Wiederherstellung der Natur (engl. *Nature Restoration Law*) beschlossen hat. Sie ist ein wichtiger Teil der EU-Biodiversitätsstrategie 2030. Es geht dabei um die Renaturierung degradierter Ökosysteme, denn über 80 Prozent der natürlichen Lebensräume in Europa sind in einem schlechten Zustand. Auf 20 Prozent der Landfläche und 20 Prozent der Meeresflächen sollen Maßnahmen zur Stärkung von Ökosystemen eingeleitet werden und so im besten Fall bis 2030 intakte Ökosysteme und Lebensräume wiederhergestellt werden. Das betrifft nicht nur die unterschiedlichen Lebewesen in diesen Ökosystemen, sondern auch die Leistungen und Funktionen, die die Ökosysteme bereitstellen. Das ist eine gute Nachricht für den Boden-, Arten- und Klimaschutz! Mehr solcher Vorhaben müssen folgen, damit wir unsere Lebensgrundlagen erhalten und uns auch in Zukunft auf die Leistungen von Ökosystemen verlassen können. Ganz wichtig ist dabei, dass wir die negativen Einflüsse auf die Natur reduzieren. Es ist sinnvoller und auch viel billiger, Ökosysteme zu schützen und nachhaltig zu nutzen, als zerstörte und degradierte Ökosysteme wiederherzustellen.

Was kann ich selbst tun?

Wenn Sie in der Landwirtschaft arbeiten, haben Sie viele Möglichkeiten, gesunde Böden und ihre unzähligen und faszinierenden Lebewesen zu fördern. Aber auch als Nichtlandwirt:in können Sie den Boden und seine Funktionen direkt und indirekt unterstützen und zum Boden-, Arten- und Klimaschutz beitragen. Es gibt unzählige Bücher und Ratgeber zu einer naturnahen Garten- und Balkongestaltung, die als Inspiration dienen können. Aber auch wenn Gartenarbeit nicht zu Ihren Hobbys gehört, können Sie tätig werden, denn unser tägliches Leben und Handeln hat Einfluss auf Böden und die Natur. Überdenken Sie Ihr Leben in den maßgeblichen Bereichen Ernährung, Konsum, Mobilität, Arbeit und Wohnen. Überlegen Sie sich, ob Sie mit Ihrem Handeln die Klimakrise, das Artensterben und den Verlust von Böden befeuern oder ob und was Sie zur Überlebensformel Boden-, Arten- und Klimaschutz beitragen. Auch wenn Ihr Beitrag klein ist, ist es doch ein gutes Gefühl, zum Schutz der Erde (und des Bodens, auf dem wir stehen) beizutragen und nicht wider alle Vernunft und Fakten bei der Zerstörung unserer Lebensgrundlagen mitzumachen. Natürlich ist niemand perfekt, doch man kann einiges verändern und Schritte in die richtige Richtung unternehmen. Dabei werden wir zwar auf manches verzichten, aber dafür sehr viel mehr und vor allem Wesentlicheres gewinnen. Wir werden mehr Sinn, mehr Gesundheit und mehr Lebensfreude haben!

Ernährung

Kann ich meinen Fleischkonsum reduzieren?

Für den Anbau von Futtermitteln für die Fleischproduktion wird viel mehr Fläche und Wasser benötigt als für den Anbau von Nutzpflanzen. Denn man braucht im Durchschnitt etwa siebenmal mehr Kalorien pflanzlichen Ursprungs, um eine Kalorie Fleisch zu produzieren.

Kann ich meinen Konsum an Milchprodukten reduzieren? Wie werden die Tiere gehalten, deren Produkte ich konsumiere?

Tiere auf der Weide können einen wichtigen Beitrag zum Artenschutz leisten, indem sie offene Lebensräume pflegen und erhalten. Doch die meisten Nutztiere werden wenig artgerecht in großen Ställen gehalten, und ihre Exkremente werden in großen Mengen auf wenig Fläche ausgebracht, wo sie zu Stickstoffüberschuss und Auswaschungen ins Grundwasser führen.

Werfe ich Lebensmittel weg?

Große Mengen an Nahrungsmitteln werden weggeworfen, obwohl weltweit viele Menschen hungern und immer mehr Flächen für die Nahrungsproduktion benötigt werden. Kann ich das Wegwerfen reduzieren, die Reste verwerten oder einfach verschenken?

Welche Verpackungen brauche ich? Gibt es Alternativen mit weniger Verpackung? Geht es ohne Plastik?

Unsere Umwelt und auch die Böden werden weltweit durch Kunststoffe verschmutzt. Hier ist Vermeidung immer besser, als mit großem Aufwand Müll und giftige Stoffe wieder aus der Umwelt zu entfernen.

Kann ich umweltfreundlichere Nahrungsmittel kaufen?

Regionale Lebensmittel, die keine langen Transportwege hinter sich haben, sind klimafreundlicher als Nahrungsmittel aus fernen Ländern. Lebensmittel aus ökologischem Landbau werden ohne Pestizide und mineralischen Düngern produziert und tragen dazu bei, die Natur und den Boden zu schützen. Beim Einkaufen haben Sie die Wahl!

Konsum

Wie viel brauche ich? Warum kaufe ich neue Kleidung? Wie oft kaufe ich mir neue elektronische Geräte wie Smartphones?

Die meisten haben mehr als genug Kleidung im Schrank. Auch bei elektronischen Geräten braucht man nicht immer das neueste Modell. Oft stecken hinter dem Kauf von Neuem andere unerfüllte Bedürfnisse. Wann haben wir genug? Was brauchen wir wirklich?

Woher kommen die Kleidung und andere Konsumgüter? Wie werden sie hergestellt? Gibt es umweltfreundliche Alternativen?

Es gibt bei Kleidung große Unterschiede in der Produktion. Baumwolle kann mit großem Pestizidverbrauch angebaut werden, aber auch kontrolliert biologisch ohne Einsatz von giftigen Stoffen. «kbA» bedeutet «kontrolliert biologischer Anbau», und es gibt immer mehr Firmen, die diese umweltfreundliche Alternative zu konventioneller Baumwolle verwenden. Der Wasserverbrauch ist aber auch dort ein Problem und es ist besser, weniger oder gebrauchte Kleidung zu kaufen. Bei elektronischen Geräten kann man darauf achten, ob sie austauschbare Komponenten haben, oder gebrauchte Geräte kaufen. Je länger man sie benutzt, desto ressourcenschonender verhält man sich.

Mobilität

Wie bin ich unterwegs? Kann ich umweltfreundlicher mobil sein?

Kann ich mein Auto auch mal stehen lassen und kurze Strecken mit dem Fahrrad, dem ÖPNV oder zu Fuß gehen? Auch Carsharing und Fahrgemeinschaften sind umweltfreundlichere Alternativen zum Individualverkehr. Oft bedeutet eine Umstellung der Mobilitätsgewohnheiten mehr Bewegung, frische Luft und weniger Zeit im Stau und bei der Parkplatzsuche.

Was verbinde ich mit Mobilität? Ist weniger manchmal auch mehr?

Man kann sich auch grundsätzlich die Frage stellen, ob man immer woandershin muss, um glücklich zu sein. Kann ich auch im Hier und Jetzt glücklich sein? Habe ich nicht schon alle Bedingungen vor Ort, um glücklich zu sein?

Arbeit

Was unterstütze ich durch meine Arbeit? Trage ich zu positiven Trends bei? Inwieweit kann ich Boden-, Arten- und Klimaschutz in meine Arbeit integrieren?

Arbeit dient dem Lebenserhalt. Doch lässt sich meine Arbeit auch mit meinen Werten vereinbaren? Wen oder was unterstütze ich durch meine Arbeit? Ist sie sinnvoll und trägt zu einer positiven Gestaltung des Lebens und der Zukunft bei? Auch in der täglichen Arbeit kann man sich an Werten orientieren und zur Lösung von Problemen beitragen.

Wohnen

Wo und wie wohne ich? Kann ich Ressourcen sparen?

Wie viel Fläche Boden nehme ich zum Wohnen in Anspruch? Brauche ich diese Fläche wirklich? Kann ich meinen Balkon oder (Vor-)Garten naturnah gestalten und zur Entsiegelung meiner Umgebung beitragen? Fördere ich den Boden und die Arten in meiner Umgebung?

Was hat das alles mit dem Boden unter unseren Füßen zu tun?

Nahezu jede unserer Handlungen hat einen Einfluss auf unsere Umwelt und den Boden. Die Nahrungsmittel, die wir essen, kommen direkt oder indirekt vom Boden. Die Konsumgüter werden aus Rohstoffen aus der Erde hergestellt oder aus nachwachsenden Rohstoffen wie Holz und Fasern, die auf Böden wachsen. Die Art und Weise, wie wir uns fortbewegen, führt zu mehr oder weniger Versiegelung und erzeugt mehr oder weniger Luftverschmutzung und Reifenabrieb. Wenn wir viel Fleisch essen, ist der Wasser- und Flächenbedarf um ein Vielfaches größer als bei fleischloser Kost. Auch die zunehmende Inanspruchnahme von Flächen schadet der Umwelt und dem Boden und vergrößert die Umweltprobleme jetzt und in Zukunft ...

Ausblick

Stellen Sie sich vor, wie sich ein gutes Leben anfühlt. Sie haben sicheren Boden unter Ihren Füßen, der Sie trägt und mit gesunder Nahrung versorgt. Eine Vielfalt von Lebewesen lebt in ihm und sorgt dafür, dass er seine Funktionen und Ökosystemleistungen erbringen kann. Es wachsen Pflanzen und Pilze, und Tiere und Mikroorganismen leben in und auf ihm. Es gibt eine Fülle verschiedener Lebewesen, die zusammenleben, zusammenarbeiten, aufeinander angewiesen sind und voneinander profitieren. Das Netz des Lebens ist intakt und trägt uns alle. Dieses gute Leben müssen wir schützen. Das Netz zu flicken, bestehende Netze zu erhalten und neue zu weben, ist unsere Aufgabe. Es geht darum, die Verbindung zu spüren – zur Natur, unserer Lebensgrundlage, zu anderen Lebewesen und unseren Mitmenschen. Das können wir jetzt und hier. Mit diesem Bewusstsein können wir unser Handeln neu ausrichten und die Weichen für die Zukunft stellen. Anstelle von Gier nach immer mehr sehen wir, dass wir schon genug haben, um glücklich zu sein. Wir können teilen und Rücksicht nehmen auf andere Lebewesen und auf die Grenzen des Planeten, auf dem wir leben. Wir können unser Handeln an der Überlebensformel Boden-, Arten- und Klimaschutz ausrichten und aufhören, unsere Lebensgrundlagen zu zerstören. Schritt für Schritt können wir in die richtige Richtung gehen. Den Boden, die Arten und das Klima schützen und somit eine lebenswerte Zukunft für uns und die kommenden Generationen erhalten – das ist unsere Aufgabe, packen wir sie gemeinsam an!

Literatur und Links

Literatur (Auswahl)

Anthony, M.A.; Bendera, S.F.; van der Heijden, M.G.A. (2023). Enumerating soil biodiversity. PNAS 120 (33) e2304663120

Babikova, Z.; Gilbert, L.; Bruce, T.J.A.; Birkett, M.; Caulfield, J.C.; Woodcock, C.; Pickett, J.A.; Johnson, D. (2013). Underground signals carried through common mycelial networks warn neighbouring plants of aphid attack. Ecology Letters 16: 835–843

Bardgett, R.D. (2005). The Biology of Soil: a community and ecosystem approach. Oxford University Press, Oxford

Bardgett, R.D. (2016). Earth matters. How soil underlies civilization. Oxford University Press, Oxford

Barnes, A.E.; Robinson, R.A.; Pearce-Higgins, J.W. (2023). Collation of a century of soil invertebrate abundance data suggests long-term declines in earthworms but not tipulids. PLOS ONE 18 (4): e0282069

Bertling, J.; Bertling, R.; Hamann, L. (2018). Kunststoffe in der Umwelt: Mikro- und Makroplastik. Ursachen, Mengen, Umweltschicksale, Wirkungen, Lösungsansätze, Empfehlungen. Kurzfassung der Konsortialstudie, Fraunhofer-Institut für Umwelt-, Sicherheits- und Energietechnik UMSICHT (Hrsg.), Oberhausen

Bösel, B. (2023). Rebellen der Erde. Wie wir den Boden retten und damit uns selbst! Scorpio Verlag, München

Bonnet, K.; Goeze, J.A.E. (1773). Herrn Karl Bonnets Abhandlungen aus der Insektologie. Bey J.J. Gebauers Wittwe und Joh. Jac. Gebauer, Halle

Bross-Burkhardt, B. (2017). Das Boden-Buch. Haupt Verlag, Bern

Brown, G. (2022). Aus toten Böden wird fruchtbare Erde. Eine Familie entdeckt die regenerative Landwirtschaft. Kopp Verlag, Rottenburg

Costanza, R.; d'Arge, R.; de Groot, R.; Farber, S.; Grasso, M.; Hannon, B.; Limburg, K.; Naeem, S.; O'Neill, R.V.; Paruelo, J.; Raskin, R.G.; Sutton, P.; van den Belt, M. (1997). The value of the world's ecosystem services and natural capital. Nature 387: 253–260

Capowiez, Y.; Rault, M.; Costagliola, G.; Mazzia, C. (2005). Lethal and sublethal effects of imidacloprid on two earthworm species (*Aporrectodea nocturna* and *Allolobophora icterica*). Biology and Fertility of Soils 41: 135–143

Carson, R. (1962). Silent Spring. Houghton Mifflin Company, Boston

Dacke, M.; Baird, E.; Byrne, M.; Scholtz, C.H.; Warrant, E.J. (2013). Dung Beetles Use the Milky Way for Orientation. Current Biology 23: 298–300

Darwin, C. (1881). The Formation of Vegetable Mould through the Action of Worms, with Observations on their Habits. John Murray, London

Druille, M.; Cabello, M.N.; Omacini, M.; Golluscio, R.A. (2013). Glyphosate reduces spore viability and root colonization of arbuscular mycorrhizal fungi. Applied Soil Ecology 64: 99–103

Dunger, W. (1983). Tiere im Boden. A. Ziemsen Verlag, DDR Wittenberg Lutherstadt

Field, D.J.; Morgan, C.L.S.; McBratney, A.B. (eds.) (2017). Global Soil Security. Progress in Soil Science. Springer, Cham

Fukuoka, M. (2017). Der Große Weg hat kein Tor. Nahrung, Anbau, Leben. pala-verlag, Darmstadt

Günther, A.; Barthelmes, A.; Huth, V.; Joosten, H.; Jurasinski, G.; Koebsch, F.; Couwenberg, J. (2020). Prompt rewetting of drained peatlands reduces climate warming despite methane emissions. Nature Communication 11: 1644

Goulson, D. (2013). An overview of the environmental risks posed by neonicotinoid insecticides. Journal of Applied Ecology 50: 977–987

Gunstone, T.; Cornelisse, T.; Klein, K.; Dubey, A.; Donle, N. (2021). Pesticides and Soil Invertebrates: A Hazard Assessment. Frontiers in Environmental Science 9: 643847

Hallmann, C.A.; Sorg, M.; Jongejans, E.; Siepel, H.; Hofland, N.; Schwan, H.; Stenmans, W.; Müller, A.; Sumser, H.; Hörren, T.; Goulson, D.; de Kroon, H. (2017). More than 75 percent decline over 27 years in total flying insect biomass in protected areas. PLOS ONE 12 (10): e0185809

Jeffery, S.; Gardi, C.; Jones, A.; Montanarella, L.; Marmo, L.; Miko, L.; Ritz, K.; Peres, G.; Römbke, J.; van der Putten, W.H. (eds.) (2010). European Atlas of Soil Biodiversity. European Commission, Publications Office of the European Union, Luxembourg

Kempf, J. (2020). Quality Agriculture. Conversations about Regenerative Agronomy with Innovative Scientists and Growers. Regenerative Agriculture Publishing

Kranz, V.; Deemter, F. (2021). Praxisbuch Waldgarten. Natürlicher Anbau mit Permakultur, Haupt Verlag, Bern

Kutschera, L.; Lichtenegger, E. (1960). Wurzelatlas mitteleuropäischer Ackerunkräuter und Kulturpflanzen. DLG-Verlag, Frankfurt am Main

Laufmann, P. (2020). Das Universum unter unseren Füßen. C. Bertelsmann Verlag, München

Leslie, H. A.; van Velzen, M. J. M.; Brandsma, S. H.; Vethaak, A. D.; Garcia-Vallejo, J. J.; Lamoree, M. H. (2022). Discovery and quantification of plastic particle pollution in human blood. Environmental International 163: 107199

Lowenfels, J.; Lewis, W. (2020). Gärtnern mit Mikroben – Der Leitfaden des Bio-Gärtners zum Bodennahrungsnetz. Verlag Dr. Friedrich Pfeil, München

Loy, D. R. (2021). ÖkoDharma. Buddhistische Perspektiven zur ökologischen Krise. Edition steinrich, Berlin

Meadows, D. H.; Meadows, D. L.; Randers, J.; Behrens, W. W. (1972). The limits to growth. A report for the Club of Rome´s project on the predicament of mankind. Universe Books, New York

Millennium Ecosystem Assessment (2005). Ecosystems and Human Well-being: Synthesis. Island Press, Washington, DC

Montgomery, D. R. (2010). Dreck – Warum unsere Zivilisation den Boden unter den Füßen verliert. Oekom Verlag, München

Nabel, M.; Selig, C.; Gundlach, J.; v. d. Decken, H.; Klein, M.; Jessel, B. (2021). BfN Bodenreport: Vielfältiges Bodenleben – Grundlage für Naturschutz und nachhaltige Landwirtschaft. Bundesamt für Naturschutz, Bonn

Ohgushi, T.; Wurst, S.; Johnson, S. N. (eds.) (2018). Aboveground-Belowground Community Ecology. Ecology Studies 234. Springer International Publishing AG

Orgiazzi, A.; Bardgett, R. D.; Barrios, E.; Behan-Pelletier, V.; Briones, M. J. I.; Chotte, J.-L.; De Deyn, G. B.; Eggleton, P.; Fierer, N.; Fraser, T.; Hedlund, K.; Jeffery, S.; Johnson, N. C.; Jones, A.; Kandeler, E.; Kaneko, N.; Lavelle, P.; Lemanceau, P.; Miko, L.; Montanarella, L.; Moreira, F. M. S.; Ramirez, K. S.; Scheu, S.; Singh, B. K.; Six, J.; van der Putten, W. H.; Wall, D. H. (eds.) (2016). Global Soil Biodiversity Atlas. European Commission, Publications Office of the European Union, Luxembourg

Séralini; G.-E.; Clair, E.; Mesnage, R.; Gress, S.; Defarge, N.; Malatesta, M.; Hennequin, D.; de Vendômois, J. S. (2012, retracted). Long term toxicity of a Roundup herbicide and a Roundup-tolerant genetically modified maize. Food and Chemical Toxicology 50: 4221–4231

Séralini; G.-E.; Clair, E.; Mesnage, R.; Gress, S.; Defarge, N.; Malatesta, M.; Hennequin, D.; de Vendômois, J. S. (2014). Republished study: long term toxicity of a Roundup herbicide and a Roundup-tolerant genetically modified maize. Environmental Sciences Europe 26: 14

Schaller, F. (1962). Die Unterwelt des Tierreiches. Kleine Biologie der Bodentiere. Springer-Verlag, Berlin Heidelberg New York

Scheub, U.; Schwarzer, S. (2017). Die Humusrevolution. Wie wir den Boden heilen, das Klima retten und die Ernährungswende schaffen. Mit Praxistipps zu Humusaufbau und Permakultur. Oekom Verlag, München

Schnug, E. (2012). Uran in Phosphor-Düngemitteln und dessen Verbleib in der Umwelt. Strahlentelex 612–613: 3–12

Schuh, H. (2005). Wie giftiges Uran in die Kartoffel kommt. Phosphatlagerstätten binden Natururan. Das Schwermetall verbleibt im Dünger – und landet auf dem Teller. ZEIT ONLINE 23, 02. Juni 2005

Schwabl, P.; Koppel, S.; Konigshofer, P.; Bucsics, T.; Trauner, M.; Reiberger, T.; Liebmann, B. (2019). Detection of various microplastics in human stool: a prospective case series. Annals of Internal Medicine 171: 453–457

Schwinn, F. (2019). Rettet den Boden! Warum wir um das Leben unter unseren Füßen kämpfen müssen. Westend Verlag, Frankfurt

Sperl, I. (2019). Der Boden – das verborgene Universum zu unseren Füßen. Gräfe und Unzer Verlag, München

Tamm, L.; Thuerig, B.; Apostolov, S.; Blogg, H.; Borgo, E.; Corneo, P.E.; Fittje, S.; de Palma, M.; Donko, A.; Experton, C.; Alcázar Marín, E.; Morell Pérez, A.; Pertot, I.; Rasmussen, A.; Steinshamn, H.; Vetemaa, A.; Willer, H.; Herforth-Rahmé, J. (2022). Use of Copper-Based Fungicides in Organic Agriculture in Twelve European Countries. Agronomy 12: 673

TEEB (2010) Die Ökonomie von Ökosystemen und Biodiversität: Die ökonomische Bedeutung der Natur in Entscheidungsprozesse integrieren. (TEEB (2010) The Economics of Ecosystems and Biodiversity: Mainstreaming the Economics of Nature) Ansatz, Schlussfolgerungen und Empfehlungen von TEEB – eine Synthese

Wall, D.H.; Bardgett, R.D.; Behan-Pelletier, V.; Herrick, J.E.; Jones, T.H.; Ritz, K.; Six, J.; Strong, D.R.; van der Putten, W.H. (2012). Soil Ecology and Ecosystem Services. Oxford University Press, Oxford

Wolfe, D.W. (2001). Tales from the underground. A natural history of subterranean life. Basic Books, Perseus Books Group, USA

Zaller, J.G. (2018). Unser täglich Gift. Pestizide – die unterschätzte Gefahr. Deuticke im Paul Zsolnay Verlag, Wien

Internetquellen (Auswahl)

Alfred-Wegener-Institut (AWI): Permafrostforschung:
https://www.awi.de/forschung/geowissenschaften/permafrostforschung.html

Bundesanstalt für Geowissenschaften und Rohstoffe (BGR):
https://www.bgr.bund.de/DE/Themen/Boden/Informationsgrundlagen/Bodenkundliche_Karten_Datenbanken/Themenkarten/HUMUS1000OB/humus1000ob_node.html

Bundesministerium für Ernährung und Landwirtschaft (BMEL): Bio-Strategie 2030: https://www.bmel.de/SharedDocs/Downloads/DE/Broschueren/bio-strategie-2030.pdf?__blob=publicationFile&v=10

Deutscher Fachverband für Agroforstwirtschaft (DeFAF):
https://agroforst-info.de/

European Biochar Certificate (EBC 2012–2023) – Richtlinien für die Zertifizierung von Pflanzenkohle, Ithaka Institute, Arbaz, Switzerland:
http://www.european-biochar.org

FAO, ITPS, GSBI, SCBD and EC (2020). State of knowledge of soil biodiversity – Status, challenges and potentialities – Summary for policy makers. FAO, Rome: https://doi.org/10.4060/cb1929en

Fraunhofer-Institut für Umwelt-, Sicherheits- und Energietechnik UMSICHT:
https://www.umsicht.fraunhofer.de/

Heinrich-Böll-Stiftung:
Bodenatlas 2024. Daten und Fakten über eine lebenswichtige Ressource:
https://www.boell.de/de/bodenatlas

Mooratlas 2023. Daten und Fakten zu nassen Klimaschützern:
https://www.boell.de/de/mooratlas

Naturkapital Deutschland: https://www.ufz.de/teebde/

Statistisches Bundesamt, Europa in Zahlen, z. B. Siedlungsabfall und Recycling:
https://www.destatis.de/Europa/DE/Thema/Umwelt-Energie/Muell_und_Recycling.html

Statistiken der Welternährungsorganisation –
Food and Agriculture Organization Statistics (FAOSTAT):
https://www.fao.org/faostat/en/#data

The Economics of Ecosystems and Biodiversity (TEEB):
https://www.unep.org/topics/teeb

Thünen-Institut: Bodenzustandserhebung Landwirtschaft (BZE-LW):
https://www.thuenen.de/de/fachinstitute/agrarklimaschutz/projekte/bodenzustandserhebung-landwirtschaft-bze-lw

Umweltbundesamt (UBA):
https://www.umweltbundesamt.de/themen/boden-flaeche

Weltagrarbericht:
https://www.weltagrarbericht.de/

Stichwortverzeichnis

Dr. Susanne Wurst promovierte an der Technischen Universität Darmstadt im Bereich Bodenökologie und leitete als Juniorprofessorin an der Freien Universität Berlin die Arbeitsgruppe «Funktionelle Biodiversität». Derzeit arbeitet sie im Bundesprogramm Biologische Vielfalt zur Umsetzung der Nationalen Biodiversitätsstrategie in Deutschland.

1. Auflage: 2025

ISBN 978-3-258-08395-7

Umschlag, Gestaltung und Satz: Roman Bold & Black, D-Köln
Lektorat: Grit Zacharias, D-Leipzig
Hintergründe: Günter Albers/stock.adobe.com; Blätter (Umschlag): leafyori/stock.adobe.com
Illustrationen: Vreni Zimmermann, D-Wittenhagen

Wir drucken mit mineralölfreien Farben und verwenden FSC®-zertifiziertes Papier.
FSC® sichert die Nutzung der Wälder gemäß sozialen, ökonomischen und ökologischen Kriterien.
Gedruckt in der Tschechischen Republik.

FSC www.fsc.org MIX Papier | Fördert gute Waldnutzung FSC® C010798

Diese Publikation ist in der Deutschen Nationalbibliografie verzeichnet.
Mehr Informationen dazu finden Sie unter http://dnb.dnb.de.

Der Haupt Verlag wird vom Bundesamt für Kultur für die Jahre 2021–2025 unterstützt.

© Shutterstock, Huza Studio

Wir verlegen mit Freude und großem Engagement unsere Bücher. Daher freuen wir uns immer über Anregungen zum Programm und schätzen Hinweise auf Fehler im Buch, sollten uns welche unterlaufen sein.

Haupt Verlag AG
Falkenplatz 14
CH-3012 Bern
herstellung@haupt.ch
www.haupt.ch

Verantwortlich in der EU (GPSR):
Brockhaus Kommissionsgeschäft GmbH
Kreidlerstr. 9
DE-70806 Kornwestheim
haupt@brocom.de

norms over and over again. Medicine considers the human body and spirit in broad contexts: structure – anatomy, functioning – physiology, regulatory mechanisms – neurology and immunology, psyche – psychiatry, organ systems – cardiology, immunology, nephrology and many others.[12]

One could say much about the diversity of views on the body and spirit, or rather soul, and their relations in religions. While Buddhism values physical life, most religions contrast the two beings with each other, seeing in the soul rather than in the body that which is the most essential for man's worldly life and afterlife. The soul, combining the subtly cold rationality and warm emotionality in it, creates in religions the pure, invariable and religiously, morally and legally most valuable human essence. However, religions show the body as a crude, variable, impermanent and corrupt form of man's material existence, which is a prison of the soul. In order to attain its proper and ultimate destiny, the soul must be freed from the bodily prison. Some members of Christian fundamentalist sects provoke outrage by refusing medical treatment as they believe that medicine undermines faith in God while illness ending with death speeds up the liberation of the soul from the body. Even non-fundamentalist groups of believers evaluate surrogate motherhood, cloning, abortion, or euthanasia through the prism of relations between the human body and soul. However, while it was believed in the days of yore that religious faith alone could cure people of diseases, nowadays miraculous healings are seen only by religious fanatics.

At present, man's body, not less than his/her spirit, has become a highly attractive phenomenon of business and culture, especially consumer culture, which suggests to him/her elaborate scales of needs and desires. The history of culture shows how man's self-concern has come a long way from spiritual salvation in the afterlife to the earthly desire for the health of the well-cared body and its longest life possible. Concern for the beauty of the spirit has already given way to a concern for the beautiful body with a young and attractive look. This change of the attitude to the body is largely influenced by the organization of social life: education, work, rest, and health service. This organization requires appropriate regulation based on some values emerging from the competition, coexistence or even dominance of the religious, the moral, and the legal. There have been considerable advances in experiments on creating the imitation of the living human body in the inanimate systems of cybernetic bodies – robots, which also require some cybernetic moral and legal regulation.[13]

Death is the end of physical life just as birth is its beginning. Only the idea of reincarnation supports faith in the possibility of many physical lives of man. While physical life is a necessity, spiritual life is a possibility. This necessity is opposed by suicides. One cannot live a spiritual life alone because it is determined by physical life Man's corporality is easier to observe than spirituality when defining his/her identity on the basis of the knowledge of gender and features of his/her appearance. Corporality creates the basis for mentalmental life, which is made up of thinking processes, will, feelings and emotions. Thinking

[12] More extensively, see J. Troska, *Moralność życia cielesnego*, Poznań 1999.

[13] Similar views in N. Lenoir, *Bioetechnology, Bioethics and Law: Europe's 21st Century Challenge*, "Modern Law Review" 2006, vol. 69, no. 1.

or consciousness is a primary feature of mentalmental life. Observing one's own mentalmental life through self-awareness is introspection. Consciousness or intellect controls the will and feelings. Psychology recognizes three levels of mental life: psychophysiological, psychosocial and rational-spiritual.[14] *Physiological psychology* reduces man's mentalmental life to the physiological processes of the nervous system. Sociology shows the psychosocial aspects of human life – social life. 'The main centre of psyche is the self, the ego is only the core of the consciousness sphere, often usurping the right to be the axis of the whole mental life.'[15]

For the ontology of biojurisprudence, it is highly significant to distinguish between the health of mentalmental life and unhealthy mentalmental life. While mentalmental life is a norm, which determines man's normal and social life, mental illness, by disturbing this normality, creates serious normative difficulties. The state of man's mentalmental life – healthy or ill – exerts an impact on the general condition of his/her health, which in turn influences the state of social life. Changes in man's mental state are caused by various factors. An especially effective factor changing man's mental condition is often indoctrination depriving him/her of independent thinking and inducing him to be completely obedient. After medication, narcotics, and alcohol, man's mental life changes fundamentally, until its disintegration – the breakup into unconnected elements. The shaping of the healthy style of mental life, unlike the unhealthy style, is one of the goals of biojurisprudence.

The ontology of biojurisprudence also includes social life with its great wealth of life segments: religious, moral, political, economic, professional, educational, cultural and many, many others. The ontology of social life explains what parts the society consists of, how they function, what their mutual relations are, what purposes they serve and when and where they are subject to changes. The ontology of social life is the general theory of structure, functioning and changes of societies, regulated by various norms.[16] Perfect social life, without tensions and conflicts, would eliminate the need to regulate it with norms in any way or to consider it by biojurisprudence and biolaw. Like other trends in normative thought, biojurisprudence stems from the imperfection of individual people's and social life.

The epistemology of biojurisprudence

Epistemology or gnoseology, as terms derived from Greek, have their equivalent in the term theory of cognition. In terms of the subject of the theory of cognition, it would even be better to speak of the theory of cognizing as after all it is still an open and unfinished process, are above all the methods and limits of

---

[14] Thus in A. Concini, A. Manenti, *Psychologia a formacja* [Polish translation of Psicologia e formazione], Kraków 2002, p. 19.

[15] P. Moździyński, *Środowisko a życie psychiczne*, text available on the Internet.

[16] H. Waśkiewicz, *Normy życia społecznego według encykliki "Pacem in terris"*, "Chrześcijanin w Świecie" 1979, no. 5–6.

cognition. The epistemology of biojurisprudence, using various cognitive methods, seeks to know life within the boundaries regulated by legal norms, in their relations with religious and moral norms. The specific nature of cognizing life in its diverse aspects consists in determining this process of cognition precisely with life, therefore, this is always, at least to some extent, the cognition of oneself. Certainly, the cognitive process cannot omit such of its fundamental issues as the concepts of truth, causality, fact and fiction, etc.[17]

Biojurisprudence is based on the cognitive assumption that life is the prevalue and prenorm of everything that exists, especially of the law. It is the prevalue because it has an intrinsic value, primary and fundamental to all other values as their source. It is the prenorm because it shapes itself – regulating itself and organizing itself, at the same time showing the determinants and limits of all other regulation. This prenorm is most clearly observable in the thought of natural law, which derives appropriate sets of norms from cognizing the nature of human life, the society, the world, and deities. All other trends in legal thought therefore focus their attention on secondary problems, not directly associated with life as the prevalue and the prenorm, which is recognized and emphasized by biojurisprudence. However, while the thought of natural law is characterized by a philosophical, often speculative nature, biojurisprudence bases its cognitive process and its results mainly on scientific discoveries.

The scientific discoveries of comparative law point to contextualism as a necessary condition of the epistemology of biojurisprudence. The cognitive importance of biojurisprudence depends on the contexts in which life is considered. These contexts are intrinsic to all of the issues of biojurisprudence because they not only define the kind of life but also show its environment and cultural determinants. The relation between a biojurisprudential issue and the context determines the cognition of its essence of content and function. Cultural differences in almost all biojurisprudential problems enable us to speak of comparative biojurisprudence, both domestic and international, even global. The ideas of cultural uniformity still belong to non-realistic thought. Therefore, local determinants mainly determine the choice of the problems discussed, ways of solving them and the adoption of specific decisions to be implemented in practice, with the intention to overcome or deepen inequities among people in their endeavors to strengthen their life, as long and best as possible. Here, biojurisprudence acquires the contexts of sensitivities of local cultures to the elimination of hunger, poverty, pathologies, wars, diseases, suffering and unnatural death rates, depending on the character of the authorities – communist, participatory, or authoritarian.

Just as there are different ways of cognitively practicing bioethics, so too this applies to biojurisprudence, inspired by the rise and development of the former. These ways are anthropocentric and cosmocentric, theoretical and empirical, descriptive and evaluative, narrative and normative. They have specific limits determined by the limits of the prevalue and prenorm of life, and their own cogni-

[17] The problems of biojurisprudence were presented in the form of research projects by inter alia the Faculties of Law and Administration of the Jagiellonian University in Krakow and Białystok University. Professor Oktawian Nawrot of the Faculty of Law and Administration conducts graduate seminars in *Biojurisprudence and philosophy of law.*

tive capacities. Their common ultimate limit is finiteness or finitude in the sense of the death of human, animal, and plant life, the imperfection of human cognition, imperfection of judgment or religious and ethical evaluation, or finally, in the sense of imperfection in regulating the lives of individuals, societies, and the world.[18] Discussions on finitude and limits are necessary for the methodological description and deepening of the subject of biojurisprudence. Advances in biological and medical sciences, once inconceivable for traditional jurisprudence, shift the limits of possibilities of interference in life processes beyond the boundaries of religion and of that which is morally admissible. Not only have definitions of death multiplied, but also the formerly clear-cut boundaries between life and death have become blurred. Axiological and normative systems are lagging behind the extraordinary achievements in biotechnology and biomedicine.

Finitude as a cognitive theory is neglected in practical sciences, including traditional jurisprudence and the law based upon it. Recognized and appreciated by biojurisprudence, finitude allows us to better characterize the ontological limitation of life on a certain level of earthliness. The concept of finitude may cause annoyance among all those who find it painful realize that their own life must necessarily end. In religious faith, finitude is contrasted with the theological idea of eternal life, but it is not earthly and not certain. Ignoring the finitude of life as a constitutive feature of human existence means the lack of existential authenticity as Martin Heidegger aptly put it. Death is an indispensable element, an ontological weakness, an inevitable necessity, frequently tragic, but it does not depend on human choice. The concept of finitude enriches the secular cognitive tools of biojurisprudence, without having to rely exclusively on religious or metaphysical premises. It shows clearly that both the prevalue and prenorm of life also have their final limits.

The mature epistemology of biojurisprudence should constitute open reflection on the content, values, and norms of various cultures on our globe, on all levels of knowledge and methodology. Apart from multi-dimensional contextualism, it should be characterized by many cognitive perspectives or pluriperspectivity.[19] If this epistemology is to be useful in practice, it must discover the good and the righteous in human life. As a special "factory of practical rationality," pragmatic wisdom, and useful prudence, it assumes the need to be involved both in eliminating manifestations of evil damaging to life and the attainment of good or even better life. When it rejects certain biotechnological and biomedical achievements, it adopts a utilitarian attitude, also called consequentialist, comparatively estimating that fears outweigh hopes, or a deontological attitude, justifying fears with religious or metaphysical reasons. When it accepts these achievements, it praises the freedom of scholarly research, expresses trust in scientists and science, it separates research from the applications of its results, it restricts applications rather than research, it closely combines the development of humanity with the advances and development of science. Unlike the thought of natural law,

[18] In English-language literature on the subject this is the conception of *finitude*. See C. Rehmann-Sutter, M. Duwell and D. Mieth (eds.), *Bioethics in Cultural Contexts. Reflections on Methods and Finitude*, Springer, 2006, p. 1 ff.

[19] For the term, see *ibidem*, p. 5 ff.

biojurisprudence is not based on imaginary concepts of nature and natural laws that do not exist in liberal states.[20] The focus of its cognitive pluriperspectivity includes the ideas of autonomy, tolerance, and responsibility.

The process of cognizing the essence, origin, and purposes of life has occurred since the very beginnings of the thinking man. Life is the circle of cognitive interests of almost every serious thinker.[21] In the history of philosophical thought, two main currents, related by sense, in the philosophy of life developed: vitalism and naturalism, also called biologism. The knowledge of justifications of life in these currents provides the basis for creating normative systems: ethics, bioethics, and biojurisprudence.

Vitalism derives its name from the Latin expression *vis vitalis* – life force. Initiated by Paracelsus, it was further developed by 18th- and 19th-century physiologists. It arose from the belief that between animate organic nature and inanimate inorganic nature there is a fundamental difference in quality. It consists in the impossibility to derive the inanimate from life. In any manifestation of life there is its characteristic life principle differently named by various thinkers – entelechy, the dominant, cell soul, life instinct, or life force. Some thinkers gave it spiritual properties, others – material ones, at the same time without identifying it with either the spiritual or the material. Being expressed in the affirmation and cult of the completeness and expansion of all manifestations of life, this ontological vitalism is translated into the language of epistemological vitalism, axiological vitalism, methodological vitalism, and normative vitalism. What is regarded as the opposite of each of the vitalisms is mechanicism. These vitalisms have been countered since the twentieth century by neopositivism, which reduces philosophy do the logical analysis of language on the basis of experience.[22]

Naturalism is the term derived from Latin *naturalis* – natural, innate, inherent. This term, interchangeably used with the term biologism, regards behaviour as good, fair, and just, when they defend life, promote life, and seek to maintain the long life of the human species. Unlike vitalism, in naturalism, the emphasis on the principal value of life is at the same time aimed at the normative protection of maintaining it. Herbert Spencer, as one of the main exponents of naturalism, regarded the selfish maintenance of one's own human life as the main criteria for goodness, fairness, and justice. He justified this equation with the content taken from biologism, evolutionism, hedonism, relativism, and utilitarianism, at the same time rejecting absolutism and ascetism. In Friedrich Nietzsche's thought, the attitude of full, exuberant life – Dionysian – was contrasted with the Apollonian attitude – that of morbid deviations of ascetic idealists. Naturalism included in the circle of its representatives the aforementioned J.M. Guy, and

---

[20] On the relations between the thought of natural law and biojurisprudence see R. Tokarczyk, *Refleksje o życiu jako fenomenie kulturowym* [in:] J. Dębowski, M. Hetmański (eds.), *Księga Jubileuszowa poświęcona Profesorowi Zdzisławowi Cackowskiemu*, Wydawnictwo UMCS, Lublin 2000, p. 311 ff.

[21] Also getting to know the assumptions of biojurisprudence, even by serious thinkers, requires some effort, which they seem to wish to avoid T. Twardowski, A. Michalska, *Kontrowersje – Klonowanie*, "Medycyna Wieku Rozwojowego" 2001, vol. V, Supplement I to no. 1.

[22] See S. Jedynak (ed.), *Słownik etyczny*. It concisely discusses the views of the main representatives of vitalism, especially J.M. Guyan.

parts of the views of earlier thinkers: Epicureanism, Stoics, Cynics, Cyreneans, Hobbes, Helvetius, Rousseau and others. Both vitalism and naturalism, however, interpret human life too one-sidedly; they see only the biological life of man without sufficiently appreciating his/her spiritual and social life.

The closest to ideas of the protection of life is the ethics of reverence for all life advanced by Albert Schweitzer. In his view, only such an ethics is complete, profound, sensitive, mature and serious. He explains that the ethics of reverence for life, which requires kindness to all living beings, corresponds to the natural sensitivity of any thinking man. By practising ethical behavior towards all creatures we are in a spiritual relationship with the Universe. Through reverence for life we become religious in a natural, profound, vivid way. The fundamental fact of which we are aware at any moment of existence, is this: 'I am life that wants to live, in the midst of life that wants to live.' 'Goodness is the saving or helping of life, the enabling of whatever life I can to attain its highest development Evil is what annihilates, hampers, or hinders life' [or 'good consists in maintaining, promoting, and enhancing life, and that destroying, injuring, and limiting life are evil']. The fundamental ethical principle is therefore reverence for life. Everything that we render to a living being as good is ultimately the assistance we provide to maintain and enhance its existence. Most importantly, reverence for life commands us to do the same as the ethical principle of love. The difference being that reverence for life contains the justification for the imperative of love and demands compassion for any creature.[23]

Biojusgenesis, along with biojustherapy and biojusthanatology, is one of the three elements, which co-create the subject matter of biojurisprudence. For that reason, for biojusgenesis in particular, and for biojurisprudence in general, certain epistemological significance is attached to the philosophical, scientific and religious problems pertaining to the origin of life.[24] For these issues, expressed with the question about how the world and man originated, there are two competing answers: secular evolutionism and religious creationism. According to evolutionism, the theory developed by Charles Darwin, the path that the life of individual species of living beings travelled after the Earth came into being has the nature of long-term evolution. All religions, however, see the driving force of all life in a single act of creation performed by differently understood gods. While evolutionism is based on materialist foundations, creationism has no real, sense-based, perceptible object of research because it appeals to religious faith. The fact that creationism ignores the fundamental principle of scientific methodology – possession of a real object of research – does not deprive it, however, of importance to biojurisprudence. This importance stems from the serious impact of religion on the shaping of normative axiology.

The coexistence of many religions and many moralities creates cognitive difficulties in axiological and normative choices for liberal, democratic and pluralist societies. The problem is to choose the authority empowered to define what is good

[23] A. Schweitzer, Speech delivered in 1952 in Academie des Sciences Morales et Politiques in Paris [in:] I. Lazari-Pawłowska, *Schweitzer*, K. Krzemień (trans.), Warszawa 1976, p. 226 ff.

[24] An introduction to these vast problems, widely discussed for a long time, was prepared inter alia by D. Soczyńska, *Nauka i filozofia o pochodzeniu życia* [in:] K. Łastowski, P. Zeidler (eds.), *Wykłady z filozofii dla młodzieży*, Poznań 2001, p. 19 ff.

and what is evil from a moral standpoint, and what is just and unjust from a legal standpoint. The role of biojurisprudence, in its closest relationship to bioethics, in publicly cognizing, considering and making axiological and normative choices, consists in providing information indispensable for making biolaw established in the bioethical beliefs of societies. In shaping these beliefs, one should indicate one or more general principles, from which particular norms could be derived. The choice of one principle is supported by the principist approach, and of more than one principle – by the four principles approach. Both approaches seek this principle or principles in the contexts of the whole subject of biojurisprudence connected with the subject of biolaw.

Although biojurisprudence is based on one ontological, axiological and normative principle – precedence of life as the prevalue and prenorm, it still seeks one epistemological principle. The quest for such a principle in bioethics has so far been unsuccessful in pluralist societies. Even the search for a procedural principle of social consensus on the material foundation of the principles of value and regulation of life does not go beyond the level of dispute. There are also doubts as to whether the task of these academic disciplines – biolaw and biojurisprudence – consists of seeking to attain a social consensus. We should distinguish here between a desirable cognitive consensus and a consensus, almost always raising some doubts, about the practical application of it. Despite instances of social consensus, people in the present-day world still do not fully know what they are obliged to do to one another in practice. Bioethics and biojurisprudence formulate in this area only minimal, although the most important, basis for such practical obligations.

The four principles approach avoids seeking one most general principle, trying to distinguish the medium-range principles that govern bioethics and are useful for biojurisprudence. They are: 1) respect for man's autonomy; 2) nonmaleficence; 3) beneficence; 4) justice.[25] Although the second and third principles essentially express the same, only in the negative or positive form, they can all be useful, however, for contextual analyses in bioethics and biojurisprudence. Without imposing some hierarchy of their cognitive importance, they can be equally helpful in developing more particular norms of solving bioethical and biojurisprudential conflicts. The authors of the four principles approach also introduced the concepts of coherentism and specification belonging to the epistemology of bioethics and biojurisprudence Coherentism or 'reflexive equilibrium,' as John Rawls termed it, is the process of a two-way adjustment of general principles to particular norms, and particular norms to general principles. Specification, on the other hand, applies to general principles so that more particular norms could be deduced from them.

For the purposes of biojurisprudence, I propose the epistemological principle of obviousness or self-evidence as the basis of the cognitive certainty of truth at the same time. Self-evidence is sometimes accepted as a criterion of truth while certainty is distinguished from belief, conjecture, opinion, and plausibility. When defining self-evidence the conditions of immediacy and visualization (visual in-

---

[25] See T. Beauchamp, J. Childers, *Principles of Biomedical Ethics*, New York 1979, 5th ed., 2001.

tuition) of cognition co-occur as the sources of obtaining knowledge, in our case – the knowledge of life. Out of many cognitive activities claiming to be immediate, only to getting to know one's inner life, whether spiritual or mental, called introspection, raises no objections to its immediacy. Visual intuition does characterize sense-based cognition of life; it is more difficult, however, to speak of visualization in getting to know even one's own inner life, even less so the manifestations of purely intellectual life. Science accepts, however, that if we attribute to cognitive assessments and their relations their self-evidence stemming from immediacy and/or from visualization, we thereby confirm their truth or falsity. The concept of self-evidence, close to the concept of intuition, applies first of all to simple, uncomplicated cognitive contents, here concerning life.

With the cognition of life, just as with cognition of other phenomena, there are as many cases of self-evidence as manifestations of immediacy and visualization of life cognized. There is thus sense-based, spiritual, emotional, rational self-evidence and other types. Theorists explain these types of self-evidence in the group of cases of empirical or assertorical self-evidence, and in the group of cases of aprioristic or apodictic self-evidence In either group, the ascertainment of self-evidence excludes doubt, for example as in Descartes' famous proposition: *Cogito ergo sum*. Contemporary epistemology finds a proposition self-evident which is enough to understand to be convinced about its truth or falsity. In biojurisprudence, self-evidence is applied more broadly in its ontology and epistemology while its axiology and methodology will probably never attain such a broad range of consensus in pluralist societies. When examining the relationship between self-evidence and truth, it is easy to observe that they are determined by the levels of sensitivity, abilities, intelligence, education and socialization. Self-evidence has then the character of subjective self-evidence – intellectual or emotional, in relation to objective self-evidence – independent of whether it is perceived or not perceived by a cognitive subject. In broader studies on truth, unconditional or absolute certainty (*certitudo absoluta*) both empirical (assertorical) and aprioric (apodictic) is distinguished from conditional certainty (*certitudo conditionale*) also both empirical and aprioric[26].

The axiology of biojurisprudence

The axiology of biojurisprudence is another constituent of the subject of biojurisprudence, which produces probably the most important disputes which are difficult to resolve unambiguously, concerning the value of law. Seeking to eliminate these disputes, for example on the basis of the principle of self-evidence understood by anyone, biojurisprudence sees the primary, highest and fundamental value in life, especially in human life. Life, as the primary value or prevalue, creates the first natural norm, the prenorm for all the other values of law: justice, rightness, order and others expressed in legal norms. Life, as the highest value

[26] For more, see inter alia S. Judycki, *Szkic o oczywistości i pewności*, available on the Internet.

is a value in itself, which conditions the origination, existence and realization of all other values. Finally, life is a fundamental value because the whole world of humans, animals and nature arises from it. For these reasons, life deserves normative protection, not only on the part of all normative systems, especially law, religion, and morality.

The boundaries of the axiology of biojurisprudence run between the affirmative extreme of the cult of life and the destructive extreme of the cult of death. The cult of life was extolled by many trends of thought, especially Epicureanism or hedonism. The cult of death, however, is found in justifications for sacrificing one's life for gods, nations, the family, and for a desperate rejection of its low quality. The cult of life makes one treat life as a special gift, right, and duty while the cult of death appeals to higher values than the life of an individual. Therefore, 'man lives not only by the power of his body, not only by the energy of his life, but above all by the way he/she is dedicated to values.'[27] Values, *nolens volens,* permeate the whole of human life, hence it is impossible to evade axiological issues. They also imbue the whole of legal thought and all law, which is recognized and emphasized by the axiology of biojurisprudence.

Although man's life is a value in itself, it is subject to assessment by different conceptions of the quality of human life. One of the most mature conceptions is one of the indicators of quality of life developed by the British weekly 'The Economist.' These are the indicators, which make the axiology of biojurisprudence realistically measurable: material wellbeing indicated by the GDP per person in US dollars; health with life expectancy; political stability and security ratings; family life with divorce rate per 1000 population; community life measured with the rate of church-attendance or trade-union membership; climate and geography expressed with latitude to distinguish warmer and colder climates; job security measured with unemployment rate in percent; political freedom with political and civil liberties on a scale of 1 (completely free) to 7 (unfree); and gender equality measured with the ratio of average male and female earnings.[28] The axiology of biojurisprudence recognizes quality of life as a significant feature of life's value belonging to the domain of regulation, not only by law.

The axiology of biojurisprudence rests on the credo of the axiology of bioethics consisting of the following duties: the condition for the survival of mankind and nature conditioning this survival in a crisis-ridden world is the necessity of broad international cooperation with a global reach. Each man should be concerned not only with enhancing the quality of his/her life but with the survival of just as good a life for future generations. It is necessary to accept the arguments and emotions of each man in manifesting his/her uniqueness without, however, endangering the good of the community; the inevitability of suffering in nature imposes on man the duty to alleviate and eliminate it; the acceptance of the awareness of the necessity of death should not clash with respect for life, for the brotherhood of man, and with responsibility to future generations, animals, and

---

[27] A. Siemianowski, *Człowiek a świat wartości*, Gniezno 1993.

[28] These indicators are available from Wikipedia on the Internet.

nature.[29] These are the duties of global ethics conducive to aspirations of biojurisprudence to attain a global reach.

While the ontology of biojurisprudence seeks answers to the question of what life is, the axiology of biojurisprudence asks whether life has a value, and if so, whose life; what value it has in its particular stages: birth, youth, adulthood, old age, and dying; or finally, whether the value of man's life depends on how his/her actions and behaviour are assessed. Both ontology and axiology find it difficult to answer these questions. There are just as great difficulties in trying to derive axiological beliefs about life's value from the ontological definitions of life. These difficulties are compounded by the conception, called the naturalistic fallacy, that maintains that from the description of a being the values of this being do not follow, here life, especially human life.[30] One of the Polish proponents of this conception wrote: 'Life is a necessary condition for the existence and survival of other values. It does not mean at all, however, that something that is a necessary condition for the existence of other values thereby acquires a special value.'[31] Proponents of avoidance of the naturalistic fallacy distinguish between a logical descriptive order of thinking about life and the axiological order that gives a life value. According to them, logical descriptions of life show objective existence without at the same time determining its objective value; human life has only a subjective value determined by different cultural factors.[32]

The axiology of biojurisprudence rejects the conception of naturalistic fallacy in reference to the well-founded possibility of deriving the value of man's life from the description of his/her life. Out of all values, the value of human life is the only intrinsic value, primal and thereby exceptional, being the source, prenorm, and sense and the goal of all other values in the broadest sense. As the prevalue and prenorm of this kind, it cannot be treated equally with other values, which are secondary to life and most often serve as its means. Therefore, only human life is an autonomous value while all other values are instrumental ones in relation to it. Separation of the ontological order from the axiological one in the case of human life leads directly to the paradoxical conclusion that man's spiritual life, especially intellectual, has no relationships with the physical life. It tries to reduce the dimensions of life to two separate worlds – biological and spiritual, contrary to the principle of self-evidence which shows the closest, inextricable, lasting and necessary relationships between them, ensuring the integrity of the human person. The axiology of biojurisprudence is well-established in most Western and Eastern cultures.

We shall now stop at a very general survey of views, which, however, recognize a unique value in human life. The view which grants the highest value to man's life, merely because he/she belongs to the *homo sapiens* species, is criticized by the opponents of specieism, who see similar arguments for granting value also to

---

[29] *Credo* was first published by V.R. Potter, *Bioethics. Bridge to the Future*, New Jersey 1971, p. 196.

[30] J. Searle, *Jak wywieść "powinien" z "jest,"* "Etyka" 1978, vol. 16.

[31] Z. Szawarski, *Wartość życia* [in:] *idem* (ed.), *W kręgu życia i śmierci*, Warszawa 1987, p. 56.

[32] For more, see inter alia. R. Tokarczyk, *Współczesne kultury prawne*, 6th ed., Warszawa 2007.

other species.[33] Human life has an exceptional value in religious views that recognize it as a gift from God, who created man in his image and likeness, investing his/her soul with the property of immortality, and retaining the exclusive right to decide about the end of his/her life.[34] Human life has a special value in light of the views that attribute to man inalienable, inherent dignity expressed with his/her mind and free will. It is an autonomous value expressed in the general, necessary, universal and formal law of the categorical imperative formulated by Immanuel Kant. The categorical imperative has three formulas of: Universal Law 'Always act according to that maxim whose universality as a law you can at the same time will,' the End in Itself 'Act with reverence to every rational being (whether yourself or another) so that it is an end in itself in your maxim... never as a mere means;' and Autonomy 'So act as if your maxims should serve at the same time as the universal law (of all rational beings.'[35]

The humanitarian but too general and absolute categorical imperative has negligible normative significance in practice. According to the view distinguishing persons from objects, the former have an absolute value while the latter only a relative value.[36] This view has the flaw of failing to acknowledge, on the one hand, the existence of animals with properties of personality (chimpanzees, dolphins), and on the other hand, the existence of people devoid of the features of person (embryos, newborn babies, comatose people). In utilitarianism, based on the comparative assessment of the value of pleasure and happiness and the value of suffering and unhappiness, the relative rather than absolute value of human life is justified.[37] To justify the value of life, the desire alone for life is given, which somehow explains the right to life but it does not after all take into consideration the human beings and animals without consciousness.[38] Even less widespread is the view that the value of quality of life is determined by its subject – man him/herself.[39] Finally, we must also mention the view justifying the value of man's life by the presence of mental dispositions that other people value highly.[40]

The scopes of the axiology of biojurisprudence also comprise the value of animal and plant life, discussed in detail in the currents of the thought of ecologism. The separate character of these currents is discerned depending on how they explain the relation of the value of human life to the value of animal life and of

---

[33] On specieism and its analogies to racism, nationalism, and feminism, see e.g. P. Singer, *Etyka praktyczna* [Polish translation of Practical Ethics], Warszawa 2003, p. 65 ff.

[34] Contrary to superficial interpretations, these religions, particularly Christianity, do not however contain the faith in the value of the life of any man. On the basis of an evaluation of behaviour, they recognize the value of life of religious, moral and righteous people, admitting the deprivation of unworthy lives of sinners, heretics, enemies in a just war, in self-defence. This was expressed especially by Thomas Aquinas, *Summa theologica*, 2–2, qu. 64, a. 2.

[35] I. Kant, *Uzasadnienie metafizyki moralności* [Polish translation of Grundlegung zur Metaphysik der Sitten], Warszawa 1984, pp. 50. 51, 62.

[36] This is also the view most clearly presented by Kant, *ibidem*, s. 61 ff.

[37] Especially so by J. Bentham, *Wprowadzenie do zasad moralności i prawodawstwa* [Polish translation of Introduction to Principles of Morals and Legislation], Warszawa 1958, p. 17 ff.

[38] This view was developed in many of his works mainly by P. Singer, inter alia in *Animal Liberation*, London 1975, p. 33 ff.

[39] See T. Regan, *The Case for Animal Rights*, Berkeley 1983.

[40] Z. Szawarski, *op.cit.*, p. 70 ff.

other constituents of nature. In Western cultures the value of human life is given precedence over the value of animal and plant life. From Aristotle, to Thomas Aquinas, to the present day, in these cultures the view prevails that plant life is subordinated to animal life, and animal and plant life – to human life. In Eastern cultures, especially in Hinduism and Buddhism, all manifestations of life have equal value. There are also cultures supported by ecologism, where harmonious coexistence of people with animals and plants is sought.

Western cultures are based on the anthropocentric attitude to the assessment of the value of animal and plant life, which has its religious and secular versions. The religious version invokes the Bible, showing the hierarchy of animate beings created by God and subordinated to man's rule for his practical ends. In this version, man is permitted to kill animals, devoid of the immortal soul, but not to treat them cruelly. The more so he is permitted to use plants. The question remains open as to what extent the biblical idea of man's domination over nature may have contributed to his/her destructively exploitative attitude to it. Some of the present-day interpreters of the thought of Thomas Aquinas – neo-Thomists – attempt to tone down the idea of man's absolute rule over nature. Like ecologist thinkers, they recognize the separate character of the wealth of animal life, which is a great value, not only a utility vale.[41] In the secular version, anthropocentrism has developed since ancient times. The highest value of man's life among all animate beings is justified by his/her rationality as the highest link in biological evolution, which allowed him/her to attain the level of social life.

Anthropocentrism is condemned by animal rights advocates, accusing it of species chauvinism or specieism, which assesses the value of life of all species of animate beings from the standpoint of the apodictically accepted, highest value of the human species. Animal liberation movement thinkers demand rights for all animate beings capable of suffering. Striving for a new ecological order, they regard the survival of animals and plants as a condition for the survival of man.[42] In the thought of contemporary utilitarianism, the subjectivity of animals is considered in comparison with man's moral and legal subjectivity. Differences between a fully healthy man and animals are clear-cut as regards the capacity to acquire rights, obligations and responsibilities. They disappear entirely when we deal with sick people, incapable of expressing their subjectivity. Then the rights of these people are represented by their attorneys, who should also be appointed to represent animal rights. Another justification for granting rights to animals shows the existence of the interest, needs, aspirations, and feelings of animals just like people's. Therefore, animals should be at least entitled to the right to life, freedom, property, territory, and the right to humane rather than cruel treatment. Animal life has a lesser value than human life but it is not an exclusively instrumental value.[43]

Anthropocentrism is totally rejected by the view that justifies the equality of people and animals as animate beings. The founder of this view sees this equal-

---

[41] Thus e.g. T. Ślipko, *Granice życia. Dylematy współczesnej bioetyki*, Warszawa 1988, p. 65 ff.

[42] L. Ferry, *Nowy ład ekologiczny. Drzewo, zwierzę, człowiek* [Polish translation of The New Ecological Order], Warszawa 1995, p. 44 ff.

[43] J. Feinberg, *Obowiązki człowieka i prawa zwierząt*, "Etyka" 1980, no. 18.

ity in the capability to suffering.[44] From equality so understood, he derives the conclusion about the value of animal life, which deserves normative protection: moral and legal. The view of equal axiological and normative treatment of human and animal suffering is, however, subject to an exception when there is a conflict of interest between people and animals, above all when it is necessary to choose between man's life and animal life. Then higher value should be accorded to human life. However, this exception does not eliminate doubts as what to do when a conflict of interest relates to people at the mental level similar to animal level. Serious practical consequences follow from this radical view: a ban on experiments on animals, vegetarianism, stopping the breeding of animals and a resolute condemnation of hunting.

'As part of utilitarianism a different approach to the question of value of animal life is also possible. If we understand utility as an increase in the sum of happiness (pleasure) in the world, then we will consider it evil to kill a being capable of experiencing sensations insomuch as it causes a decrease in the sum of pleasures in the world. If we introduce additional differentiation between beings capable of experiencing sensations into: 1) beings that are conscious of themselves and desire to live (man and higher-order animals), 2) beings that only feel pleasure and pain but show no desire to live (lower-order animals), and we conclude that specimens of a given species are replaceable, then we are allowed to kill a being showing no desire to live if another specimen of the same species appears to replace it. What is most important here is that the sum total of pleasures in the world should not decrease. The principle of utility in connection with the principle of replaceability allows one to morally justify killing of lower-order animals (e.g. hens) ... it can lead to justifying e.g. infanticide. No wonder that such an approach raises fears.'[45]

The opposite of anthropocentrism is biocentrism which recognizes the value of everything that is alive – people, animals, and plants, and demands the protection of them. The fundamentals of biocentrism are contained in the conception of reverence for life, developed by Albert Schweitzer and adopted by supporters of ecocentrism. He was illuminated by the idea of reverence for life while he was travelling down the African river of Ogawe, and saw a herd of hippopotami at sunset. By reverence for life he wanted to express the primal and universal notion of moral good. Reverence for life stems, we should repeat, from the awareness that 'I am life that wants to live, in the midst of life that wants to live.' This leads to the fundamental moral principle: 'Goodness is the saving or helping of life, the enabling of whatever life I can to attain its highest development. Evil is what annihilates, hampers, or hinders life.'[46] Reverence for all life has an axiological and normative sense – religious, moral, legal, or even mystical. It follows from it that killing and hindering life is always evil, which should be minimized and eliminated contrary to antihumanitarian justifications.

---

[44] This would be P. Singer, *O życiu i śmierci. Upadek etyki tradycyjnej* [Polish translation of Rethinking Life and Death. The Collapse of Our Traditional Ethics], Warszawa 1997.

[45] D. Ślęczek-Czakon, *Problem wartości i jakości życia w sporach bioetycznych*, Katowice 2004, p. 51.

[46] A. Schweitzer, *Problem etyki w wyższym stadium rozwoju ludzkiego myślenia* [in:] I. Lazari -Pawłowska, *op.cit.*, p. 232.

A trend that goes beyond the protection of animate nature only is deep ecology, which opposes shallow ecology.[47] While the latter, anthropocentric, aims to protect the life of nature for the sake of protection of human life, the former aims to protect the whole of nature – animate and inanimate, bearing in mind its intrinsic value. Deep ecology would like to overcome all manifestations of present crises by shaping a new ecological awareness, which rejects anthropocentrism, liberalism, and pragmatism. New ecological awareness recognizes the equality of all interrelated living beings, which demand protection not only of themselves but also of inanimate nature. 'In practice, such a program means, inter alia, limiting human population, restricting human expansion and the scale of man's interference in nature, maintaining consumption at the necessary level, preserving virgin areas on Earth, changes in the manner of agricultural and industrial production, changes in management and decision making – political and economic (instead of a centralized national community – alternative communities, i.e. bioregions) ... This program is supported by some ... while others are definitely against it... deep ecology may lead to fundamentalism, authoritarianism, or totalitarianism.'[48]

Even this brief survey of the justifications for the value of life shows that they are highly diversified. These justifications play a significant role in science while in popular thinking it is enough to recognize the value of life on the basis of self-evidence. The axiology of biojurisprudence respects every justification for the value of life, recognizing that the scope of this respect does not at all have to follow from its scientific character. We should agree with the view that 'If we therefore attribute specific value to certain living organisms, this is not because they are living ones but because they are endowed with some specific properties – the more these are developed and capable of forming specific mental dispositions, the more we are inclined to value them. However, life by itself, life devoid of any value-making features, is at best a necessary condition for life, which is worth living or life worthy of man.'[49]

The methodology of biojurisprudence

The methodology of biojurisprudence is a constituent of biojurisprudence, whose subject are scientific methods considered for their cognitive importance determined by the results obtained. This subject comprises: concepts, theses, hypotheses, judgments, norms, principles, and theories. Among the divisions of methodology, the principal one is the division into general or logical methodology, applied in all sciences, and particular methodology of individual sciences. Biojurisprudence is a social science but it has very close relations with other sciences, especially biological and medical. Its needs are best served by the methods

[47] For more see especially B. Devall, G. Sessions, *Ekologia głęboka. Żyć w przekonaniu, iż Natura coś znaczy* [Polish translation of Deep Ecology. Living as if Nature Mattered], Warszawa 1994.

[48] D. Ślęczek-Czakon, *op.cit.*, p. 54 ff.

[49] Z. Szawarski, *op.cit.*, p. 76.

of social sciences – logical, descriptive, philological, genetic, statistical, comparative and others. Methods are also developing, which apply to the investigation of the main value and norm of biojurisprudence, or life.[50]

Biojurisprudence as the name of a new current in jurisprudence directly points to the connections of its subject with biology, especially bioethics and jurisprudence, identified here with the science of law, philosophy of law, theory of law, and legal thought. Indirectly, biojurisprudence is linked to the subject of technology – bio-technics enabling the application of biological achievements to its own needs – biotechnology, and to the needs of medicine – biomedicine. The subject of biojurisprudence does not cover all subjects of biotechnology, bio-technics and medicine. It embraces those of their parts that apply to human life and the life of nature, thereby requiring regulation by law – biolaw. The regulation, based on the comparative knowledge of religious and moral norms of different world cultures, is meant to protect them against risk-laden experimentation and its uncertain, still unpredictable effects.[51]

Inquiries into the essence, sources and function of biojurisprudence and biolaw call for a closer definition of their character in the form of theses and hypotheses. Although biojurisprudence and biolaw are the most spectacular phenomena of jurisprudence introduced into science at the close of the twentieth century, they already encourage us to present the whole history of jurisprudence and law in light of their [biojurisprudential and biolaw] assumptions

Thesis one. Life, especially human life and the life of nature, defines the most profound sense of the subject of jurisprudence and the subject of law.

Hypothesis one. Before the conception of biojurisprudence and biolaw arose, the development of jurisprudence and law, in their most profound sense, was determined essentially by the natural processes of human life and the life of nature.

Thesis two. The current development of biological sciences (biotechnology), utilized through technology (bio-technics) by medicine (biomedicine) consists largely in artificial interference in the natural processes of life.

Hypothesis two. The effects of the artificial interference of biotechnology, bio-technics and biomedicine in the natural processes of life, considered by jurisprudence and regulated by law, determine the present contours of the subject of biojurisprudence.

Thesis three. The regularities of the rapid development of biotechnology, biotechnics and biomedicine show the broader and broader range of their artificial interference in the natural processes of life.

Hypothesis three. The widening range of artificial interference in the natural processes of life means the declining importance of traditional jurisprudence and the existing law with a simultaneous increase in the importance of biojurisprudence and biolaw.

---

[50] See e.g. W. Ostasiewicz (ed.), *Metodologia pomiaru jakości życia*, Wrocław 2002; E. Dolny, *Metodologia budowy tablic trwania życia* [in:] *Demografia i polityka ludnościowa*, available on the Internet; also N.S. Jecker, A.R. Jonsen, R.A. Pearlman, *Bioethics: An Introduction to the History, Methods and Practice*, Jones and Bartlett Publishers, 2007.

[51] R. Tokarczyk, *Biojurysprudencja. Nowy...*, p. 11 ff.

Thesis four. The effects of artificial interference in the natural processes of life are subject to various assessments, above all, however, to religious, moral and legal evaluations.

Hypothesis four. The religious, moral and legal evaluations of the effects of artificial interference in the natural processes of life are, in a comparative interpretation, an important constituent of the subject of biojurisprudence that significantly influences the practice of making and applying biolaw.

Thesis five. From a diversity of assessments of artificial interference in the natural processes of life follows a conviction that not everything that is technically possible is axiologically acceptable and should not be permissible normatively.

Hypothesis five. A conviction that not everything that is technically possible should be normatively permissible defines the axiological framework for the practice of making and applying biolaw.

Thesis six. Unlike the speculative nature of earlier biological, technological and medical theories, contemporary biotechnology, bio-technics and biomedicine are of entirely practical character.

Hypothesis six. The consequence of the practical character of biotechnology, bio-technics and biomedicine in jurisprudence and law is the definitely practical orientation of biojurisprudence and biolaw.

Thesis seven. It is still difficult to fully estimate and also even to predict all of the highly serious effects of artificial interference in the natural processes of life.

Hypothesis seven. The seriousness of the effects of artificial interference in the natural processes of life may mean the necessity to entirely re-orientate the direction of the development of jurisprudence as well as the principles of making and applying the law.

Thesis eight. The divergence of views in jurisprudence and in the practice of making and applying the law stem from the lack of acceptance of life as a prevalue and prenorm.

Hypothesis eight. Acceptance of life as the prevalue and prenorm would create solid foundations for reinterpretation of the whole history of jurisprudence and law, which preceded the rise and development of biojurisprudence and biolaw.[52]

The methodology of biojurisprudence starts from the facts of manifestations of life, then assesses them mainly in religious and moral terms, to create norms on the basis of these assessments and, basing on the general sense of sets of norms, to create principles, institutions, and branches of law – biolaw. The object of description, assessment, and regulation is mainly human life, much less animal life or the life of nature. Although almost all branches of science try to describe life, its essence still remains the domain of biological sciences. Assessment of life attracts particular attention of theology and ethics. In some practical sciences, probably most clearly in medicine and economics, descriptions and evaluations of life merge into almost inseparable wholes. Descriptions of life form the basis

[52] This is a modified interpretation as compared with the interpretation in R. Tokarczyk, *Prawa...*, p. 19 ff.; The name *biojurisprudence* was used, when discussing similar issues, by P. Binetti, *Biotechnology and the birth of a third culture*, available on the Internet.

for assessing it, which in turn is the basis for its moral and legal regulation. The triad of description, assessment and regulation of life derives from divergences between views relating to life, which can probably never be eliminated.[53]

A normative biojurisprudential assessment, based mainly on selected religious and moral assessments shows the values of different aspects of life of man, animals and nature in terms of sacredness and goodness for the purpose of making and applying biolaw. Showing the value of a particular aspect of life allows us to recognize the natural limits in regulating it. A biolegal norm is the formulation of duties of conduct correspondent with striving to protect and enhance the quality of a specific aspect of life. Sets of legal norms form institutions of biolaw – the right to birth, right to life, right to death or die. On their basis, braches of bio law can be distinguished; each of them would regulate a specific aspect of human, animal, social, international and nature's life The branches of biolaw, in their logical relationships, could be called the system of biolaw, although the term system need not play such a significant role here as in the culture of statutory law.

The description of methodology of biojurisprudence can be made more detailed by transferring onto its area the knowledge of four kinds of statements essential for description, assessment, and regulation by law: descriptive, evaluative, obligational (directive), and performative.[54]

Descriptive biojurisprudential statements describe the existence of specific facts of biojurisprudence or some aspects of life. An example of such a statement is the proposition: 'Human life exists.' Descriptive statements, aspiring to truth or to ascertain their falsity, have a logical value because truth or falsity are cognitive criteria, which logic deals with. Although the truth or falsity of description remains part of incessant philosophical and scientific disputes, Aristotle's classic definition of truth is still of fundamental significance. According to this theory, truth consists in the correspondence of description in a proposition with reality (*adequatio rei et intellectus*). In the example adduced, reality confirms the descriptive statement: 'Human life exists.'

Evaluative biojurisprudential statements express in assessments through the assesser's language his/her inner experience of approval or disapproval of specific aspects of life. The diversity of points of view in biojurisprudential evaluations is just as immense as the vastness of areas of life, but the main role in it is played by moral and religious evaluations in their relationships with biotechnological and biomedical assessments. In respect to normative needs – those of making and applying law – we should distinguish between principal (proper, autonomous) biojurisprudential assessments and instrumental (technical, utilitarian) biojurisprudential assessments. The former assess life for its own sake, the latter – for other values. An example of the former can be the proposition 'Human life is the prevalue and prenorm.' An example of the latter is the proposition 'Social life, in all its manifestations, is the means of maintaining and enhancing the quality of human life.' The evaluative statements of biojurisprudence assess as fundamen-

[53] R. Tokarczyk, *Triady dobra najwyższego*, "Prawo i Życie" 2000, no. 2, p. 72 ff.

[54] A more developed presentation was elaborated by T. Pietrzykowski, *Etyczne problemy prawa*, Katowice 2005, p. 15 ff.

tal not only the value of the lasting of life itself but also its variable qualities from conception to death.

Obligational biojurisprudential statements play the key role in the languages of religion and theology, morality and ethics, law and jurisprudence. The obligations contained in these statements define the normative limits of imperatives and prohibitions of lawful behaviour under given circumstances. In biojurisprudence, obligational statements unambiguously define one's attitude to human life as the prevalue, creating for it the norm of maintaining and enhancing quality of life. Relations between evaluative statements and obligational statements are bilateral: assessments can justify norms and norms – assessments. When, however, assessments are subject to axiological choices, norms aspire to indisputable bindingness in the sense of practical manifestation of their normativity.

Performative biojurisprudential statements are ones that treat the description of accomplishment as identical with the accomplishment itself. The statement itself about accomplishment is treated here as the simultaneous act of accomplishment. There are many examples of performative statements in biojurisprudence. Some of these include: 'I give you the name John,' 'I pronounce you man and wife,' 'I accept your offer,' 'You are accused on the strength of the indictment,' 'By virtue of the sentence you become a prisoner,' 'the court decrees the conviction null and void.' In Polish legal terminology, performative statements are called conventional acts. Convention or conventionality provides such statements with their legal causative force – accomplishment of specific changes in man's life or in other spheres of life.

Descriptive biojurisprudential statements allow us to speak of descriptive biojurisprudence, while evaluative, obligational and performative statements co-constitute normative biojurisprudence. While the former can have the character of both theoretical and practical biojurisprudence, the latter is clearly practical biojurisprudence.

In biojurisprudential thought, there disappears a serious difficulty of normative sciences called the naturalistic fallacy, which consists in deriving obligational statements from descriptive ones: "ought" from "is."[55] The naturalistic fallacy denotes equation of the values of the object being assessed with its described empirical properties. If, according to biojurisprudence, man's empirical life as a condition for his/her spiritual and social life, is the prevalue because all other values follow from it, by self-evidence, there is no need to consider or prove it at length. Man's life combines the sphere of being and the sphere of obligation into one; maintaining life and enhancing its quality is a duty towards him, dictated both by the instinct of self-preservation and man's rationality, aware of the value of his/her humanity. This duty, however, encounters limits when the assessment of quality of life is negative. This is associated with the problems of wrongful life, suicide, euthanasia, and the death penalty for homicide.

Biojurisprudence, recognizing the prevalue and prenorm in human life at the same time, also overcomes the dispute over cognizability of values. This is a dispute between the standpoint, which supports the idea of cognizability of values – cognitivism, and the standpoint, which maintains that values are not cognizable

[55] See note 30.

– non-cognitivism. If human life is the prevalue – the source of and condition for all other values, then the cognition of life must the obvious condition for maintaining it and enhancing its quality. This is what the cognition of all social sciences and most biological sciences ultimately aims at. Even technical and exact sciences, seemingly not directly related to the protection and quality of man's life, can also exist thanks to his/her life and serve it in some indirect ways. We also know that many aspects of human life are still being cognized more thoroughly, or are even still unknown. Knowing these aspects of human life would broaden and deepen the knowledge of its values.[56]

From human life, as the prenorm according to biojurisprudence, there follows the four-level structure of its normativity as the basis of biolaw. On the first level, there are assessments of particular cases or situations, which are made by any rational man. On the second level, these assessments acquire the features of obligation in the norms (rules) that can be applied not only to one particular case or situation but also to other similar cases or situations. Norms tell their addressees what to do and not to do. On the third level, principles appear, which are sometimes difficult to distinguish from norms. This distinction is based on discerning a greater generality and depth of principles than norms. Principles do not tell us concretely and specifically what to do and not to do. They provide a basis for developing and properly understanding norms as the application of principles. Finally, on the fourth level, we find normative theories, even broader and more general than principles, such as natural law theory, utilitarianism, Kant's deontology, virtue theory, etc. Normative theories generalize normative principles leading to norms and those to assessments of particular cases or situations.[57]

The first two levels of the normative structure of biojurisprudence belong to casuistry (as the basis of case law). "Casuistry" derives from Latin *casus* denoting a case, event, or situation. There are countless works by theologians, lay philosophers and lawyers who justified or used casuistry. Casuistry constitutes the foundations of justice in the common law culture. In the 18th century, this term had a pejorative meaning in the descriptions of practices by Christian theologians, known as "conscience cases." Since the 1970s casuistry has consolidated and developed its importance in bioethics,[58] and since the 1990s – also in biojurisprudence and biolaw. This is a method of analyzing and resolving particular cases by interpreting normative principles and theories in the contexts of their circumstances. It consists in moderating tension between general norms, principles and theories, and particular decisions, which is called proportionism.[59] Proportionism, referring to the Aristotelian golden mean, recommends that extreme judgments, norms (rules), principles and theories be avoided. Aristotle also maintained that ethical judgments do not belong to the realm of scientific knowledge but are the

[56] See T. Pietrzykowski, *op.cit.*, p. 35 ff.

[57] See D.P. Gushee, *Ethical Method in Christian Bioethics: Mapping and Terrain*, http://www.cbhd.org/resources/bioethics/qushee-2003-08-05.htm

[58] A.R. Jonsen, S.E. Toulmin, *The Abuse of Casuistry: A History of Moral Reasoning*, Berkeley and Los Angeles 1988.

[59] So L. Lovat, *The Contribution of Proportionism to Bioethical Deliberation in Moderately Post Scientific Age*, http://dlibrary.acu.edu/research/theology/ejournal/Issue3/Lovat.htm

domain of practical wisdom – prudence (*phronesis*) – rational perception of facts rather than generalities.

The inclusion of casuistry in methodology is a procedure not entirely compatible with its character, but it has to be posited somewhere within the subject of biojurisprudence. Casuists avoid general descriptions of their actions because they are convinced that such descriptions are possible only in relation to particular cases. The sources of casuistry are found more in rhetoric than in philosophy. Both rhetoric and casuistry see the ultimate goal of action in its moral and legal character. It is from rhetoric that casuistry adopted the categories of paradigm and analogy. The paradigm requires that there should be invariable features in the field of discourse, e.g. in clinical ethics, which is the sphere of interest of biojurisprudence: medical indications, preferring the patient, quality of life, costs of treatment, allocation of resources. Analogy consists of analyzing and resolving a specific case in the context of earlier, similar cases. The paradigm refers to general principles while analogy allows for exceptions justified by special circumstances. While the paradigm aims at certainty and definiteness, analogy stops at the level of probability – probabilism. Casuistry, maintaining a close connection of assessments with cases, is not, however, another name of situationism or contextualism; it can take selected elements from many different theories, combining them into new wholes adjusted to the case being analyzed and resolved.[60]

In the beginnings of the development of ethics, casuistry did not enjoy such recognition as principles. The aforementioned Tom Beauchamp and James Childress, recognizing the negligible usefulness of a general theory in analyzing and resolving particular cases, proposed mid-level principles: respect for autonomy, beneficence, nonmaleficence, and justice, without giving precedence to any of them.[61] This proposal has been established in science as principlism [from *principle*].[62] Principlism replaces education based on general theories of seeking relationships between a specific case and inductive moral intuitions stemming from understanding the mid-level principles. Principlism is criticized from different standpoints, not only by proponents of casuistry. Critics recognize that the principles of nonmaleficence and beneficence are essentially one principle, only expressed once negatively and next time positively. They point out that principlism is not sufficiently well-grounded because it does not explain where its specific principles stem from and it offers no guide for resolving conflicts between the principles themselves. They accuse principlism of particularism similar to liberalism concentrated on the physical self, unrelated to deeper mental spirituality.[63] Although principlism should be acknowledged by biojurisprudence, it is clearly

---

[60] See *The Encyclopedia of Bioethics*, vol. I, p. 374 ff.

[61] See note 25.

[62] In Polish literature this term sometimes occurs as principialism, which is a mistake. Principialism, as the principle in itself, does not cover other principles, especially the aforementioned mid-level principles. This erroneous interpretation is found inter alia in B. Chyrowicz and K. Szewczyk, *Debatujmy, poszukujmy, uprawiajmy*, Internetowy Serwis Filozoficzny [Internet Philosophical Service], Diametros.

[63] H.R. Wulff, *Against the Four Principles: A Normic View* [in:] E. Gillon (ed.), *Principles of Health Care Ethics*, Chichester 1994, p. 697.

falling behind the already highly developed knowledge of legal sciences on legal principles useful for jurisprudence and legal practice..

American principlism was contrasted with European principlism. The Copenhagen Center for Ethics and Law drew up the *Basic Ethical Principles in European Bioethics and Biolaw*, which became the basis for the document adopted in 1998, called the *Barcelona Declaration.*[64] The *Declaration* defined four principles: autonomy, dignity, integrity, and vulnerability. The *Declaration* is in harmony with the assumptions of biojurisprudence, which emphasizes the unity of the body and spirit (psyche, ego) of man involved in the social relations of concern, solidarity and justice. Autonomy – as the *Declaration* formulates it – is something more than merely liberal permission to conduct procedures and experiments. This is, moreover, the ability to create ideas and define life goals, to gain a moral insight into oneself for legal self-regulation and privacy, to think and ask without constraint; to bear personal responsibility and conduct political activity; and to grant consent after being informed. Dignity shows that respect for a person is closely connected with respect for his/her 'living body.' Integrity consists of mutual relationships and determinants between man's bodily, spiritual, and social life. Finally, vulnerability expresses the moral imperative of care over vulnerable, fragile and finitude-laden human life. The principles of the *Declaration* show the close relationships between bioethics and biojurisprudence.

Both the American and European conceptions of principlism are correspondent with the elements of many general normative theories of bioethics. The main role in bioethics is played by utilitarianism, Kantian deontologism, and virtue ethics. Here we can discern the similarity of principlism to casuistry and their dissimilarity to complete, particular and general, normative theories of bioethics. While casuistry and principlism accept compromises justified by the character of the cases being considered and resolved, none of the aforementioned general normative bioethical theories consents to compromise. Each of these general theories is characterized by principialism (to be distinguished from principlism), or rigidly sticking to one's own views only.[65] Unlike general ethical and bioethical theories, in jurisprudence its separate trends, previously at variance with one another, become more convergent. The most pertinent example of this is probably the thought of natural law becoming closer to the thought of legal positivism, which already approves "a minimum of values" centered around the protection of human life. The competition of many trends of thought in jurisprudence is overcome by biojurisprudence, pointing to their common value – the prevalue of life and their common norm – the prenorm of life. Owing to this fact, biojurisprudence already aspires to the status of universal legal thought, while bioethics, like traditional jurisprudence, is unable to go beyond the level of many conflicting trends, at variance with one another.[66]

---

[64] J.D. Rendtorff, *Basic Ethical Principles in European Bioethics and Biolaw: Autonomy, Dignity, Integrity and Vulnerability – Towards a Foundation of Bioethics and Biolaw*, "Medicine, Health Care and Philosophy" 2002, no. 5, pp. 235–244.

[65] See also e.g. P.A. Martin, *Bioethics and the Whole: Pluralism, Consensus and the Transmutation of Bioethics Method into Gold*, "Journal of Law, Medicine and Ethics" 1999, vol. 27, no. 4.

[66] See R. Tokarczyk, *Global Meaning Values and Norms of Biojurisprudence* [in:] E. Czernicka-Schupp (Hrsg.), *Values and Norms in the Age of Globalization*, "Dia-Logos," Bd./Vol. 9, Peter

Legal regulations require the negotiation of different assessments and opinions because they should express at least a comparatively uniform view. For this purpose, since the 1970s, teams of experts, called bioethical committees or councils, have been set up in the United States, Canada and European countries. Their job is to 'formulate opinions on fundamental ethical, legal and social dilemmas arising in connection with advances in biological and medical sciences and with the development of technology.'[67] There are also such teams working with international organizations, e.g. with UNESCO and with the European Community Commissions, expressing their opinions inter alia in the *Bioethical Convention* and in the *Declaration for the Protection of Human Genome.* Meant to express the plurality of worldviews of the societies, they consist of experts in biological, medical, philosophical, theological, ethical, legal and sociological sciences. At the request of a specific institution, they formulate opinions or recommendations and propagate the knowledge concerning bioethical issues that are controversial at a given moment. Such opinions and recommendations are even indispensable for legislators and those who apply the law, but they are not binding. Having different status in the structures of authority in a given state, these committees/councils operate, however, entirely independently. A contentious matter is the way of appointing members of such teams, obliged to quickly reveal the results of their work, not always approved of by all parties in pluralist societies.

Lang, Frankfurt am Main, Berlin, Bern, Bruxelles, New York, Oxford, Wien 2006, pp. 397–413; see also B. Benett, G.F. Tomossy (eds.), *Globalization And Health: Challenges for Health Law and Bioethics*, Springer Verlag, 2006.

[67] E. Zielińska, *Rady Bioetyczne i ich rola w rozwiązywaniu dylematów bioetyki*, "Prawo i Medycyna" 1999, vol. 1, no. 4. See also the special edition of this scientific journal of 2004, entirely devoted to bioethical committees or councils.

Maciej Dybowski

LAW AND BIOTECHNOLOGY*

It is accepted that the quality of fact-finding, as well as that of decision-making, in law, and especially in legal processes, is not measured solely by the adequacy or truth of its outcomes. As law is concerned with practical reasonableness, it seeks to identify and prescribe optimal practices which need not necessarily be based on assertions which are considered true or most probable in terms of science. It is so even when practices regulated by law strictly replicate those defined in science, and, as such, this seems to be the case as far as the regulation of biomedical or biotechnological practices is concerned. As legal decision-making is a complex social practice, it must balance truth against other values, such as certain social states of affairs (e.g. tranquillity, peace, efficiency), or values pertaining to an accepted conception of human nature (e.g. individual freedom, human dignity), or values ascribed to law and legal order (e.g. consistency, stability). To put it briefly, there are epistemic and extra-epistemic factors necessarily involved in the process of decision-making in law. However, as M. Damaška rightly notes, it is extremely difficult to tell them apart.[1] This difficulty, if realized at all by decision-makers, be it legislators or adjudicators, may lead to the adoption of different cognitive strategies. If their decisions are to be justified as rational, they must – at least potentially – be subject to scrutiny which involves examining the relations between means and ends. Moreover, the results of such a scrutiny are in a democratic polity further subject to debate and disagreement. Which cognitive attitudes or strategies of decision-makers in law are least advisable is the subject of this article, elucidated by the case of biotechnology, seen as a particular contemporary challenge to legislators and adjudicators due to the great amount of risk involved in the practical implications of the outcomes of biotechnology.

Biotechnology and risk

One might rather easily resist the temptation to believe in science in general terms, and possible explanations of this fact are clearly beyond the scope of this

* This article was written during my stay at the University of Hull in September 2009, which I owe with gratitude to generous subsidy from Ferens Foundation.

[1] See M. Damaška, *Epistemology and legal regulation of proof*, "Law, Probability and Risk" 2003, vol. 2, no. 2, p. 118.

article. However, this resistance becomes more difficult in the face of the technological applications of scientific discoveries which can be illustrated by the case of biotechnology. It is not necessary to ask questions of the highly abstract theories produced by scientists in order to grasp the essence of a very simple promise to make humans better, healthier and well-nourished. This is undoubtedly the promise made by biotechnology.

For this reason, the case of biotechnology is to be examined here in a somewhat profane manner. The subject-matter of this article is not biotechnology, but the challenge posed to law and legal philosophy by the applications of science, as exemplified by biotechnology. The above-mentioned promise which makes biotechnology so appealing to modern men can be made precisely because of what distinguishes biotechnology from biology, namely the technological dimension.

To explain how biotechnology has become possible it must be recalled, as B. Barry has noted, that up until the mid-nineteenth century biological phenomena were distinguished through taxonomy and considered as distinct kinds, according to their "inner natures." The first revolutionary moment came about with Darwin's introduction of a technical factor to biology: natural selection was seen as a mechanism which enables the perception of biology as a continuum where differences can be explained as varieties resulting from the functioning of that mechanism. The second important moment for biotechnology came with Mendel's experiments which paved the way for genetics. In virtue of such biological and medical discoveries, phenomena could be seen as something predictable and potentially controllable.[2]

Biotechnology draws conclusions from life being "decoded," and such conclusions are translated into the possibility of using living beings to create other things and living beings; in other words, biotechnology sees life as a code and develops programs by which that code could be affected.[3] Obviously, biotechnology as such does not amount to a revolution in the conception of life. Human aspirations to decode the mystery of life are as old as the history of scientific endeavour. What seems to be new and somehow revolutionary about biotechnology is the technology itself, i.e. the technical possibilities of affecting life processes. Biotechnological research is immediately transposed into industrial applications on a global scale. Only in the last decade, has the financing of biomedical research by pharmaceutical industry increased from 40 to 80 per cent.[4] Whether the research performed under such pressure is really independent and not related to the pharmaceutical industry's interest is a different matter.

Undoubtedly, affecting life processes involves a great amount of risk in any decision-making which pertains to the legal regulation of biotechnological matters. It is perhaps worthwhile to list here the basic dimensions where biotechnology enters the domain of law, and in fact the domain of life as such.[5]

---

[2] B. Bryan, *Biotechnology, Bioethics and Liberalism: Problematizing Risk, Consent and Law*, "Health Law Journal" 2003, vol. 11, p. 121.

[3] See E. Grace, *Biotechnology Unzipped*, Washington 1997, p. 2.

[4] See R.A. Rettig, *The Industrialization of Clinical Research*, "Health Affairs" 2000, no. 19, p. 129.

[5] In presenting these dimensions I follow B. Bryan, *op.cit.*, pp. 131–132.

The first of those dimensions has to do with the potential shape of procedural regulation which would guarantee a fair and potentially broad access to the benefits stemming from biotechnology. The ongoing debate in Poland concerning the problem of who and under what procedural arrangements is to be entitled to state-sponsored application of *in vitro* techniques of conception is a useful illustration of this dimension.

Within the second dimension there arises the problem of the procedural and institutional setting for the consent of those who wish to take the risk involved in the possibilities created by contemporary biotechnology. Obvious examples of such situations, currently under debate, include such forms of intervention which amount to medical futility or the problems connected with documents such as advance directives or 'do not resuscitate' orders.

The third dimension of legal problems posed by biotechnology involves the regulation of certain conducts and practices performed by medical practitioners, biotechnologists and patients themselves, e.g. human embryonic research or cloning.

It is plain to see that each of the above-mentioned areas is substantially loaded with risk, stemming from the tension between biotechnology's promise to make us better, healthier, more fertile and more beautiful on one hand, and attempts to frame the risk into a system of procedures which guarantee the consent of those whom they may concern.

Decision-making in law in the face of biotechnological risk

Having set the perspective for the understanding of risk involved in translating scientific methods developed in the field of biotechnology and biomedicine into law, we may now think of alternative approaches within legal philosophy to the risk inextricably linked to using science as a justificatory instrument for decision-making in law. By decision-making I mean all types of decisions made in law regardless of the type of norm (general or individual) which is produced as an outcome. Therefore, this discussion is related both to law-making by the legislature and to the acts of decision-making performed by courts and administration.

I do not maintain that the function of law is to preserve the status quo. On the contrary, new ideas and possibilities, especially in the field of science, and more particularly in biotechnology, always seek admission in order to generate changes, but – to continue this analogy – not all of them will be granted the right to enter the realm of law. The law acts here as a valve, as Lord Devlin would say,[6] and before the legal system is ready to absorb them, they need to be tested.

The challenge to law which is exemplified by recent developments in biotechnology concerns the following problem: how are decision-makers in the realm of law to test biotechnological solutions prior to their regulation by and admission to the legal system, and most of all, how are they to cope with the risk involved in their application? That problem is not about the existence of risk. In fact, any

[6] See P. Devlin, *The Judge*, Oxford University Press, Oxford 1979.

decision involves it: "risks only exist when there are decisions to be taken."[7] It is rather about the potential bad outcomes and methods of its evaluation. If risk is a situation one is faced with "when circumstances may (or importantly, may not) turn out in a way that we do not wish for,"[8] there arises a need for defining what one wishes for and what is to be avoided. The nature of contemporary risks is distinctive as they are to larger extent threats to safety and security. They may also pose challenge to many biological processes as we have known them.

Jenny Steele usefully identifies four sometimes overlapping approaches to risk with their significance for legal theory.[9] Firstly, she explores what the idea of risk as decision-making resource has to do with taking rational action despite not having sufficient knowledge. Such decisions, as far as they are connected with risk assessment, contain evaluative elements, as some 'value' has to be attached to potential losses and gains. Elsewhere in her book, Steele suggests that risk in this sense is deeply attractive to liberal legal theory as it matches the idea of autonomous acts of individuals who can 'take the risk,' and therefore be "free from the paralysis of subjection to fate."[10] Following B. Wynne, she notes that there are different forms of not knowing, such as uncertainty, ignorance and indeterminacy.

The second perspective on risk originates from statistical enquiry and has to do with the collective practice of insurance which gave rise to certain solutions to common problems. This, when put in terms of legal theory, is closely connected to problems of distributive justice. This perspective is focused on common aspects of risks which according to François Ewald's approach – which follows Foucault's – amounts to an 'epistemological transformation' which enables solidarity among individuals. Apart from the exaggerated tone of this statement, this perspective with its epistemic moment will be recalled in this article.

Within the third perspective, attention is devoted to the risk as a technique of governance. Steele rightly points out that theoretical developments, usually influenced by Foucault and his followers, lead to the questioning of the apparently rational and dispassionate nature of the collective approach to risks. The fourth perspective on risk outlines some aspects of U. Beck's *Risk Society* with its scepticism towards governance theories and the increasing role of individuals in the acceptance of risk.[11]

Reflection concerning the problem of knowing – and, as such is generally the case of biotechnology, of not knowing – and therefore trying to develop and optimize heuristic instruments which, in legislative and adjudicative decision-making, could be used to diminish the risk stemming from the lack of sufficient knowledge may be seen as a part of broader tendency in modern philosophy. This tendency, which is marked by a shift from ontology to epistemology, does not escape the realm of legal philosophy. It suffices to recall one of the most widely discussed theories of justice in the area, namely the theory proposed by John Rawls. His theory is paradigmatic in this respect as, founded in the contractual

---

[7] A. Giddens, *Risk and Responsibility*, "Modern Law Review" 1999, vol. 62, p. 8.

[8] J. Steele, *Risks and Legal Theory*, Hart Publishing, Oxford and Portland 2004, p. 6.

[9] See *ibidem*, pp. 17–51.

[10] *Ibidem*, p. 29.

[11] See *ibidem*, p. 51.

tradition, it sets as a point of departure such conditions of knowledge under which members of a community would tend to accept the risk stemming from various acts of individuals, and yet still be willing to consider the whole of such conditions as just or fair. In other words, the source of ought in a community must be defined – at least in a liberal democracy – in terms of limits of knowledge, and it is precisely those limits which condition the fair outcome. When this strategy is applied to problems arising from developments in biotechnology, it could be claimed that the lack of knowledge concerning the outcomes of various biotechnological projects is vested in the Rawlsian 'veil of ignorance' and labelled as fair. It is certainly a possible solution to the problems of risk in decision-making in the sphere of law, but is it the most advisable response to the issue of calculating biotechnology's risk into the biotechnology's promise of a better world, secured by law and its procedures?

The case of biotechnology, in my view, provides a powerful illustration of limiting the law to an instrument of risk management in science. Is law able to take the risk involved in scientific uncertainty and translate that risk into its fundamental social context or – to render the picture even more complicated – is law able to add that risk into its own risk involved in the very nature of the ordering of human affairs? On the one hand, it is an inescapable modern tendency of the general increase of scientific knowledge in our thinking. In fact – as G. Himmelfarb once noted – certain implications of this tendency, such as the transformation of political philosophy into political science, history into social sciences or literary criticism into semiotics[12] and, we may add in the context of this article, of biology into biotechnology, are taking place before our eyes. Modern self-perception, both in the individual and the collective dimension, seems to require a particular type of justification or legitimacy which derives from its applicability. The overlapping of the descriptive and the prescriptive occurs here, having far-reaching implications in law and ethics. In brief, science – through its application – becomes a source of normativity which has a considerable impact on the formal and substantive aspects of law. The character of this impact has to do precisely with what distinguishes science from other possible sources of normativity, such as morality or customs: as opposed to relatively stable patterns of social behaviour prescribed by moral traditions, science ascribes value to novelty. This may explain, as far as law is concerned, why the regulations reflecting scientific findings are either subject to constant change or must be limited to a set of procedures. In a metaphor, under the influence of science all law is bound to become a *sunset* regulation, as it were.[13] To some extent, therefore, science introduces into law and the decision-making in its realm, a mechanism of self-destruction which automatically invalidates the rules unless the will to sustain their binding force is expressed within a certain time limit. Such will, however, is to a large extent informed by the current state of scientific knowledge or – at best – by a form of consensus among its prominent representatives. What, in virtue of this confrontation with

[12] See G. Himmelfarb, *Marriage and Morals among the Victorians*, 1986, p. 92.

[13] See N. Lenoir, *Universal Declaration on The Human Genome and Human Rights: The First Legal and Ethical Framework at The Global Level*, "Columbia Human Rights Law Review" 1998–1999, vol. 30, p. 540.

science, is left of law and its legitimacy, which in the age of constitutionalism and deliberative democracy appears to require higher and higher standards of axiological justification? The case of biotechnology provides rather a disappointing solution to the dilemma created by this, probably unavoidable, impact of science on decision-making in law.

Among the many potential ways to resolve this problem, some light will be shed on two attempts to bridge scientific expertise and the traditional legitimacy of law, i.e. legitimacy by socially accepted rules of morality and/or by consent of those who are subject to regulation. It shall be argued that both of these attempts fail.

Bioethics' response to biotechnological risk

The first attempt seems to address the problem of the moral legitimacy of the decisions concerning the regulations whose subject-matter are biotechnological processes. This attempt has been developed in the field of bioethics. To some extent, bioethics is a reaction to the progress of science and its technological applications. Its founders and their followers see the mission of bioethics as forming the connections between scientific knowledge and axiology or an analysis of moral dimensions of biotechnology. The author of the very term 'bioethics' was Van Rensselaer Potter who, in an article published in 1971, defined it as a new interdisciplinary social science aimed at the promotion of the *science of survival*.[14] The scientific status of bioethics aimed at by its founding father is worth noticing. B. Bryan stresses the tendency of bioethics to extend its enquiry to the analysis of all benefits and threats which pertain to biological health but, if we consider the fact that very few factors can be excluded as not pertaining to health, this seems to be a discipline of immense aspirations. Eventually the prescriptive direction of bioethics cannot be foreseen, because it depends largely on the set of values adopted in this discipline. The fundamental point of reference for bioethics, however, remains set as a certain quality of biological life, i.e. health. It follows that the dominant attitude within this discipline is concerned with a utilitarian assessment of benefits and threats. Moreover, the declared social character of this science amounts to the adoption of relativism in defining values as social constructs. Bioethics as social science of health focuses on the consequences of certain medical and biotechnological practices in living beings, and in human beings in particular, paying less or no attention to the ethical content of actions or the ethical qualifications of those who perform them. Such consequences may or may not be desirable from the perspective of bioethics, and may reveal themselves in different spheres of life, and hence the interdisciplinary aspect of this science.

What matters most for the purpose of my argument against bioethics as a plausible source of axiological justification of decision-making in the social domain is its dependence on science, especially on biology. Bioethical considerations seem to feed on the current state of knowledge – for instance on the biological

[14] See B. Bryan, *op.cit.*, p. 124.

definition of life – and are therefore not able to supplement the shortcomings of scientific expertise in shaping the content of normative outcome of decisions taken by legislators, adjudicators and administrators. It is a hostage to science.

The questions asked in bioethics mostly touch upon the problems of 'biotechnological risk,' or the expected benefits of applying certain technologies, of procedural arrangements for deciding on life and death. Apparently, this gigantic responsibility has been assigned to this new discipline with, as this is the case with all new disciplines as well as the perennial case with the social sciences, an eclectic methodology and an uncertain status. It is in fact remarkable that when bioethicists speak publically on particular biotechnological procedures, such as *in vitro*, they hardly ever express their views on the ethical dimension of practices involved, but rather seem to define the conditions of the admissibility of those practices by underlying the element of the individual consent of a potentially affected person (if such a person can be identified at all). If risk cannot be eliminated, and why should it be, from biotechnology, it can at least be neutralised to some extent by shifting the responsibility for the consequences of such risk into the field of individual autonomy of will.

The idea of individual consent as the original input of bioethics to the justificatory problems of normative regulations of biotechnological procedure is both intellectually trivial and operationally useless. This solution, especially from the liberal point of view, is slightly problematic, and it could be argued that law does not need bioethics to produce such solutions which are almost paradigmatic to the institution of contract law, when it comes to the individual consent to the consequences of potentially hazardous practices, such as participation in medical experiments. It is therefore trivial. It is also practically useless in cases of biotechnological procedures affecting larger population, when the lack of individual consent is systemic, especially when all of the consequences of such procedures are beyond the scope of estimation.

Bioethics may serve as a reservoir of meta-reflection for biotechnology on which it is conceptually dependent, but it cannot play a significant role in balancing scientific expertise's claims to a monopoly over the content of decisions made in the public regulation of biotechnology. By being a somewhat narrative dimension of biotechnology, bioethics may produce meaningful explanations of scientific progress and challenges, but it is doubtful whether it could supply a decision-maker with sufficiently grounded reasons for accepting the risk which biotechnological procedures involve.

Biotechnology and democracy

The second type of attempt to bridge scientific expertise and the traditional legitimacy of law focuses on the legitimacy of decisions produced by the consent of those who are subject to the regulation or, in other words, by democratic consent. There may be different conceptual strategies which are coupled with biotechnology, since it is deeply endowed with risk, and popular consent (to the promise made by biotechnology rather than to the risk). One such strategy could be based on an attempt to bridge the gap between democratic practices and arcane scientific processes.

Towards the end of inter-war years, John Dewey remarked in *Freedom and Culture*, probably his last major statement, that "the future of democracy is allied with the spread of the scientific attitude."[15] The difficulty and ambiguity written into that project stemmed from combining two elements: the scientific and the democratic. The endeavour was certainly not a new one, and Dewey himself would admit to a Baconian inspiration, at least in the belief that through the control over the methods of inquiry the forces of nature can be subjugated. The difference, however, was that Dewey, a committed democrat, emphasized – to use the words of Sheldon S. Wolin – "the intellectual affinities, even the continuities, between scientific method and everyday practices."[16] The modern and democratic idea of doing or "everyday practices" which are accessible to all living in a democratic polity was seen by Dewey as somehow analogous to that of experience as a principal source of knowledge. If ordinary life can be conceived of as a set of experiments which give rise to suggestions for action, it can indeed be seen as parallel to what modern science essentially does. Neither science (the will to know), nor politics (the will to govern), can defend its claims in absolute terms. One needs to abandon, Dewey argued, "the belief that science is set apart from all other social interests as if possessed of a peculiar holiness."[17] However, this conclusion reversely applies to politics which, on its part, can no longer be separated from science.

The implications of such an approach to science and democracy for the philosophy of law are rather obvious to me. If one of the crucial problems of the latter discipline, the problem of normativity, is addressed from the perspective set by Dewey, the tension between the role of science and the role of *demos* in providing the grounds for the existence of binding legal rules in a society seems to be eased, if not erased or, perhaps, claims of both sources of normative authority – that of the science and that of the people – become mutually reinforced. Science enters the public domain by deriving its legitimacy from a methodological affinity with ordinary practices of the people, and democracy receives a new source of vitality from its connection with the methods used in science.

Solution such as Dewey's, however, cannot be sustained in practice. It serves well the purpose of explaining in this article how the epistemic takes primacy over the ontological and how these developments translate into the philosophy of law in the context of challenges posed by biotechnology, but eventually, it is a great mystification. In my view, attempts such as Dewey's were meant to be but a smokescreen from behind which science could operate on the body of society. Far from being another version of vulgar social engineering, Dewey's ideal was an important step towards creating a culture permeated by scientific values and thus affecting "the attitudes and habits expressed in government and rules of law."[18] This would again, just as in case of bioethics, inevitably lead to rule by

[15] J. Dewey, *Freedom and Culture*, New York 1939, p. 148.

[16] S.S. Wolin, *Politics and Vision. Continuity and Innovation in Western Political Thought*, Princeton 2004, p. 505.

[17] J. Dewey, *op.cit.*, p. 153.

[18] *Ibidem*, p. 6.

experts; for who else would there be to provide the certainty required as justification for any changes introduced by legal means?

Conclusions

The question posed in this article concerned the least advisable cognitive attitudes or strategies of decision-makers faced with the risk involved in biotechnology, as translated into legal solutions. Such a negative assessment, however, may be of little practical use to legislators and adjudicators whose choices have to be presented in the form of juridical arguments which balance the truth of scientific discovery against other moral, societal and legal values. Before any advisable strategy is developed, one may simply argue for a preliminary perspective focused on common aspects of risks which should enable solidarity among individuals. If this is difficult to accept, restraint on the part of decision-makers is even more advisable. As Bernard d'Espagnat said in his remarks on being awarded the Templeton Prize: "Mystery is not something negative that has to be eliminated. On the contrary, it is one of the constitutive elements of being."

Andrzej Elżanowski

THE ETHICAL SIGNIFICANCE OF EVOLUTION

Fifty years ago, Morse Peckham[1] concluded his review of Darwin's impact on humanities with a rhetorical question: "Is it true that what Darwin said had very little impact, but that what people thought he said, that is, what they already believed and believed to have been confirmed by Darwin, had an enormous impact?" With respect to the ethical implications of the Darwinian revolution, the answer is a resounding yes. While the ideological reception of Darwin's discoveries has been dominated and biased by the ghost of social Darwinism, the genuine ethical implications of evolution have been overlooked and, to some extent, deliberately ignored in order to avoid a confrontation with the traditional, unconditional anthropocentrism, in particular in its religious rendition. 150 years after the publication of Darwin's *On the Origin of Species*, one of the most revealing scientific works ever, it is precisely this conflict with humans' sense of self-importance that explains the enduring strength of irrational opposition to the acceptance of the natural, evolutionary origins of *Homo sapiens*,[2] the theory of natural selection, and even the very fact of evolution. However, while the denial of evolution is generally recognized as religion's frontal attack on science and a serious threat to Western civilization, the questioning of the evolutionary origin of the human psyche or the whole of human nature seems to be tolerated even in academia, as if a supranatural intervention in the evolution of one primate were more acceptable than, for example, in the origin of life even though the theory of biogenesis still poses serious problems while that of anthropogenesis does not.

Darwin's discovery of the natural origins of all life forms[3] including humans,[4] has always had far-reaching but poorly known ethical consequences, both normative and meta-ethical. The direct normative implications relate to the permissible ways of treating non-human subjects because of the evolutionary continuity of human and non-human value-laden experience[5] and thus the commonality of

---

[1] M. Peckham, *Darwinism and Darwinisticism* [in:] P. Appleman (ed.), *Darwin*, W.W. Norton & Co., New York 1970, pp. 385–393. [Excerpt from "Victorian Studies" 1959, vol. III, pp. 3–40]

[2] According to a public opinion poll (TNS OBOP 2006), only 53% Poles accept the evolutionary origin of humans, 30% deny it and 17% are undecided.

[3] C. Darwin, *On the Origin of Species by Means of Natural Selection or the Preservation of Favored Races in the Struggle for Life*, Murray, London 1859.

[4] C. Darwin, *The Descent of Man and Selection in Relation to Sex*, D. Appleton, New York 1897 (1st ed. Murray, London 1871).

[5] A. Elżanowski, *The moral career of vertebrate values* [in:] M.H. Nitecki and D.V. Nitecki (eds.), *Evolutionary Ethics*, State University of New York Press, Albany, N.Y. 1993, pp. 259–276.

some so-called extra-moral values that are dealt with by the motivational system known as *moral agency.* The main meta-ethical implication of evolution by natural selection is the abolition of the grounds for the justification of any norms by any received, evolved and in that sense natural (moral) order, since neither biological nor biocultural evolution is ethical. This meta-ethical consequence has straightforward normative implications inasmuch as it removes grounds to some injunctions that are followed mainly or exclusively because of the religious or lay tradition.

The ethical significance of evolution by natural selection

Ever since David Hume it has been known that *is* does not equal *ought*, that is, no ethical norm can be justified by what has been in existence so far ("no *ough*t from *is*"). However, as long as the world was believed to be a divine creation, Hume's rule was limited essentially to the free will that humans were endowed with in order to have the choice to obey God or go astray and be judged accordingly. If nature were part of divine creation but devoid of free will, then the natural order could be expected to carry a moral message, hence the program of natural theology of studying nature for the sake of understanding God's work. Darwin grew up with such a world view and ultimately destroyed it by replacing God with natural selection as the powerful generator of biodiversity that has no purpose and thus no ethical design, but does have ethical implications.

Unfortunately, except for Darwin himself, the ethical implications of evolution were misunderstood and/or misrepresented from the very beginning. Thomas Huxley, acting as "Darwin's bulldog," contradicted Darwin on the issue by rejecting any ethical implications of evolution and thus denying any moral status to nonhuman world. The Huxleyan "veneer" model of morals[6] as a thin layer superimposed on an ethically meaningless and worthless brute nature was readily embraced by Judaeo-Christian religions and is still widespread in the public sphere, including many members of academia. On the other hand, the deeply entrenched notion of deriving moral order from nature yielded social Darwinism. It was an eclectic, popular doctrine that promoted "the survival of the fittest" at the expense of the weak and poor as an ethical justification of ruthless 19th century capitalism. In fact, no such justification can possibly follow from the theory of natural selection nor from any other theory of evolution which, as every scientific explanation, is about what is and not about what should be. Contrary to its name, social Darwinism was inspired mainly by the philosophy of Herbert Spencer rather than Darwin's theory. Spencer thought that all of the living world, including human societies, is ruled by the same laws that, in a nutshell, ensure progress, the thriving of life, and happiness. Spencerian theory is Lamarckian rather

[6] F. de Waal, *Primates and Philosophers: How Morality Evolved,* Princeton University Press, Princeton, N.J. 2006.

than Darwinian,[7] as individual success in a society depends on the motivation to avoid poverty, which encourages anti-humanitarian attitudes that follow from reasoning of the sort that those who do not care about their future deserve failure. Spencer's attempts to derive ethics from his universal evolutionism evoked a massive response from E.G. Moore who argued that goodness is a *simple quality or entity*, an elementary term, not amenable to a definition or analysis, and that defining goodness in terms of empirical sciences commits the *naturalistic fallacy*.[8] However, values are definable in scientific terms[9] even if they are not knowable without introspection and, as some philosophers have opined, Moore's naturalistic fallacy may come down to the violation of Hume's rule that has gained, under a new name, more significance owing to Moore's influence. Whatever the status of the naturalistic fallacy, Moore's philosophy discredited all social Darwinist-style justifications of ethical norms by emulation of the mechanisms and/or outcomes of evolution. Unfortunately, it also committed the error of throwing out the baby with the bathwater by cutting off the whole of ethics (including meta-ethics) from science,[10] and thus legitimizing the *moralistic fallacy*, that is, the notion that morality is inherently good.

Darwin as a scientist thought that the progress of civilization was dependent on a weakened form of selection within human societies as well as between races and nations. This view was part of his scientific theory. However, as a moral agent capable of ethical reflection, Darwin[11] acknowledged the obligation to minimize the ethical cost of progress: "Darwin hoped that the 'weaker and inferior' will marry less frequently to help 'check' this enfeeblement of society. But, ever a humanitarian, he still declared that we must bear the consequences of the weak surviving 'without complaining.' Indeed to curtail 'the aid which we feel impelled to give to the helpless' would no less cause a 'deterioration in the noblest part of our nature'."[12] Darwin was compassionate towards slaves, which is what motivated him, according to Desmond and Moore,[13] to write *The Descent of Man* where he called slavery "a great crime."[14] In the same book, Darwin also showed compassion towards animals by referring to the pleasure that some savages derive from tormenting animals as "horrid."[15] Darwin also found time to pen "a heart-felt ...plea against leg-hold traps"[16] as an extremely inhumane technique that causes excruciating pain. Actually, Darwin is quite explicit about his ethical

[7] P.J. Bowler, *Evolution: The History of an Idea*, University of California Press, Berkeley 1989.

[8] E.G. Moore, *Principia Ethica*, Cambridge University Press, Cambridge 1903.

[9] A. Elżanowski, *Toward the scientific axiology of life*, "Dialogue and Universalism" 2008, vol. 19, no. 11–12, pp. 115–121.

[10] J. Rachels, *Created from Animals: The Moral Implications of Darwinism*, Oxford University Press, Oxford and New York 1991.

[11] C. Darwin, *The Descent...*

[12] A. Desmond, J. Moore, *Darwin's Sacred Cause: How a Hatred of Slavery Shaped Darwin's Views on Human Evolution*, Houghton Mifflin Harcourt, Boston and New York. 2009, p. 368.

[13] *Ibidem*.

[14] C. Darwin, *The Descent...*

[15] *Ibidem*, p. 118.

[16] C. Darwin, *Vermin and traps*, "Garderner's Chronicle and Agricultural Gazette" 1863, no. 35 (29 August), pp. 821–822.

attitude toward animals, stating that: "Sympathy beyond the confines of man, that is, humanity to the lower animals, seems to be one of the latest moral acquisitions" and goes on calling humaneness one of the noblest virtues "with which man is endowed" and which "seems to arise incidentally from our sympathies becoming more tender and more widely diffused, *until they extend to all sentient beings*"[17] (emphasis added).

The precept of respect for both human and nonhuman well-being exemplifies Darwin's normative ethics, scientifically informed by the evolutionary continuity of emotional experience between all humans and nonhumans[18] as well as consistent with the evolutionary origin of morality as initiated by sympathy.[19] In this light, the popular association of Darwinism with the social Darwinist ethics of ruthlessness is entirely groundless. True Darwinian ethics commands respect for the welfare of all sentient beings, whether human or not, thereby laying ground for the recent expansion of the circle of ethical concerns beyond our own species.

Likewise assaults on sociobiology, based on its social Darwinist interpretations, are unfounded. Ironically, while social Darwinism commits the naturalistic fallacy, the social Darwinist interpretations of sociobiology make a patently false assumption that itself commits the naturalistic fallacy. The false assumption (itself called moralistic fallacy) is that morality (or the whole of human nature) is good *by definition*, hence an explanation of an ethically wrong behaviour (e.g. infanticide) as part of morality legitimizes this behaviour. In fact, every received morality is an outcome of biocultural evolution and as such has flaws that are subject to ethical corrections. However, the received flaws can be effectively corrected only if properly understood as the outcomes of evolution rather than pathologies or the work of Satan. To name the largest scale problems, reciprocity and kin selection are two powerful explanatory concepts that explain the origin of preferences for, respectively, one's own group and one's own family,[20] which are common to all received morals but have the well known destructive potential for discrimination and nepotism.

Unfortunately, individual biologists who happen to extemporize on ethical subjects, as well as other people with "naturalistic" and "ecologistic" attitudes,[21] every so often commit the naturalistic fallacy (of which they are usually unaware), and sometimes express outright social Darwinist views. This may well be an objective reason for the lasting fear of social Darwinism a century after it was discredited. The paramount misunderstandings surrounding the ethical meaning of evolution reveal a pressing need for an obligatory course of ethics in biology curricula that, in order to be effective, should be taught with a due understanding of evolutionary biology as well as cognitive animal psychology. The need is pressing as many biologists use vertebrates in their research with very little

[17] C. Darwin, *The Descent...*

[18] C. Darwin, *The Expression of the Emotions in Man and Animals*, 3rd ed., Oxford University Press, New York, Oxford 1998 (1st ed. Murray, London 1972).

[19] C. Darwin, *The Descent...*

[20] R.D. Alexander, *The Biology of Moral Systems*, Aldine de Gruyter, New York 1987; J. Alcock, *The Triumph of Sociobiology*, Oxford University Press, Oxford 2001.

[21] S.R. Kellert. *The Value of Life*, Island Press, Washington D.C. 1996.

awareness of the evolutionary continuity of emotional experience as a source of our common vertebrate values.[22]

The evolutionary origins of morality

Despite a high-profile, dogmatic opposition to any scientific study of morality,[23] which certainly does not help to obtain funding for research that is aimed at understanding ourselves as humans, significant progress has been achieved in the study of the moral agency in humans and other hominids including its brain substrates,[24] motivational mechanisms,[25] ontogenetic development[26] as well as its evolutionary origins.[27] The resulting overall picture of moral agency is that of an innate mechanism operating primarily at the experiential rather than rational level of consciousness[28] and using ready, modal emotional reactions to (one's own or others') intentional actions. Today's science tends to agree with the Humean theories of moral sentiments as innate elements of human nature, rather than the Kantian moral rationalism. The latter is applicable to the domain of ethical reflection that can at the most modulate rather than generate a moral judgment.

---

22 A. Elżanowski, *The moral career...*

23 See e.g. F. Ayala, *Darwin's Gift to Science and Religion*, Joseph Henry Press, Washington D.C. 2007.

24 See e.g. M. Koenigs, L. Young, R. Adolphs, D. Tranel, F. Cushman, M. Hauser, A. Damasio, *Damage to the prefrontal cortex increases utilitarian moral judgements*, "Nature" 2007, vol. 446, pp. 908–911.

25 J. Greene, J. Haidt, *How (and where) does moral judgment work?*, "Trends in Cognitive Sciences" 2002, vol. 6, pp. 517–523; J. Haidt, *The emotional dog and its rational tail: a social intuitionist approach to moral judgement*, "Psychological Review" 2001, vol. 108, pp. 814–834; M.D. Hauser, *Moral Minds: How Nature Designed Our Universal Sense of Right and Wrong*, © Marc D. Hauser 2006 (distributed by HarperCollins Publishers, New York); J.P. Changeux, A.R. Damasio, W. Singer, Y. Christen (eds.), *Neurobiology of Human Values*, Springer, Berlin–Heidelberg 2005.

26 J.C. Gibbs, *Moral Development and Reality: Beyond the Theories of Kohlberg and Hoffman*, Sage Publications, Thousand Oaks 2003; J.C. Gibbs, K.S. Basinger, R.L. Grime, J.R. Snarey, *Moral judgement development across cultures: revisiting Kohlberg's universality claims*, "Developmental Review" 2007, vol. 27, pp. 443–500.

27 F. de Waal, *Good Natured: The Origins of Right and Wrong in Humans and Other Animals*, Harvard University Press, Cambridge, Mass. 1996; L.D. Katz (ed.), *Evolutionary Origins of Morality: Cross Disciplinary Perspectives*, Imprint Academic, Thorverton (UK) and Bowling Green (USA) 2000.

28 See e.g. D. Kahneman & C.R. Sunstein, *Cognitive Psychology of Moral Intuitions* [in:] J.P. Changeux, A.R. Damasio, W. Singer, Y. Christen (eds.), *Neurobiology of Human Values*, Springer, Berlin–Heidelberg 2005, pp. 91–105.

1. Reciprocity as the cornerstone of morality

While Westermarck[29] recognized morality as the work of "retributive emotions" (both punishing and rewarding), it was only following Gouldner's milestone paper[30] and the decline of behaviourism and cultural relativism that reciprocity has become broadly accepted as a universal principle of human morality.[31] Remarkably consilient in this respect is the picture which emerges from studies of the individual (ontogenetic) development of moral reasoning[32] (Table 1). This research is based on verbal evaluations of imaginary moral dilemmas (originally that of Heinz who stole medicine to save his dying wife because he could not afford to buy it) and has been criticized for its cognitive bias, but this gives even more weight to the consilience its results with those of social psychology and neurobiology.

The first stage of human moral development is identified in small children who obey whoever is big and powerful in order to avoid punishment and follow momentary desires to get pleasure. Every cat and dog would be scored at that stage if she/he could report on her/his motivation but the motivation at this stage is not really moral as it does not consider anybody else's wellbeing or, as Gibbs[33] concedes, at this stage morality is "confused with egocentric biases and motives." So why is it consistently, ever since Jean Piaget, adduced as the first stage of moral development? It is because it brings about the apperception of basic, the so-called extra-moral values, that is, everything that feels good or bad no matter what anybody else thinks about it. Those are the ultimate existential values[34] that are traded at higher stages of moral development. There would be no morals without basic or "extra-moral" values[35] and their apperception early on in life. The very term "extra-moral" for basic values reflects the traditional idealistic bias of ethical thought that suffered from its programmatic detachment from science.

Moral agency appears at the second stage or the stage of bilateral (dyadic) pragmatic exchanges. This is the stage of direct immediate reciprocity, with partners considering each other's interests only for the sake of gaining concrete

---

[29] E. Westermarck, *The Origin and Development of the Moral Ideas*, 2 vols., 2nd ed., Macmillan, London 1912–1917.

[30] A.W. Gouldner, *The norm of reciprocity: a preliminary statement*, "American Sociological Review" 1960, vol. 25, pp. 161–178.

[31] R.M. Nesse & A.T. Lloyd, *The Evolution of Psychodynamic Mechanisms* [in:] J.H. Barkow, L. Cosmides, J. Tooby (eds.), *The Adapted Mind: Evolutionary Psychology and the Generation of Culture*, Oxford University Press, New York and Oxford 1992, pp. 601– 624; J.Q. Wilson, *The moral sense*, Free Press, New York 1993; J. Alcock, *The Triumph of Sociobiology*, Oxford University Press, Oxford 2001; E. Uehara, *Reciprocity reconsidered: Gouldner's 'moral norm of reciprocity' and social support*, "Journal of Social Personality Relationships" 1995, vol. 12, pp. 483–502.

[32] L. Kohlberg, *Moral stages and moralization: The cognitive-developmental approach* [in:] T. Lickona (ed.), *Moral Development and Behavior*, Holt, Rinehart and Winston, New York etc. 1976, pp. 31–53; J.C. Gibbs, *op.cit.*; J.C. Gibbs, K.S. Basinger, R.L. Grime, J.R. Snarey, *op.cit.*, pp. 443–500.

[33] J. C. Gibbs, *Moral Development...*

[34] A. Elżanowski, *Toward the scientific...*

[35] See e.g. J. Narveson, *Morality and Utility*, The Johns Hopkins Press, Baltimore 1967.

expected benefits ("do for others as they did and will do for you"). Some adult humans may remain at this stage but most of them reach the third stage, the stage of good interpersonal relationships or *mutualities*, and pay attention to ideal reciprocity and potential interactions within their group by building mutual trust. The third party perspective appears at this stage together with the Golden Rule ("do for others as you would be done by them"). The fourth stage, the last stage of standard moral development, features the importance of fulfilling one's duties and maintaining the social order with its institutions that all guarantee beneficial exchange of services.

Table 1.

Development of moral judgement, a simplified outline based on the work by L. Kohlberg and J.C. Gibbs[36]

Standard development
Immature (preconventional) stages: egocentrism, no consideration of the group/society. [Preschool and early school age.]
Stage 1 – Obedience to what is big and strong to avoid punishment and be rewarded. Following momentary desires.
Stage 2 – Pragmatic exchanges that have to be fair. Perspective taking in dyads: do for another if she/he did or will do it for you. [Probably the final stage for most chimpanzees. Also capuchins show the sense of egocentric fairness.]
Mature (conventional) stages: taking a third party perspective and applying the Golden Rule within one's social environment: How would you wish to be treated by others? [Constructed during late childhood or early teenage through adolescence. Final for the majority of humans.]
Stage 3 – Mutualities or ideal (principled) reciprocity: building good interpersonal relationships and trust.
Stadium 4 – Law and order: systemic application of reciprocity through obeying rules, fulfilling one's duties, and respecting authority.
Existential (postconventional) development
Meta-ethical reflection, justification and/or revision of received norms [Develops only is some humans, from adolescence on.]

Thus cross-cultural studies of the development of moral thinking confirm reciprocity as the organizing principle of an average human morality. At the mature stages 3 and 4 of moral development, reciprocity is executed in the Humean triad in which a spectator (an arbiter) that can be internal (conscience) or external (a third party) attributes responsibility to either an agent (or actor) or a receiver. This evokes a modal, negative or positive emotion that motivates a retributive or rewarding action or attitude, e.g. a moralizing aggression that is motivated by an

[36] L. Kohlberg, *op.cit.*; J.C. Gibbs, *op.cit.*; J.C. Gibbs, K.S. Basinger, R.L. Grime, J.R. Snarey, *op.cit.*

agent's malicious deed. The third party as an arbiter, a distinctive feature of human moral agency,[37] may implement the moral blueprints of a group and serve as the "leading moralist" to admonish or reprimand potential or actual deviants.[38] The enforcement of common standards by a third party intervention clearly strengthens group cohesion but also opens up a way for imposing behaviours that do not serve either the group or its members, and may actually prove destructive to them. This often seems to be the case with the massive intervention of religions that use institutionalized "leading moralists" to manipulate innate moral agency to execute the virtual reciprocity between believers and their god(s). In exchange for the benefits (in fact the outcomes of evolution, human work, or coincidence) that are portrayed as a god's great gifts, a clergyman acting on behalf of this god can essentially make any demands even if they are evidently destructive for the believers (e.g. not using condoms despite the epidemic of AIDS).

As once observed by Westermarck,[39] both the moral significance of reason and the role of moral motivation in the life of an average human are widely overestimated. The quoted research on development of moral reasoning[40] demonstrated that the level of universalizing ethical reflections (Kantian or otherwise, depending on culture) is reached by a low percentage of humans. Only a small minority of people think about the justification of their moral norms (and those westerners who do commonly end up with some sort of contractualism which is a doctrine of reciprocity) and even less people apply any truly universalizing ethics. The majority of humans are moral but not ethical apes.

Reciprocity evolved in many social vertebrates long before moral agency. The origin of reciprocity has been explained by sociobiology under the rather unfortunate name of reciprocal altruism[41] which diverted part of the discussion to the moot idea of altruism. Reciprocal altruism can possibly be mediated by various behavioural mechanisms that remain unknown (including the classic case of reciprocal altruism in the vampire bats *Desmodus rotundus*). In any case, reciprocal altruism alone does not imply any moral motivation to enforce reciprocity. Moral agency, as we are starting to understand it in primates, is a complex psychological mechanism that results from the assembly of several affective and cognitive abilities, in particular empathy (or affective role taking) and responsibility attribution. Some insights into the evolution of these faculties have recently been gained by the combined effort of social and personality psychology of humans and other primates.[42]

---

[37] J. Haidt, *op.cit.*, pp. 814–834.

[38] C. Boehm, *Hierarchy in the Forest. The Evolution of Egalitarian Behavior*, Harvard University Press, Cambridge (Mass.) and London (UK) 1999.

[39] E. Westermarck, *op.cit.*

[40] L. Kohlberg, *op.cit.*; J.C. Gibbs, *op.cit.*; J.C. Gibbs, K.S. Basinger, R.L. Grime, J.R. Snarey, *op.cit.*

[41] R. Trivers, *The evolution of reciprocal altruism*, "Quarterly Review of Biology" 1971, vol. 46, pp. 35–57; R. Trivers, *Social Evolution*, The Benjamin/Cummings Publishing Co., Menlo Park, Ca. 1985.

[42] S.F. Brosnan., N.E. Newton-Fisher, M. van Vugt, *A melding of minds: when primatology meets personality and social psychology*, "Personality and Social Psychology Review" 2009, vol. 13, pp. 129–147.

2. Early evolution of morality

In the book that demolished religious mythology about the origins of *Homo sapiens*, Darwin hypothesized that morality originated from "social instincts," primarily from "sympathy with individuals of the same group."[43] Darwin was right once again and in a double sense: he identified morality as an *intra-group* phenomenon and the ability to *sympathize with* others as the first step or at least a necessary condition for its evolutionary origin. In fact, the moral role of sympathy was well understood before by Adam Smith, whom Darwin quotes. The concept of empathy was introduced much later as a translation of *Einfühlung*, and today means active affective role taking[44] that is effected by mirror neurons.[45] Aside from inevitable differences in psychological definitions, both Smith and Darwin had a remarkably good understanding of what is meant today by empathy.

Empathy was the key innovation in the evolution of moral agency. Moral agency cannot function without the empathy[46] that is necessary for the prediction of consequences of an intentional action directed at the wellbeing (interests) of the receiver as well as for the very detection of intentionality and thus for the attribution of responsibility for an action. Empathy evolved independently in at least three lineages of highly social and intelligent mammals, that is, in elephants, dolphins, and hominids.[47] These mammals can be motivated by the visible suffering of companions and sometimes subjects from other species to help them, especially by supporting and feeding. Empathy may have a significant motivational power in some people, although it can be switched off for outsiders[48], in both humans and chimps.[49] Empathy appears in human infants at the age of just above one year, long before the onset of moral agency, and motivates their attempts to help, as it does in chimpanzees of a corresponding age.[50]

A major cognitive faculty that is necessary for the work of moral agency is the attribution of responsibility, that is, the identification of one's own or someone else's (intentional) action as the cause of its impact (as experienced empathically or directly) on another subject's wellbeing (interests). This very definition implies that attribution of responsibility depends on the understanding of causality, both of agent causation and event causation,[51] and on reflective self-consciousness. The understanding of (ultimately psychological) agent causation is necessary for re-

---

[43] C. Darwin, *The Descent...*

[44] M.H. Davies, *Empathy: A social Psychological Approach*, Westview Press, Boulder 1994; M.L. Hoffman, *Empathy and Moral Development: Implications for Caring and Justice*, Cambridge University Press, Cambridge 2000.

[45] Mirror neurons generate vicarious sensations that simulate the feelings of the observed individual in her/his situation.

[46] M.L. Hoffman, *op.cit.*

[47] F. de Waal, *Primates and Philosophers...*; I. Douglas-Hamilton, S. Bhalla, G. Wittemyer, F. Vollrath, *Behavioural reactions of elephants towards a dying and deceased matriarch*, "Applied Animal Behaviour Science" 2006, vol. 100, pp. 87–102.

[48] M.L. Hoffman, *op.cit.*

[49] F. de Waal, *Primates and Philosophers...*

[50] F. Warneken, M. Tomasello, *Altruistic helping in human infants and young chimpanzees*, "Science" 2006, vol. 311, pp. 1301–1303.

[51] See e.g. F. Ricken, *Allgemeine Ethik*, W. Kohlhammer, Stuttgart 1983, paragraph 106.

alizing that an action is the result of an intention, and that of event causation for realizing that the observed state of the receiver is an outcome of the action. However, in order to know that one's intention is the cause of one's action, one has to be capable of looking upon oneself as an agent or actor, hence reflective self-consciousness is necessary for the attribution of responsibility for that action. The recognition of oneself as an agent is in turn necessary for the recognition of others' agency, that is, for the recognition that their intentions lead to their actions. Both cognitive faculties that are necessary for responsibility attribution are met by chimpanzees (*Pan troglodytes*) who display at least the self-attribution of responsibility for bite wounds that they attempt to close as a gesture of reconciliation.[52]

It is by now well established that chimpanzees use moral agency to enforce reciprocity as revealed by their moralizing aggression for betrayal in an alliance and rewarding former benefactors.[53] In terms of moral development (Table 1), chimpanzees meet the criteria of at least stage 2, i.e. of pragmatic exchanges[54] although some chimpanzees, especially males who benefit from and may promote their good reputation among females, may in fact approach stage 3. As in human children, chimpanzee morality, or protomorality according to Haidt,[55] seems to function in dyads as there are no observations of norm enforcement by a third party. A pronounced sense of "egocentric fairness" has recently been demonstrated in capuchins (*Cebus apella*)[56] who are more likely to share food with those who helped secure it before. They learn to exchange tokens for food and show a strong negative emotional reaction, stronger than the frustration evoked by not being given expected food, when given less than what a neighbour obtained for the same token.[57]

Most probably more primate species will show at least some elements of moral agency. The evolutionary appearance of moral agency among primates turns out to be not unexpected as primates tend to be relatively fair toward their fellows *within a group*, in particular they respect the possession of items, especially of food. Rather than simply taking away a food item from a subordinate, a dominant individual has to ask for it, hence the common habit of (voluntary) food sharing that may promote the sense of fairness.

Moral agency is a complex, possibly the most complex, motivational system that could not arise at once and evolved by the assembly of empathy, sense of fairness and attribution of responsibility, each of these mechanisms (or psychological modules) having an adaptive value of its own. The evolved combination of many affective and cognitive mechanisms of moral agency is reflected in the mosaic of

---

52 J. Goodall, *The Chimpanzees of Gombe: Patterns of Behavior*, The Belknap Press, Cambridge, Ma. and London 1986; F. de Waal, *Good Natured: The Origins of Right and Wrong in Humans and Other Animals*, Harvard University Press, Cambridge, Mass. 1996.

53 F. de Waal, *Good Natured...*

54 J.C. Gibbs, *op.cit.*, p. 74.

55 J. Haidt, *op.cit.*

56 F. de Waal, *Primates and Philosophers...*

57 M. van Wolkenten, S. Brosnan, F.B.M. de Waal, *Inequity responses of monkeys modified by effort*, Proceedings of the National Academy of Sciences 2007, vol. 104, pp. 18854–18859; S.F. Brosnan, N.E. Newton-Fisher, M. van Vugt, *op.cit.*

brain centres involved in the generation of moral judgement.[58] It is no surprise that there is no single moral module that distinguishes *Homo sapiens.*

The ethical status of morality

The most important ethical consequence that follows from the increasing understanding of moral agency as a product of evolution is that every received morality is ethically flawed, none can be taken as a paragon of goodness, and each needs corrections by science-informed ethics.

The major flaw of moral agency is its in-group orientation. It evolved for the enhancement of cooperation and reduction of conflicts between group members rather than the promotion of universal good. The flip side of the adaptation to promote intra-group loyalty reveals the most tragic aspect of natural, received moralities, that is, the discrimination against out-group members, which is obviously conducive to intergroup conflicts. The greater the threat of a conflict, the more important intra-group loyalty and discrimination of potential enemies. "And so, the profound irony is that our noblest achievement – morality – has evolutionary ties to our basest behaviour – warfare."[59]

Reciprocity as the organizing principle of every evolved morality makes it more or less pragmatic and contractarian rather than intrinsically good. It may well be that it pays off to obey your own moral agency, at least on average.[60] Leaving aside the discussion of contractarian ethics, the pragmatic orientation of evolved morals may be responsible for the common underestimation of the harms of omission (inaction) compared to the harms of action when, e.g. a few deaths caused by a vaccine are perceived as worse than many more deaths resulting from the failure to approve a vaccine.[61] This may well be because an omission tends to be less threatened with retribution than an action.

The potential for the manipulation of specifically human moral agency lies in the reciprocal exchange with imaginary persons who may request (*via* their earthly proxies, of course) essentially anything, leading some populations to self-destruction[62] and some to prosperity depending on the pragmatic rather than ethical value of the imposed standards. Even if some religious standards work well for the community of believers it does not mean that they are universally good.

Taking morality as intrinsically good and thus moral agents as categorically superior to other subjects proves to be wrong from the combined perspective of science and logic. As Peter Singer stated "if moral intuitions are the biological residue of our evolutionary history, it is not clear why we should regard them

---

[58] J. Greene, J. Haidt, *op.cit.*

[59] F. de Waal, *Primates and Philosophers...*, p. 55.

[60] R.H. Frank, *Passions within Reason: The Strategic Role of the Emotions*, W.W. Norton, New York and London 1988.

[61] J. Baron, *Against Bioethics*, The MIT Press, Cambridge, Mass. 2006, pp. 180–181.

[62] J. Diamond *Collapse: How Societies Choose to Fail or Survive*, Penguin Books, London 2005; R. Dawkins, *The God Delusion*, 2006.

as having any normative force."[63] As with any other outcome of evolution, every received morality needs ethical corrections, and accepting it as a paragon of what should be (the assumption called moralistic fallacy) leads in fact to another case of naturalistic fallacy.

To conclude with a broader outlook, Darwin gave us a worldview that is both scientific and ethical as it is based on the understanding of the living world including its values that only recently, in the geological time scale, have come to be traded by moral agents. In the evolutionary perspective, the most fundamental subdivision of the living world is into living objects, ie., mere (even if beautiful and fascinating) devices for self-replication, and living subjects, ie., sentient beings who, by definition, have individual interests. There is plenty of senseless suffering (experiential badness) but also of joy and excitement (experiential goodness) in the entire subjective world – whether human or not – and each deserves attention and respect of moral agents capable of genuine ethical reflection even though each in a different way. Subjective life generated moral agency that seems good for the here and now within a group but, as human history shows, does not seem to improve the balance of primary, experiential good and bad because of intergroup conflicts and parasitic ideologies. This balance can be, and at least in human affairs seems to be, improved by universalizing ethics that can evaluate every received morality with reference to genuine and thus ultimately experiential values,[64] but certainly not by applying instead religious injunctions that are themselves subject to ethical scrutiny, and the rejection of some of them is long overdue.

---

[63] P. Singer, *Ethics and intuitions*, "Journal of Ethics" 2005, vol. 9, pp. 331–352.

[64] A. Elżanowski, *Toward the scientific...*

Wojciech Załuski

HUMAN NATURE AFTER DARWIN

Introductory remarks

Social scientists have always wanted to believe that the social sciences are 'true' sciences, just like the natural sciences. However, such a belief has never been fully justified. The social sciences have usually been descriptive rather than explanatory, and if they tried to be explanatory, the explanatory theories they provided either had a low predictive power or, if they had a high predictive power, predictions generated by these theories rarely passed empirical tests entirely satisfactorily. As a result, the social sciences possess few (if any) theories which can match natural sciences theories in terms of empirical corroboration and universal acceptance. Arguably, this mainly descriptive character of the social sciences has been due to the fact that *social scientists have not had at their disposal a solid view of human nature*. What is worse, many social scientists have believed that in order to work out such a view, no recourse to the natural sciences is needed. This belief is pernicious for the social sciences: arguably, the social sciences will never reach the status of 'true' sciences if they do not become open to developments in the natural (especially, biological) sciences – the only sciences which can provide a solid view of human nature. It should be observed, though, that this belief (which may be dubbed 'scepticism towards usefulness of biology in the social sciences' or, less politely, 'biophobia') was to some extent justified in the past when the biological sciences did not have very much interesting to say about human beings as social actors. However, recent developments in evolutionary biology and other biological sciences (for instance, neurobiology, behavioural genetics, primatology) seem to provide the underpinnings for a solid view of human nature, which should be interesting for social scientists and which should be allowed for by them in their research practice. The purpose of this essay is to present the main theses of this emerging view of human nature and the main controversies which have arisen around this view. I shall call this view 'Darwinian' because its main theses rest above all on evolutionary biology and the related evolutionary disciplines (for instance, evolutionary psychology and human behavioural ecology).

The Darwinian view of human nature

At the outset, let me briefly deal with two problems which one encounters in trying to reconstruct the biological – Darwinian – view of human nature. The first problem is definitional: what is a view of human nature? The second problem is related to the doubt if the biological sciences can be said to imply some view of human nature. As for the first problem: by 'a view of human nature' I shall understand a set of well-thought out and coherent answers to the following three questions: what is the structure of the human mind?; what is the nature of human morality?; what is the level of human rationality? Of course, one can offer alternative definitions of a view of human nature. However, the above definition seems to be at least acceptable, because a thus defined view of human nature says *very important* things about human beings (even if it does not say *all* of the important things about human beings). As for the second problem: it should be noticed that no scientific theory directly entails any view of human nature. Rather, a scientific theory can only provide a number of insights regarding human beings. However, these insights can be *interpreted* as endorsing some view of human nature. What follows, then, is an interpretation of insights provided by the biological sciences regarding human nature. This interpretation is aimed to render extant what view of human nature is supported by the biological sciences, i.e. what theses about the structure of the human mind, the nature of human morality and the level of human rationality these sciences seem to support.

Question 1: What is the structure of the human mind?

Thesis 1 of the Darwinian view of human nature: The human mind is not a blank slate – tabula rasa – upon which everything has to be written by environmental and cultural factors and can be written with equal ease: it is composed of built-in psychological dispositions – computational modules – shaped by natural selection which play a crucial role in shaping our behaviour.

Thus, the human mind consists of innate computational modules – psychological dispositions – and these modules are evolutionary adaptations, i.e. their presence can be accounted for by the fact that they enabled our ancestors to best cope with the problems they encountered in ancestral environments. These problems concerned, in general, survival and reproduction, and in particular, for example, finding mates, succeeding in intra-sexual competition, ensuring the certainty of paternity, deterring the adultery of one's sexual partner, detecting fraud in social exchange interactions) and thereby increased on average their chances of survival and reproductive success. It is often said that the view of the human mind proposed by evolutionary biologists is a form of 'evolutionary Kantianism' with regard to the problem of the existence of innate mental structures. This view assumes (like Kant) that our mental structures, by means of which we grasp the world and act in it, are innate, but (unlike Kant) it assumes that they are not apriorical (and thereby necessarily identical for all rational beings), but shaped in the process of natural selection (and thereby contingent). In sum, Thesis 1 of the Darwinian view of human nature is polemical to the view (called by evolutionary psychologists 'the Standard Social Science Model' and widespread especially among sociologists) that the human mind is almost entirely 'socially constructed' and thus extremely malleable.

Question 2: What is the nature of human morality?

Thesis 2 of the Darwinian view of human nature: Morality, at least in its simpler manifestations, is a biological adaptation: its building blocks (empathy, altruistic and cooperative dispositions, moral emotions such as, e.g. a sense of guilt, gratitude, elementary forms of a sense of justice) are the products of natural selection. Morality is, then, deeply embedded in our nature: it is a manifestation of our nature rather than a purely cultural phenomenon invented in order to counteract our purportedly egoistic and antisocial nature.

In order to clarify this thesis, it is useful to make recourse to the distinction made by the renowned primatologist Frans B.M. De Waal between two theories or views of human morality – morality as a veneer (the Veneer Theory) and morality as an outgrowth of our social instincts (the Social Instincts Theory). The Veneer Theory assumes that human morality is nothing more than a thin cultural overlay on our antisocial and egoistic nature. On this view, moral tendencies are not part and parcel of human nature and morality is a cultural innovation achieved by our species alone. Adherents of this theory were, e.g. Thomas H. Huxley and Sigmund Freud (especially in his *Das Unbehagen in der Kultur*). By contrast, the Social Instincts Theory assumes that human nature is social and altruistic and human morality is a natural outgrowth of our evolved social instincts that we share with many animals. These pro-social instincts (e.g. altruistic and cooperative dispositions, emotions that support these dispositions, empathy) are the building blocks of our morality. This account of human morality was defended, e.g. by Darwin and is defended by De Waal himself. In sum, Thesis 2 of the Darwinian view of human nature is polemical to the view of morality as a veneer.

Question 3: What is the level of human rationality?

Thesis 3 of the Darwinian view of human nature: Human beings are imperfectly rational.

Broadly speaking, there are two competing views of human rationality. One view assumes that human beings are perfectly rational. Agents are said to be perfectly rational if they maximize their utility functions (which implies that they correctly assess objective probabilities of their possible actions bringing about given states of affairs), discount their future utilities exponentially, employ low discount rates, and do not possess self-destructive desires. The opposite view says that human beings are imperfectly rational: they systematically violate at least one of the aforementioned conditions of perfect rationality. Now, apparently, the biological sciences support the view that human beings are imperfectly rational (at least in their current environments). This support seems to flow from two general and interrelated evolutionary insights regarding human rationality. The first insight is that *the human mind is not designed to seek for the truth as end in itself but to seek the truth only in so far as it helps to solve the adaptive problems*. Given that the human mind is not a disinterested truth-seeker, one can expect that it will be prone to generating various illusions if this is the best way of solving a concrete adaptive problem. For instance, a well-established fact is that humans are prone to self-deception, i.e. to the unconscious concealing of information from themselves and thereby to distorting their picture of reality. It should be noted, though, that the evolutionary claim that the human mind is essentially practical is not inconsistent with the commonsense claim that it is equipped with a certain autonomy and thereby can be a tool of the disinterested pursuit of the truth and motivate us to take actions that oppose the imperatives of evolution – survival and reproduction. The second insight, related to the first and more directly relevant for the question about the level of human rationality, is *the adaptive-lag hypothesis* (called also 'the hypothesis of time-shifted rationality,' or 'the hypothesis of mismatch'). The hypothesis says that our psychological mechanisms, which were adaptive in ancestral environments (in which our psychological dispositions were being shaped), will frequently lead to maladaptive behaviours in our current environments, which are in many respects different from the ancestral environments. The mismatch between biological adaptations of organisms and later environments in which these adaptations have to operate is conceivable in all animals but it is particularly sharp in the case of humans because we have psychological mechanisms that were shaped for hundreds of thousands of years in ancestral environments and have not changed essentially since then. On the other hand, cultural evolution – a typically human process, made possible by our highly-developed brains – causes very considerable changes in our environments, making them look essentially different from ancestral environments. This hypothesis explains, for instance, why we often employ unreasonably high discount rates. We tend to do so because in ancestral environments steep discounting usually brought about much higher payoffs than the discounting we now consider to be rational. This was because in these environments people's time horizon was short (i.e. life expectancy was short) and the future was unreliable, so that there was not any strong selective pressure favouring the emergence of a propensity to defer the consumption of the goods with a view to increasing their quantity in the future. In sum, Thesis 3 of the Darwinian view of human nature is polemical to the view (especially widespread among economists) that human beings are perfectly rational. It may also be noted that Thesis 2 and Thesis 3, taken jointly, stand in opposition to the view of human being as *homo oeconomicus*, i.e. rational egoist.

Controversies surrounding the Darwinian view of human nature

An obvious problem with the three theses of the Darwinian view of human nature is that they are not sufficiently precise and thereby admit various interpretations. In this section I shall present the main controversies connected with each of these theses and two main interpretations of each of them.

Thesis 1

The claim that the human mind is modular and that its modules have been produced by natural selection is very plausible. Indeed, it seems that the best way of coping with the problems encountered by our ancestors in ancestral environments (and thereby the way to have the highest likelihood of having been preserved by natural selection) was not through some general, all-purpose, abstract problem-solving mechanism, but through a set of discrete and functionally specialized problem-solving mechanisms (they would function faster and more effectively than the general mechanism in confrontation with concrete problems). However, this view of the human mind is unclear in three main points. Firstly, there is no consensus among evolutionary biologists regarding the quantity of psychological modules in the brain – as yet no fully plausible taxonomy of these modules has been provided. Secondly, it is not clear how flexible these psychological modules are (for example, evolutionary psychologists do not make clear to what extent male sexual jealousy – one of those modules – can be 'reduced' by social learning). Thirdly, it is not clear whether the human mind is composed of only discrete and functionally specialized problem-solving mechanisms or whether it also contains some general, all-purpose, abstract problem-solving mechanism which extracts and combines information from different modules and deals with new adaptive problems. Taking into account these three points, we obtain two versions of Thesis 1:

Theses 1a: The human mind is composed of only domain-specific modules. These modules are numerous and rigid in their functioning, i.e. they can be modified by social learning to a small degree.

Thesis 1b: The human mind contains not only domain-specific modules but also a domain-general mechanism. These domain-specific modules are not numerous and are flexible in their functioning, i.e. they can be modified by social learning to a large degree.

As can easily be observed, Thesis 1 in its variant 1b becomes closer to the view of human nature as a blank slate.

Thesis 2

The view of morality as an extension of social instincts says only that we are moral by nature, i.e. that we are not egoistic or malicious or in some other way antisocial; it does not make precise what the *content* of our natural moral dispositions are. Accordingly, it is compatible with various, more specific views of human morality. Before I present two main views of this kind, I shall define three forms of altruism which I shall employ in this presentation, namely, kin altruism, reciprocal altruism and pure altruism. In the case of kin altruism an agent sustains high costs for the good of a relative without expecting the return of these costs in the future. In the case of reciprocal altruism, an agent sustains high costs for the good of an unrelated person expecting the return of these costs in the future. It should be noted that reciprocally altruistic acts driven are rather peculiar forms of acts: they are neither truly egoistic, because they involve sustaining some costs for other persons, nor truly altruistic, because they are not motivated by the concern with the well-being of the other persons). In the case of pure altruism, an agent sustains high costs for the good of an unrelated person without expecting the return of these costs in the future. Now, relying on these three forms of altruism, one can distinguish two varieties of the view of morality as an extension of social instincts. The first variety says that human beings are *narrowly altruistic*, that is, they tend to manifest in many circumstances kin altruism and reciprocal altruism. The second variety says that human beings are *genuinely moral*, that is, they tend they tend to manifest in many circumstances kin altruism, reciprocal altruism *and pure altruism*. It is clear that evolutionary biology supports at least the view that human beings are narrowly altruistic. However, it is not clear whether it supports the second – more optimistic – picture of human morality. Most evolutionary biologists claim that evolution has not endowed us with the tendency to engage in purely altruistic acts: they maintain that such acts are just the maladaptive side-effects of kin altruism and reciprocal altruism. However, some scholars defend the claim that evolution has endowed us with such a tendency. They argue either that such a tendency is a product of sexual selection or that it is a product of group selection. According to the former explanation, the tendency to undertake purely altruistic acts may have evolved, even though it decreased the probability of survival of those who manifested it, if this tendency was for some reason attractive for the opposite sex and thereby increased the probability of mating and reproductive success. According to the latter explanation, genetic group selection may have favoured the tendency to undertake purely altruistic acts, the reason being that groups with many individuals endowed with this tendency and thereby inclined to sacrifice themselves for the group to which they belong are likely to fare better than and win over groups with individuals endowed only with the tendency to display kin altruism and reciprocal altruism. In sum, evolutionary biology does not say clearly if we are only kin and reciprocal altruists, or also pure altruists. Accordingly, we obtain two variants of Thesis 2:

Thesis 2a: Human beings are narrowly altruistic.

Thesis 2b: Human beings are genuinely moral.

Thesis 3

Evolutionary biology supports the view that human beings will systematically deviate from the requirements of perfect rationality. However, it is difficult to say how large deviations from these requirements human beings should be expected (in the light of evolutionary biology) to manifest. The difficulty stems from the fact that, on the one hand, the aforementioned general insights of evolutionary biology into human rationality support the view that human beings are imperfectly rational, but, on the other, evolutionary biology (especially, evolutionary psychology) has led to the reinterpretation of some psychological experiments purportedly demonstrating human imperfect rationality. A classic example is the Wason selection task, which is aimed at testing our understanding of the logical properties of sentences having the form of an implication. It has turned out that people have problems providing correct answers to the task if the implication has the form of a descriptive sentence, but they cope well with the task if the implication has the form of a norm regulating social exchange. More generally, evolutionary analysis has shown that various purported violations of the requirements of rationality are often not the effects of our cognitive defects and thereby should not be construed as attesting to human imperfect rationality. After all, they can often be interpreted as manifestations of the tendency of the human mind to use rational 'mental shortcuts' for making decisions (e.g. various heuristics) or as the effects of confronting subjects with artificial situations which they can never encounter in real life or with non-artificial situations but nonetheless having little significance for their survival and reproduction. Accordingly, many evolutionary theorists defend the view that human beings are 'ecologically rational,' that is, the view that human beings act rationally in practical situations, especially those situations which resemble contexts which could have been encountered in ancestral environments. The above remarks show that the evolutionary view of human rationality is more complex and less clear than Thesis 3 may suggest. Taking into account these remarks, it seems that one can distinguish two variants of this thesis:

Thesis 3a: Human beings are imperfectly rationally and their deviations from perfect rationality are large.

Thesis 3b: Human beings are imperfectly rationally but their deviations from perfect rationality are small (when viewed from the evolutionary perspective, many violations of perfect rationality prove to be apparent rather than real).

In sum, recent developments in the biological sciences have taught us that the human mind is not a blank slate, that human morality is embedded in our nature and that our rationality is not perfect. These general theses constitute what I have called 'the Darwinian view of human nature.' Unfortunately, the biological sciences, at the present stage of their development, cannot help in deciding unequivocally which of the presented interpretations of these theses are correct: they seem to admit of all these interpretations. Thus, the Darwinian view of human nature is still not fully determinate. Once can hope that this situation will change in the future as a result of the progress in the biological sciences. It seems, though, that even in their general form these theses are illuminating and can be regarded as providing the foundations of a solid view of human nature.

Bartosz Brożek

THE NOTION OF THE PERSON IN BIOETHICAL DEBATES*

Trilemma

When bioethical discussion touches on the notion of the person it usually takes the form of an argument which has a decisive character. Such an understanding often forms a simple syllogism: one should not kill a person; X is a person; therefore: one should not kill X with, in the place of X – according to the problem considered – terms such as *nasciturus*, 'someone terminally ill who has requested euthanasia,' 'someone who's life functions are maintained by medical apparatus' are employed.

On the other hand, one may also encounter such positions as that noted by Hugo Engelhardt:

> Not all people are equal. (...) Not all people are persons. Not all people are conscious, understanding and able to praise or criticise something. A foetus, a newborn, the mentally handicapped, those in a deep coma – are examples of people who are *nonpersons*.[1]

We should note that Engelhardt does not question the syllogistic scheme above. He rejects the validity of one of its premises i.e. that a *nasciturus* or someone who is mentally handicapped is a person. It is not the aim of this paper to establish if the conclusions of this syllogism are true or false. We can state, however, that they are not justified on the basis of the premises assumed. The reason is not that the premises are false but rather that it is unclear what they state. We should be aware that closer analysis shows that the notion of the person is not so much decisive as unclear and deceptive. To be exact, in relation to the notion of the person we may form the following trilemma:

Either:

1. The notion of the person is ambiguous;

or

2. The notion of the person is arbitrary;

or finally:

3. The notion of the person is redundant.

---

* Translated by Aeddan Shaw.

[1] H.T. Engelhardt, *The foundations of bioethics*, Oxford University Press, New York 1996, pp. 135–138.

It is easy to see that if the presented alternative is true then the use of the notion of the person in bioethical discussions becomes irrational.

From mask to ontology

The notion of the person (Lat. *persona*) stems from the word *prosopon*. This term referred to a mask in Greek (and Roman) theatre and its application in philosophy came somewhat later since we cannot find any trace of it in ancient philosophy. It was initially utilised in Roman law but Roman jurists did not equate the word *persona* with the word *homo*. One man could, from the legal perspective, be many persons. As it was termed: *unus homo sustinet plures personas*. It functioned thus so that *persona* identified the legal status of a man, independent of their other statutes. Romans could thus be one person as a Roman citizen, another as *pater familias*, yet others if they performed certain public offices. It is not difficult to see why the word *persona* was so appealing in this context: for the law, a man – depending on the legal context – wore different 'masks': as a senator, the head of the family, a praetor etc.

It was exactly the legal notion of the person which was utilised in *Adversus Praxean* by Tertullian, a thinker who undoubtedly was aware of the basic notional categories of Roman law. In his exploration of the mystery of the Holy Trinity he wrote:

> Independent of the close ties between the Father, the Son and the Holy Spirit, we must be careful to differentiate those *persons*.

Or:

> Believers never talk about two Gods or two Lords although they acknowledge that each of the persons in the Trinity is God and the Lord.[2]

This conceptual solution of the problems surrounding the Holy Trintiy was not accepted immediately however. It only came about in the 4th century AD during a debate on the meaning of the Greek word *hipostasis*.[3] The problem focused on in what way it was possible to express the fact that the Holy Trinity was one and tripartite at the same time. The unity of the Trinity had been established since the Trinity is one substance (*ousia, substantia*) while the tripartite nature had been expressed with the help of the Greek term *hipostasis*. The problem was that *hipostasis*, like *ousia*, was expressed with the same Latin word, *substantia*. In order to eliminate misunderstandings, the translation was altered to *subsistentia*. However, by the 4th century this subtle distinction had fallen into obscurity, a direct way to conceptual problems or even heresy. As a result, they reverted to Tertullian's notion of *persona*: it was formulated as God is one but in three *personae* in documents from the Council of Alexandria in 362 AD.

---

[2] Quoted after www.tertulian.org.

[3] Cf. Boethius, *Contra Eutychen et Nestorium*, http://www.documentacatholicaomnia.eu.

However, in the 6th century controversy arose once again. In his work *Contra Eutychen et Nestorium*, Boethius introduced his own formulation – and perhaps the most famous – of the definition of a person: *persona est rationalis naturae individua substantia*, a person is an individual substance of rational nature. He explained that this meant we "are related in this manner to what the Greeks called υποστασις, *hipostasis*." This differentiated between the notion of subsistence (*essence*) and substance. *Subsistentia* (*essentia*), related to the Greek term *ousia*, refers to being which is not impaired (so-called independent existence). In turn, *substantia* (*hipostasis*) refers to being which may be the basis for impairment (impairment may belong to it). A person (*persona*) is that *substantia* which is individual and rational. In the conception of Boethius, man is simultaneously *subsistentia*, *substantia* and *persona*.

Meanwhile, God is a unified *subsistentia* but also three *substantiae* (and thus three persons). Boethius highlights, however, that talking about the three divine substances has been forbidden by the Church as it leads to certain heresies. What is interesting in this consideration is that Boethius 'inverts' the traditional translation of the Greek concepts. Normally '*ousia*' is identified with '*substantia*' and '*hipostasis*' with '*subsistentia*.'

The notion of the 'person' played, perhaps surprisingly, a minor role in Scholastic ethics, largely remaining at the service of theology. Józef Bocheński noted:

> There is no equivalent expression to 'person' in Aristotle, in his philosophy. It does not feature yet this has not stopped him becoming one of the greatest moralists in history. In St Thomas Aquinas, the expression *persona* often features in dogmatic theology. Yet in moral philosophy it appears only once, namely in his article *De acceptione personarum*. It takes into account man in his personal relation to a candidate, not his value. It is the only example in which St Thomas uses the expression 'person' in his ethics, which does not prevent him being a great moralist.[4]

The close connection between the notion of the person and Thomism only featured with the 20th-century Personalists. This fact is important for two reasons. Firstly, Personalism, even though it was not an official doctrine of the Catholic church, played a role in the thoughts of its representatives which is hard to overestimate. As a result, Personalism has become undoubtedly one of the most important voices in bioethical discussions. On the other hand, however, it is important to stress that the marriage of Thomism with the Personalist approach is, while at least historically charming, artificial. For Boethius, the notion of the person had a technical character. Its introduction was indispensible in terms of Boethius great work of trying to unite Greek philosophy with Christian faith. It was not meant – and did not – to play a crucial role in ethical discussions. Such a utilisation of the notion of the person is much later. Put plainly, it became a reaction to a different conception of the person which has arisen in modern times.

---

4 J.M. Bocheński, *Między logiką a wiarą* (*Between Logics and Faith*), Noir sur Blanc, 1998, p. 130.

The modern conception of the person

At the forefront of these theories, two undoubtedly stand out: the conceptions of Locke and Kant. In *Essays Concerning Human Understanding* Locke wrote:

> we must consider what PERSON stands for; which, I think, is a thinking intelligent being, that has reason and reflection, and can consider itself as itself, the same thinking thing, in different times and places.[5]

Locke formulates in this fragment the *psychological* conception of a person: the crux of personality is the ability to reflect and, in particular, to reflect on oneself and thus have a feeling of identity in different times and places. This vision is fundamentally different from the classical conception of the person. It is important to remember that Locke is one of the main philosophers responsible for the 'subjective turn' in philosophy, the appreciation of the subject which Descartes undertook – more or less *explicite* – with his fundamental ontological division of the *res cogitans* and the *res extensa*. In other words, in modern philosophy the person is not a psychophysical unity – the person is a thinking subject, *ego cogitans*. Such an understanding of the person is opposed by Kant in his *Critique of Pure Reason*:

> By this *I*, or *he*, or *it* (the thing), which thinks, nothing is represented beyond a transcendental subject of thoughts = x, which is known only through the thoughts that are its predicates, and of which, apart from them, we can never have the slightest concept, so that we are really turning round it in a perpetual circle, having already to use its representation, before we can form any judgment about it. And this inconvenience is really inevitable, because consciousness in itself is not so much a representation, distinguishing a particular object, but really a form of representation in general, in so far as it is to be called knowledge, of which alone I can say that I think something by it.[6]

Kant thus feels that the psychological definition of a person is inadequate since – on the basis of theoretical understanding – we do not and cannot have any representation of it. In the *Metaphysics of Morals* he states that "A person is a subject whose actions may be imputed to him. Moral personality is therefore nothing other than the freedom of a rational being under moral laws (whereas psychological personality is usually understood as an ability to be conscious of one's identity in different conditions)."[7]

In other words, for Kant the person is defined by the fact that she is *responsible* for her own acts. This conception may be termed the *ethical* theory of the person. It is worth emphasizing that it featured in Kant's metaphysical project. As we know, Kant attempted to show that metaphysics – at the level of theoretical reasoning – is impossible. He stated that in epistemology, such notions as the world, the soul or God could not be equated with any object. Those notions played a role of the transcendental ideas whose task is to organise our experience. Metaphysics is possible, however, on the grounds of practical cognition and it was to this ordering that the Kantian notion of the person belongs.

---

[5] J. Locke, *Essays Concerning Human Understanding*, Dent, London 1961, p. 280.

[6] I. Kant, *Critique of Pure Reason*, A 346, internet version.

[7] I. Kant, *Metaphysics of Morals*, 6:223, internet version.

The above presentation of the three most important conceptions of the person – the classical, the psychological and the ethical – shows that attempts to compare these conceptions abstracted from their general metaphysical vision, from the very basis on which they were constructed, is a senseless task. One may not refer to the classical definition of Boethius if we do not *simultaneously* accept the metaphysics of Aristotle, which was structured by the ontological principles of form, matter, cause and *telos*. The psychological conception is composed of the fundamental separation of mind and body. Finally, the *ethical* conception is groundless for those who ignore the basic Kantian division between theoretical and practical reason. In other words, each of these three basic definitions of the person are accompanied by metaphysical baggage; accepting any of them commits us to a certain type of metaphysics.

The contemporary debate over the person

The 20th-century debate over the notion of the person – broadly speaking – lies between two positions. The first may be termed the descriptive and the second, the axiological. The descriptive conception of the person stems mainly from analytical philosophy, directly tied to the tradition of Locke, and defines the person according to certain empirical criteria (mental criteria). In turn, the axiological approach places emphasis on the fact that the person is a *bearer of values*. In this school, the positions are of the classical (mainly Thomist) and – perhaps more importantly – the Kantian and neoKantian origins.

One of the most famous examples of the descriptive theory of the person is that proposed by Peter Singer. It defines the person as the bearer of certain mental attributes: an ability to feel and understand, self-awareness and autonomy, the ability to imagine oneself in the future. These characteristics are not fulfilled by all people – e.g. those who are in a coma. On the other hand, such an understanding of personality may be ascribed to some animals (e.g. apes belonging to the order of primates).[8]

A similar position has been expressed, already quoted in this essay, by Hugo Engelhardt:

> Not all people are equal. (...) Not all people are persons. Not all people are conscious, understanding and able to praise or criticise something. A foetus, a newborn, the mentally handicapped, those in a deep coma – are examples of people who are *nonpersons*.

Advocates of the descriptive conception of the person – at least those who are engaged in deliberations of an ethical character – do not limit their deliberations to such definitions. These definitions are *used in ethical discourse*. The descriptivists claim that a person is someone entitled to certain rights whereas nonpersons are not entitled to such. For example, Singer claims, with the support of his conception of the person, that in ethics and law it is necessary to reject the

---

[8] P. Singer, *Animal Liberation*, New York Review/Random House, New York 1975.

dichotomy of 'human – non-human' and put in its place a division of 'person – non-person', in which rights are ascribed to persons only.

Singer's theoretical manoeuvre is typical for advocates of the descriptive conception of the person. A 'person' is defined by them solely on the basis of descriptive, *psychological* criteria, but then the definition is utilised *normatively*, to decide legal and ethical controversies. Thus, the descriptivist approach suffers from serious methodological schisophrenia: the notion of the person is defined descriptively, but used normatively.

As we can recall, another approach is offered by advocates of the axiological conception of the person. In this case, the ethical value of person is ontologically prior and defines the personhood. In such a consideration, the person is independent of *contingent* mental attributes which stem from, for example, a serious impairment, or the stage of personal development (foetus, infant etc.).

A particularly interesting example of the axiological conception is the Personalist view. Personalism is a surprising melange of Thomist philosophy with an emphasised role for the notion of the person and sometimes home to the theses of phenomenology or the philosophy of dialogue. The eclecticism of this trend is clearly visible if one considers that within the Aristotelian and Thomistic conceptual scheme the notion of person played *no role at all*. The justification of this claim is to be found in the already presented philosophical history of the notion of the 'person.' One may therefore venture the claim that introducing the notion of the 'person' to the Thomist conceptual inventory is contrary to the spirit of authentic Thomism. Indeed, it is hard to understand who the person should be in this context. We should remember that this term was *only* used with the objective of harmonizing Aristotelian metaphysics with the problems (from the point of view of philosophy) of the claims of Trinitarian theology. It was of course essential and fully justified when used to express the truths of faith in conceptual categories as understood by the elite in the twilight of the Ancient period. Amongst the Personalists, however, this conceptual stratagem became somewhat broadly applied.

These few remarks suffice, as I believe, to confirm that the contemporary debate over the notion of the person has developed due to complicated historical conditions and has usually lead to the advocacy of eclectic, methodologically unsound and undoubtedly arbitrary conceptions. Bocheński adds:

> Where (...) have we taken this notion (of the person) from? It's main creator was, I think, Kant. Later it became more widespread thanks to the work of anti-rationalist philosophers. (...) From this a dubious impression follows. It would be better if we had been without it. The category of the person is not needed in philosophical undertakings.[9]

The person in law

As we have already mentioned, the notion of the person (*persona*) in law manifested itself for the first time in Roman law. It was a technical notion which de-

[9] J.M. Bocheński, *op.cit.*, p. 130.

noted a *bundle of rights*. A human, in accordance with *unus homo sustinet plures personas*, could be 'many persons.' We can state that the notion of the person in law (the physical person and the legal person) to this day has a *technical* character and is not connected with any concrete philosophical content.

It is easiest to show this by analysing something key to the shaping of contemporary law – normative acts. For example, from the *Universal Declaration of Human Rights* we can read:

> [R]ecognition of the inherent dignity and of the equal and inalienable rights of all members of the human family is the foundation of freedom, justice and peace in the world.
>
> [D]isregard and contempt for human rights have resulted in barbarous acts which have outraged the conscience of mankind, and the advent of a world in which human beings shall enjoy freedom of speech and belief and freedom from fear and want has been proclaimed as the highest aspiration of the common people.
>
> All human beings are born free and equal in dignity and rights.

It is easy to see that in this key declaration, the word 'person' never features. The only exception occurs in the preamble to the Declaration in which (only in the English version) can we read that "[t]he peoples of the United Nations have in the Charter reaffirmed their faith in fundamental human rights, in the dignity and worth of the human person." In the official Polish translation, for example, the word 'individual' is used.

The term *person* is used only in a technical sense, in the *Universal Declaration* as well as in other acts of international law. For example, the *Convention for the Protection of Human Rights and Fundamental Freedoms* in 1950 refers to the right of every *human* to life, claryfying that the deprivation of life will not be regarded as contrary to the convention if it occurs as a result of the necessary use of force in defending any *person* from illegal violence. The technical sense of *person* is even utilised in the famous Oviedo 'bioethical' convention (convention for the protection of human rights and dignity of the human being with regard to the application of biology and medicine: Convention on Human Rights and Biomedicine). The term 'person' does not even feature in the title and when it does feature in the text then it is in the technical legal understanding such as when it refers to the consent that must be given by a person in agreeing to medical procedures or when protecting a person who is not in a state to express such an agreement.

It may also be easily shown that legal regulations do not pressupose any concrete *philosophical* vision of a person. As an example, let us consider a section from the Polish Civil Code. This code does not define what is a physical person. However, in the first of the articles of Title II, "Osoby [Persons]," in Article 8 c.c., it states:

> Article 8.§1. Every human, from the moment of their birth, has legal capacity.

Legal capacity – which consist of a certain bundle of rights – is bestowed upon every human from the moment of their birth. The capacity to perform legal acts is different, as it is limited to people who turned thirteen and have not been incapacitated. It follows that the capacity to perform legal acts does not constitute a subset of the rights contained in legal capacity. The Code limits the capacity to perform legal acts not only according to age but also in terms of mental illness or other kinds of mental disturbance. These circumstances do not, of course, limit legal capacity.

An important anthropological pressupposition is contained in the articles relating to the declaration of intent, in particular Article 60 and Article 82 c.c.:

> Article 60. (...) the intent of a person to perform legal act may be expressed by all actions manifesting that intent in a sufficient manner (...)

> Article 82. The declaration of intent made by a person, who lacks consious or free ability to make decisions and express their will, are to be regarded null and void. This refers in particular to mental illnesses and other, even lapsed mental disturbances.

We can see that, firstly, the use of the notion of the person in both articles has a technical (legal) character. It stems from the understanding of the person which may be reconstructed with the help of the above cited article of Title II of the Code. Secondly, Articles 60 and 82 c.c. presuppose a certain thesis of what a human is. In detail, a human being is capable of expressing their will in a free and conscious manner. We should be aware, however, that the fact that someone is unable to express their will (whether incidentally or permanently), does not mean they lose their status as a person (in a legal sense).

One may therefore say that the notion of the 'physical person' does not correspond with that outlined in the descriptive notion of the person (in the philosophical sense). We should bear in mind that in the opinion of authors such as Singer or Engelhardt, the person is an individual who possesses the ability to feel and understand, is self-aware, has the ability to praise or rebuke someone. In the legal sense, a man who does not fulfil these criteria remains a person (in the legal sense). On the other hand, the provisions of civil law pressupose a certain 'model' vision of man. Such a 'model' is that of an adult and healthy person who has the ability to freely and consciously express her will. It is obvious that this is in accordance with the descriptive understanding of the notion of the person. In other words, the civil code contains certain elements of the descriptive conception but not as criteria of legal personality.

On the other hand, the meaning of the notion of the 'physical person' does not correspond to the meaning of the notion of the person in the axiological conception. We should be aware that it is the civil law that ascribes a bundle of rights to a 'physical person;' the criterion for establishing personality is descriptive, and the value is ascribed by the law. In particular, the notion of the 'physical person' cannot be equated with the notion of the person according to the Personalists. The main trend of Personalism rests on Thomist philosophy, in which a key role is played by the principle of purpose (*telos*). As a result, Personalism regards a foetus as a person, something which civil law does not.

There do exist, however, legal regulations – such as the already mentioned declaration and convention of human rights as well as some constitutions – which see a certain 'original' value in man (e.g. dignity). We thus have to do with the situation in which legal acts pressupose a vision of man which is *consistent with some* theses of the axiological conception of person. Once again, however, these aspects do not constitute a legal definition of a *person* but rather are elements which make up the legal vision of *man*.

Contra personam

The analysis conducted above, which did not have a normative character (it does not formulate any postulates) forms the basis of the growing conviction that in legal and bioethical discussions *we should not utilise the philosophical notion of the person.*

One may summarize our findings in the following manner:

(Thesis 1) In law there appears a technical notion of the person which does not correspond with *any* philosophical notion of a person. As a result, the risk of *equivocation* arises and sometimes does when we mix legal and philosophical discourse. Law contains, therefore, certain elements of a vision of man: some of them belong to the descriptive and others to the axiological account of the person.

(Thesis 2) No single, universally accepted philosophical conception of the person exists. In philosophical discussions, competing theories of the person exist, stemming from fundamentally different presuppositions and often resting on historical accidents and misunderstandings.

As a result, the first thesis of the trilemma is justified, i.e. that the notion of the person is ambiguous. In terms of legal and bioethical discussion, this ambiguity is reinforced by the fact that law utilises an independent, technical notion of the person.

This ambiguity, which undoubtedly rules out the possibility of leading a meaningful debate in which a key role is played by the notion of the person, may be avoided in two ways: either via an arbitrary choice of one of the existing definitions of a person or through the rejection of the notion altogether. The first solution is very problematic since it forces us to accept some kind of ontology (e.g. modified Thomism). It would be hard when such important social questions are settled with the support of such a strong presupposition.

The second solution – rejecting philosophical notion of the person in legal and bioethical discussions – seems more justified. As we have highlighted, law consists of certain theses which relate to the question of what constitutes man. We may therefore postulate that instead of talking about a person, we can talk about a human. Our analysis has shown that – at least in relation to the most important legal acts – this is the practice. Recognising the notion of the person as redundant allows us to escape from both the problem of ambiguity and that of arbitrariness. Once again, let us repeat our trilemma:

Either:

1. The notion of the person is ambiguous;

or:

2. The notion of the person is arbitrary;

or finally:

3. The notion of the person is redundant.

It seems that the only sensible solution to this trilemma is to accept the third thesis.

The vague human

As a consequence of replacing the notion of the 'person' with that of the 'human' in bioethical debate, we have not solved all of the problems. Let us once again repeat the syllogism which features in the introduction to this paper, replacing the term 'person' with that of the 'human.'

(a) One should not kill humans.

(b) X is a human.

(c) Therefore: One should not kill X.

At first glance it may seem that we have revived all of the problems which we had with 'person.' In place X we may once again use other terms (*nasciturus*, 'the individual whose living functions are supported by medical apparatus,' etc.) and the whole debate reappears. The problem is that we are using natural language and names used in this language are usually vague or open textured.

This is also the case with the notion of the 'human.' In the overwhelming majority of cases there is no doubt that the given 'object' may be defined by the term human. There exists, however, (or potentially may do so) a borderline cases in which there is no certainty if we are considering something which may be designated a human or not. This leads to a serious logical problem. If we reconstruct our syllogism in the first order logic then we obtain:

(a) $\mathrm{H}a \rightarrow \sim\mathrm{K}a$

(b) $\mathrm{H}a$

(c) $\sim\mathrm{K}a$

where H means "is a human," a is the name of an individual, while K – "it is allowed to kill."

If, for example, an individual a is maintained by medical apparatus then one could argue that a is a borderline case of the term 'human.' From the semantic point of view it means that the statement $\mathrm{H}a$ holds the logical value of 1/2 (neither true nor false). In such a situation, however, the premises (a) and (b) do not lead to the conclusion (c). *Modus ponens* may only be applied when both premises in an argument are true.

Is there a way out of this situation? It seems that this problem stems from the way in which the question is posed. We should not try to settle weighty bioethical problems – e.g. the acceptability of abortion – by appealing to general (and vague) notions such as 'human.' The formulation of every bioethical problem should be at an appropriate level of precision. It is thus better to ask should we conduct abortion and consider the arguments for and against rather than appeal to vague theses such as that a foetus is a human. Otherwise it falls into the problems of a logical nature.

To summarise: we have come to two conclusions. The first states that the (philosophical) notion of the person is unnecessary (or even unwelcome) in bioethical discussions. The alternative to rejecting this notion is to accept that it is ambiguous or arbitrary.

The second conclusion leads to the statement that bioethical problems should be formulated on an appropriate level of detail. If we formulate it with the help of overly general notions we fall into a 'deductive paralysis.' Deriving conclusions from statements which feature vague notions are – in most instances – impossible. It would seem that this is the case with most of those cases which arose controversy.

Tomasz Pietrzykowski

THE ROOTS OF NORMATIVITY. FROM NEUROSCIENCE TO LEGAL THEORY

Towards a unified worldview

One of the most famous sentences in the history of moral philosophy was expressed by Immanuel Kant in the closing chapter of his Critique of Pure Reason. "Two things fill the heart with renewed and increasing awe and reverence the more often and the more steadily that they are meditated on: the starry skies above me and the moral law inside me." The two centuries that have passed since Kant wrote these words have brought enormous progress in our knowledge about almost all aspects of the "starry skies." To understand the breakthrough that took place between the time of Kant and our own it is enough just to mention that almost half century after Kant, another philosopher – August Comte, one of the greatest enthusiasts of science ever, – argued with certainty that it would never be possible to uncover the chemical composition of stars due to their incredible distance from us, making them permanently unreachable for any scientific examination. Several decades after Comte we have figured out not only their exact chemical composition but also the internal processes taking place in each successive stage of their long existence. Furthermore, we have managed to capture the general frame of cosmic evolution that led to the emergence of those starry skies that delighted Kant in his time and have not ceased delighting us to this day. We know that the universe originated about 14 billion years ago in the Big Bang, launching a series of events in which compressing clouds of gasses formed galaxies and stars. We know that later on, the chemical reactions within stars led to the synthesis of heavy elements that finally paved the way for the emergence of planets and other celestial objects. We know that one of those planets was the Earth, developed around 4.5 billion years ago, together with the whole Solar System, a small group of celestial objects at the periphery of one of the myriad galaxies. We know that on this planet some chemical reactions caused biogenesis to occur – the creation of the first organic chemical compounds and finally the first living cells. We have good reasons to believe that it occurred sometime between 3 and 4 billion years ago. Further biological evolution of ever more complex structures composed of such cells led from relatively simple bacteria and fungi up to plants and animals. After the Cambrian explosion (ca. half a billion years ago) the first vertebrates appeared from animal evolution, and among these fish, birds, reptiles and finally mammals. Its relatively recent episode (ca. 50 mln years ago) saw the development of an order of primates including hominids. Humans belong to the latter family in which we share many crucial biological features with our closest relatives such as chimpanzees, gorillas and orangutans (including more than 95% of our genome). We share some critical anatomic properties, such as the ability to take an upright posture, bipedal walking, a similar construction of spine, opposable thumbs, fingernails, lack of a tail and – last but not least – a relatively well developed brain. Most interestingly, however, people and other primates also display striking parallels in their behaviour. Many primates are able not only to use tools but also to produce them, as well as knowing how to use them by way of observance and imitation. Some primates are able to learn a basic level of symbolic communication.[1] Great apes exhibit ritual forms of behaviour, exchange smiles and kisses, tend to respect other's possessions and pursue almost fully-fledged "politics" competing for domination and access to resources.[2] The more we know about other species, the more ways of conduct traditionally considered as typically human turn out to have direct animal antecedents. Due to the advancement of ethology in gathering piles of evidence from the systematic observation of many species of animals, we have become aware of many examples of astounding similarities and continuities in animal and human behaviour. It has been observed that some female monkeys allow males to copulate with them in exchange for food. Groups of male dolphins were observed trapping a female and obstructing it when successive males forced it to copulate. Such anecdotal examples may serve only to illustrate the point, which is however proved today by the enormous and still growing body of ethological research and observations.[3]

All these discoveries inevitably lead to a question that has been recently becoming more and more obvious. What about morality and, more generally, what about inventing, enforcing and conforming to social norms, so crucial to the development of the civilized behaviour which differentiates humans from other animals, including those with relatively well developed social skills? Is it a completely novel faculty enjoyed by humans, without any roots in their animal ancestry or just the next step facilitated by some more elementary capacities very deeply rooted in the evolutionary history of both our and other species of animals? These questions have become the subject of a growing debate and today it seems hardly plausible to approach the seriously fundamental issues of moral, social or legal philosophy without at least taking them into account. Traditionally, morality and

[1] Most experiments in this strand concerned training of chimpanzees or bonobos (such as famous Washoe, Koko, Nim Chimpsky etc.) to use signs in form of gestures or keyboard buttons to express communicates and attempt to combine them to build more complex sentences etc. For details see D. Griffin, *Animal Minds. Beyond Cognition to Consciousness*, Chicago 1992 (Polish edition Gdańsk 2003).

[2] See F. de Waal, *Chimpanzee Politics*, London 1982; see also *idem*, *Our Inner Ape*, New York 2005.

[3] See works of such authors as K. Lorenz, J. Goodall, F. de Waal, J. Griffiths et al.; for more popular and elementary account see J. Stidworthy, *Zachowanie sie zwierząt* (*Animal Behaviour*), Warszawa 1992; see also a recent summary of J. Chmurzyński, *Biologiczne nauki behawioralne na przełomie wieków* (*Biological Behavioural Science at the Threshold of Centuries*), "Kosmos. Problemy Nauk Biologicznych" 2000, vol. 49, no. 3, 363 ff. (available online at: http://www.nencki.gov.pl/ptetol/lektury/nauki_beh.pdf).

other normative orders had been conceived rather as a cultural invention (or "gift" conferred to humans by divine forces) embedded in mysterious human attributes such as "soul," "free will," "conscience," "moral sense," "rationality" and so on. Obviously, there have always been theories claiming that we should shape our behaviour so that it fits a "natural" order of things, somehow normatively "binding" for human beings. Nevertheless, these theories aimed mainly at arguing for or against some specific content of our obligations claimed to be imposed on us by a sole "nature." They were not focused on a descriptive elucidation of the natural roots of our ability for normative thinking and the production of normative orders as such (whatever their content could be). Such an ability was taken for granted as ultimately founded on folk-psychological notions of "rationality," "free-will," "abstract-thinking" or similar kinds of popular catchwords.

This paradigm got into trouble when we began to realize how strictly all mental and behavioural phenomena are actually dependent on the underlying neurobiological mechanisms of the operation of nervous systems, shaped by the evolutionary history of our or other species. The more we know about this, the more difficult it becomes to ignore this level of explanation. These kind of underlying neuropsychological mechanisms may no longer be regarded as "transparent" and as such irrelevant for any proper understanding of cultural and social phenomena. The situation resembles in many respects the dawn of analytic philosophy at the beginning of the 20th century when language ceased to be regarded just as a "transparent" means of communication ignorable in the explanation of any substantial phenomena. The revelation of the neuropsychological foundations of mind and the role they play in the construction of mental and social reality (to borrow Searle's phrase) may be considered as the "next step" after elucidation of the place and partially constitutive role of language. It seems more and more obvious that any serious attempt to comprehend social and normative phenomena has to account for its neurobiological foundations or remain superficial and fundamentally incomplete.[4] Moreover, the development of more accurate comprehension and description of those underlying neuropsychological mechanisms may to a large extent determine the accuracy of higher-level accounts of cultural and social phenomena, at least proving some of them to be clearly false or misconceived.

The contemporary debate over our evolutionary origins and neuropsychological underpinnings of normative phenomena is focused predominantly on moral norms and valuations. In particular, it is aimed at denouncing a popular misconception of the relations between biological evolution and moral values. It is ascribed to one of the most famous promoters of Darwinism, Thomas Huxley, whose ideas strongly influenced the popular understanding of evolutionism for a long time. His view on the relation between the "survival of the fittest" principle and human civilization and morality were, roughly speaking, a contraposition. In nature, animals have to struggle for survival, ruthlessly combating their rivals, in which others are either victims or threats. Life is all about "how to eat and not

[4] The persistence of such attitudes in the humanities, despite the development of biological and cognitive sciences to some extent explains rather strange calls to "temporarily remove ethics from the hands of philosophers" (E. Wilson, *Sociobiology*, Cambridge Mass. 1975, p. 562); see also F. de Waal, *Primates and Philosophers. How Morality Evolved*, Princeton–Oxford 2006, p. 15.

become eaten" and hence reality of evolution must be "red in tooth and claw" and resemble the memorable picture once drawn by Thomas Hobbes, where (human) life in state of nature is "solitary, brutish, nasty and short." In this picture, morality is conceived as humanly self-imposed "ties" that civilize our animal egoistic drives. Such cultural constraints imposed on our innate, biological impulses to perforce satisfy all our needs make social coexistence possible.[5]

This rather naïve picture of the relationship between brute, ruthless animal nature and culturally created morality as a means to facilitate social cooperation (dubbed by Frans de Waal a "veneer theory of morality") is nowadays criticized as fundamentally flawed.[6] First, it is hardly reconcilable with the core of evolutionism – there is no reason why normative (including moral) phenomena could not develop as a tool useful to cope with certain adaptive problems enabled by previously evolved neurobiological faculties apt for such novel application. Moreover, it would be difficult to explain how creatures of such a ruthless nature could suddenly just decide to resign from indulging their instincts and subject themselves to the governance of norms and conscience (at least as long as we exclude divine intervention in the form of some sudden moral enlightenment of our souls). Finally, a "veneer theory of morality" has been undermined by the growing amount of empirical data gathered by ethological observations. This evidence strongly suggests that many kinds of conduct that in respect to humans we tend to qualify as "moral reactions" turn out to be present also among another higher animals.

Examples of such "moral-like" behaviour have been observed both in nature as well as in experimental conditions. One of the most famous experiments of this kind involved rats and rhesus monkeys who learned to push a lever in order to obtain food. Then, another animal was placed in a neighbouring cage and administered an electric shock each time the tested animal pressed the lever and received food. Both rats and rhesus monkeys tended to stop pressing the lever when they noticed that their reward was paired with the pain inflicted on their conspecifics (in rats the process of so called habituation of this reaction took place very quickly, in contrast to some rhesus monkeys who "were literally starving themselves to avoid inflicting pain upon one another"[7]). Other experiments were designed to examine whether a sense of "fairness" may influence the behaviour of capuchin monkeys. The experiment in question resembled psychological tests conducted on humans and based on the so called "ultimatum game." In its classic version, a couple of people are given a certain amount of money, say 20 USD. One of them has to propose to the other how to divide the monies between the two. The offer is to be given on a "take it or leave it" basis, so the offerer has only

[5] Such a perception of nature and morality is also indebted to a pop version of many psychoanalytical ideas that has reached the general public. See e.g. K. Dunlap, *Mystycism, Freudism and Scientific Psychology*, St. Louis 1920 (available online: http://www.psychiatrie-und-ethik.de/infc/1_gesamt_en.html); H. Eysenck, *Decline and Fall of the Freudian Empire*, Harmondsworth 1986; R. Dworkin, *Freud's Will to Power*, New York Sun, 29.11.2006.

[6] I set aside the long-lasting pre-scientific debates on the question whether "human nature" is basically "good" or "bad," which throughout the ages has attracted many of the most brilliant philosophical minds. Later I shall return to the link between the modern neuroscientific picture of human mind and philosophical traditions.

[7] F. de Waal, *Primates and Philosophers...*, p. 29.

one shot and the partner is allowed only to accept or repudiate it (no further communication between the partners is allowed). If the offer is accepted, both partners receive their respective parts accordingly. Otherwise, none of the partners receives anything. The evidence reveals strong and stable preference among people to reject offers they find deeply unfair even if such a rejection means that they receive nothing instead of the offered portion of the divided sum and thus prefer to lose rather than to allow themselves to be treated "unfairly." In other words, in many cases they value the "fairness" of a deal more than the benefits, contrary to what would be dictated by cold, rational calculation in terms of pure self-interest. Unexpectedly enough, similar reactions were observed in capuchin monkeys. When they were trained to perform some tricks in exchange for a reward, one that was offered a less valuable reward (e.g. a nut instead of a grape) than obtained by the rest of the group for the same performance tended to display negative reactions, ranging from ignoring the unappreciated reward, pretending not to see it, returning it to the researcher, up to manifesting anger by throwing it away or even beating the researcher.[8] Even more negative reactions were triggered when other capuchins were given a better reward without performing a task at all (for "free"), while the tested animals were offered such a reward only in exchange for a performance. Many such examples of morality-like animal conduct have also been observed in natural conditions. They include expressions of empathy or gestures of consolation in apes[9], great efforts taken by dolphins to help their ill or wounded companions, dragging them out of deep water as well as the famous practice of blood sharing among vampire bats, providing one of the most spectacular examples of so called "reciprocal altruism" in animals. Vampire bats are able to stay alive without food for just two or three days. Thus each unsuccessful night hunt is a serious life-threat. In response to this, bats have developed a practice of sharing some blood between those who managed to feed themselves with their less successful colleagues. Interestingly, bats are ready to share food only with their kin or those unrelated counterparts who have not been previously indifferent to their own hunger and have not refused to provide them with the same kind of help. Reciprocal altruism has also been observed in chimpanzees, who tend to react to calls for help only by those who did not previously ignore their needs when they were in trouble themselves. These examples are relevant to the question of the biological roots of normative phenomena in humans, not only due to their resemblance to many behaviours that we regard as our normative moral duties in ordinary social life. Eventually, despite their similarity to conduct that we usually regard as the expression of human moral sense, they are certainly not normative (in the sense of rule-motivated behaviour). Much more relevant than the superficial resemblances of such behaviour are the neurobiological foundations which make animals behave like this and the extent to which they play a similar role in human brains, too. This kind of inquiry gives a chance to clarify whether it is plausible to compare such apparently similar be-

[8] See S. Brosnan, F. de Waal, *Fair Refusal in Capuchin Monkeys*, "Nature" 2004, 148, p. 428; F. de Waal, *Primates and Philosophers...*, p. 44 ff.

[9] E.g. "the screams of a severely punished or rejected infant rhesus monkey will often cause other infants to approach, embrace, mount or even pile on top of the victim" (F. de Waal, *Primates and Philosophers...*, p. 27).

havioural reactions without the error of naïve anthropomorphisms. On the other hand, they allow us to avoid the far from insignificant opposing danger of equally naïve and premature anthropodenials. We should note, however, that nowadays the applicable neuroscientific research is still in its infancy. This condition definitely imposes limits on the extent to which it provides us with well established and thoroughly examined scientific theories useful to explain complex mental and social phenomena. We are rather in the age of brainstorms in which many competing hypotheses and conjectures are put forward and confronted with the constant inflow of new experimental evidence. These limitations notwithstanding, state of the art neuroscientific research makes it even today an indispensable element of any attempt to uncover the real foundations of normative phenomena. It is able to shed some important light on how our normative attitudes emerge and create the normative structures of our social world.

Brains, reactions and emotions

The contemporary human brain is the product of several billion years of the evolution of the nervous systems. The brain has developed as a central unit of a large structure of interacting nerve cells, coordinating the activity of living organisms. The function of a nervous system as such is to "translate" signals received from the external world (such as light, pressure, sound etc.) and from the internal milieu of an organism into appropriate reactions. Thus, it allows an organism to adjust to changes in circumstances and produce optimal responses. An animal able to successfully react to potentially dangerous or advantageous stimuli radically enhances its chances of survival and reproduction. Thus, the adaptive pressure which has led to the development and advanced functionality of the nervous systems of living creatures is rather obvious. The simplest forms of interacting networks of nerve cells (neurons) are found in even the simplest of animals, including worms. Higher invertebrates (such as insects or octopi) possess relatively complex and well organized nervous systems with the central unit located in the head. It transforms sensory inputs into a hard-wired range of appropriate physiological and behavioural responses (sometimes referred to as "affective programs"). Thanks to this, an animal is able to react to objects or events qualified as "danger," "food," to adjust its behaviour and enhance its survival and reproductive opportunities. Vertebrates have developed an even more sophisticated double system – the central nervous system made up of the brain and spinal cord as well as the peripheral nervous system connecting the central one with receptors and effectors throughout the body. The development of the brain as the central element of the nervous system began with relatively simple neural structures called "ganglia" (as in lower invertebrates) up to billions of densely packed and internally organized neurons in higher mammals, in particular humans. The basic architecture of vertebrate brains displays a general resemblance although many structures have become more and more refined throughout evolutionary history. Its main structural parts are the hindbrain, midbrain and forebrain, corresponding to three successive levels of complexity of mental functions. The hindbrain, the oldest part of brain, is responsible for basic vegetative functions, the midbrain is crucial for elementary forms of isolated, automatic reactions, while the forebrain coordinates complex behavioural and mental schemata.[10] It roughly resembles the famous theory of the "triune brain" once proposed by one of the pioneers of neuroscience – Paul MacLean.[11] According to MacLean, the human brain is actually made up of three distinct parts, whose different structures, chemistry and functions correspond to their separate evolutionary origin (although in the contemporary brain all of them are closely integrated and interacting). The oldest, the so-called "reptilian brain" is composed of such structures as the brainstem and cerebellum, being responsible for internal vegetative processes and the regulation of basic physiological drives. The second is the "mammalian brain" including all subcortical limbic structures regulating automatic emotional reactions based on reward and punishment mechanisms. The third, newest subsystem is the cerebral cortex (neocortex) developed relatively recently and performing higher cognitive functions enabling creatures to think, communicate or exhibit all distinctively human-like behaviour.[12] Even if most of the details of MacLean's theory have been challenged, it is clear that differences in physical and mental abilities among species generally correspond to differences in the development of the respective structures of their brains. The crucial feature unique to the brains of higher mammals like apes, as well as humans, is the radical growth of the cerebral cortex (neocortex). The incredible level of its complexity and organization has not been achieved by any other animal, including those with brains of comparable size. The cerebral cortex of the human brain is composed of hundreds of billions of neurons, each of them connected with thousands of others and hence able to produce 10^{16} combinations of projections.[13] As is often emphasized, the human brain is the most complicated object known in the universe. Although an old pseudoscientific theory of the strict localization of particular mental abilities throughout the brain has been discredited, we know more and more about the role played by particular areas of the brain in its general operation.[14] Such identified regions include the Broca and Wernicke areas involved in the production and understanding of speech, sensory

---

[10] J. LeDoux, *The Synaptic Self*, New York–London 2002, pp. 34–35.

[11] From today's perspective, MacLean's idea of a triune brain may hardly be treated as a strictly scientific theory although it retains educational value as a brief remainder of the deep evolutionary origin and adaptive needs due to which it has evolved.

[12] See P. MacLean, *A Triune Concept of the Brain and Behaviour*, Toronto 1973; see also P. MacLean [in:] L. Squire (ed.), *A History of Neuroscience in Autobiography*, vol. 2, San Diego 1998, p. 264 ff.

[13] The total number of computations of signals in the human brain probably exceeds the estimated total number of atoms in the universe. Thus, arguably, the human brain is by far the most complex single object in the world than we are aware of. G. Edelman, *Brilliant Air*, Bright Fire, London 1992 (Polish ed. Warsaw 1998); see also A. Edingshaus, E. Poppel, *Geheimnissvoller Kosmos-Gehirn*, München 1994 (Polish ed. Warsaw 2005); J. Eccles, *Evolution of the Brain*, London–New York 1991.

[14] On the other hand, the so called "plasticity" of the human brain allows it in many cases to take over some tasks performed by other regions in case they cannot be performed by the circuits normally responsible for its performance. See e.g. S. Begley, *The Plastic Mind*, London 2009. It is worth noticing that the notion of the "plasticity" of synaptic structures was introduced by the famous Polish neuroscientist Jerzy Konorski.

cortices processing visual, auditory and other sensory stimuli, motor and premotor cortices, somatosensory regions or places crucial for the ability to remember facts and information (so called declarative memory). There is intensive research and rapid progress in identification of the patterns of neural activity associated with particular operations of the brain (even if due to ethical considerations the manner of experimental research is strictly limited) and presumably in several decades the ways in which they produce respective kinds of mental phenomena shall be revealed in incomparably greater detail.

What needs to be emphasized is that the brain is not a device designed for us just to philosophize with but essentially to steer the body so that it is able to react to challenges it faces in its environment.[15] Brains (as well as the whole nervous systems to which they belong) have developed over millions of years of evolution for its adaptive value in enhancing the chances of organisms to survive by making them react flexibly to constantly changing conditions. Thus, we need to be very careful to avoid the illusion (so to say the "cognitive fallacy"), that since we (at least some of us) consciously use our brains mainly for abstract thinking, this is the principal function for which it exists. This is not the case, at least from the evolutionary and neurobiological perspectives. The origins of the brain were different and its crucial task for hundreds of millions of years has been to manage internal processes, collect and select data that may be relevant for an organism and produce appropriate physiological and behavioural reactions (so that an animal does what is favourable for its well-being and avoids doing what is generally disadvantageous). Nevertheless, as with everything in this imperfect world (despite the dream of Leibniz), these mechanisms are imperfect too. They are hardly able to adjust to rapid changes in the external conditions in which they tend to produce obsolete and thus useless or even harmful consequences. A clear example is most animals' inability to react adequately towards the various technical inventions of human civilization. On the other hand, we still often exhibit phobias against spiders or heights (which in the course of civilization's development have become rather marginal life-threats in comparison with many other imminent dangers). In some sense, many such adaptations resemble those famous army generals who always prepare their troops for past wars.

One of the basic instruments by which the nervous system may play its essential role in steering an organism are affective processes. Their elementary forms are hardwired inclinations to aversive and appetitive reactions to some kinds of stimuli. They make an animal avoid certain stimuli and be attracted by others. Such reactions have been implemented in the nervous wirings of animals by way of natural selection, in which creatures endowed with pathways making them behave in this way had better chances of survival.[16] The neurophysiology of such simple affective reactions has been examined in considerable detail in the relatively uncomplicated nervous systems of some simple invertebrates. One crucial research of this kind was E. Kandel's examination of the nervous reactions of the

[15] As Paul MacLean famously put it: the brain has evolved to manage four "F"s: feeding, fleeing, fighting and ...reproduction.

[16] Obviously it is just an extremely simplified and crude formulation ignoring the many nuances that are discussed in current evolutionary biology concerning the role of accidental adaptations.

famous *Aplysia* (sea hare). It has been established that in the case of the detection of a dangerous stimulus, an animal, through the synchronized firings of groups of neurons in its nervous systems, generates an aversive reaction of ink release (presumably aiming to blind a potential attacker). The complexity of such affective processes increases with the growing complexity of an organism and the internal organization of its nerve cells. They also become embedded in the expanding network of other faculties, such as enhanced perceptual apparatus, memory systems, the ability to condition and learn new associations, encoded complex behavioural schemes (namely, "instinctive" or species-typical conduct), fight/flight mechanisms, and so on. Complex affective reactions like most other mental capacities and behavioural reactions of higher animals are composed of simpler elements inherited from earlier stages of biological evolution. This increase of complexity is based on the gradual enrichment of neurobiological mechanisms in which simpler components gradually become upgraded by the development of novel functions and capabilities (reflecting the well-known "conservatism" of evolutionary innovations[17]).

The fundamental role of affective reactions, not only for animals but also for the human nervous system, was not fully recognized in traditional psychology. Even the so called "cognitive revolution" in the middle of the 20th century, which overcame the dominance of behaviourism in psychological research, did not bring any breakthrough in respect to the affective underpinnings of mental phenomena (presumably due to its initial strong affiliations with computer science and artificial intelligence theories focused mainly on computer-like cognitive operations). Thus, one of the leading specialists in the field, Antonio Damasio, dubs the period before the 1990s as "a century of neglect" in respect to the examination of the affective core of mental phenomena. Even if the phenomenon of emotions were discussed by many leading psychologists (to mention only Lazarus, Plutchik or Zajonc), they were treated rather as a kind of side-distortions of the cognitive functions of the brain than the very essence of the existence of nervous systems. It is noteworthy that, at the beginning of the 20th century, one of the greatest Polish legal theorists, Leon Petrażycki, a founder of the psychological theory of law, appealed for the proper recognition of the central role of the emotions for the human mind as well as their foundational role in normative phenomena (of both a moral and a legal nature). Even if most of Petrażycki's substantive views on the nature of relation of emotional phenomena to normative orders turned out to

[17] An eminent French biologist Francis Jacob has famously compared evolution to a "tinkerer" (rather than an engineer). Evolution "works on what already exists, either transforming a system to give it a new function or combining several systems to produce a more complex one." Like a tinkerer it "uses whatever he finds around him, old cardboard, pieces of string, fragments of wood or metal, to make some kind of workable object. The tinkerer picks up an object that happens to be in his stock and gives it an unexpected function. Out of a car wheel, he will make a fan; from a broken table an umbrella" (F. Jacob, *The Possible and the Actual*, New York 1982, p. 33 ff.). See also G. Marcus, *Kludge, The Haphazard Construction of the Human Mind*, New York 2008 (Polish ed. Sopot 2009).

be flawed (as I argue in detail elsewhere),[18] his insights definitely anticpated the future with ingenious originality and braveness.

The contemporary neuroscientific theory of emotional phenomena proposes a conceptual distinction between emotions and feelings. The notion of an "emotion" is used to label the whole range of automatic neurophysiological processes triggered by a nervous system in response to a stimulus recognized as "relevant," capable of influence on a condition of an organism. Various forms of such reactions are omnipresent in animal lives. The more complex the nervous system becomes and the more diverse are the kinds of threats and opportunities for the organism (its "biological values"). Thus, animals are under strong adaptive pressure to develop reactions composed of such combined internal and behavioural processes that allow them to cope with the numerous challenges of life. This ability is secured by the growing complexity of hardwired predispositions to evaluate perceived stimuli and recognize its valence and automatically launch respective chains of reactions. Above all, it entails the development of synaptic plasticity, enabling the brain to learn quickly how to qualify novel situations and associate them with particular affective processes. The reaction itself is believed to be composed (as is usual in evolution) of simpler elements, such as reward and punishment mechanisms, respective aversive and appetitive motivational attitudes of an organism, the ability to appraise the internal parameters of organisms and the relevance of particular external object for their balancing etc. In combination with cognitive elements, the ability to learn and form associations as well as predict possible courses of events, they make up a plethora of diversified affective programs corresponding to such complex emotions like "fear," "anger," "pain," "pleasure," "joy," "disgust," "curiosity," "grief," "jealousy" etc. They are a combination of diverse processes including patterns of activation of brain circuits, effects on internal physiological and nervous reactions (like the production of particular hormones, changes in blood pressure, breath, digestion[19] and so on) up to different behavioural schemata effectuated by such internal processes (like salivation, sweating, showing fangs, the so called fight or flight reaction, freezing etc.). An appropriate kind of reaction is, in principle, automatically triggered by incentives recognized as including elements potentially dangerous or advantageous to an organism and does not have to involve any conscious, deliberate decision-making. In humans, affective reactions are processed mainly by evolutionarily older, subcortical brain circuits belonging to the "limbic system," in particular

---

[18] L. Petrażycki's theory was based on the empirical data available in his time, when practically the only available method of psychological research was "introspection." Therefore, he must not be blamed for the falsity of conclusions that could only be based on a more intuitive than an examined account of mental phenomena. His pioneering work definitely made essential progress in legal theory and this, rather than the accuracy of his particular findings from today's perspective, should be the decisive criteria of the assessment of his scientific contribution. The extraordinary achievements of Leon Petrażycki undeniably deserve the highest appreciation.

[19] E.g. in the case of fear, probably the best analysed affective process, it is observed that the internal physiological reaction includes i.a. slowing down of digestion, so that energy may be spared for momentarily more critical body processes. As J. LeDoux, a leading expert on the neurobiology of fear, puts it: "if you see a lion, digestion can wait."

structures like the amygdala[20] and striatum[21] integrated (in the case of human brains) with the cortical areas such as ventromedial prefrontal cortex and orbitofrontal cortex.[22] The reception of a stimulus evaluated as relevant and potentially significant for the welfare of an organism activates an emotional process that effectuates an appropriate range of internal, bodily reactions through the activity of some structures in the hypothalamus as well as some areas of the brainstem (such as nuclei of an periaqueductal grey) and some parts of the basal forebrain (mainly nucleus accumbens). They produce neural and chemical signals modifying the internal condition of the body in a way specific to the particular pattern of nervous and physiological reactions of a given emotional state.[23]

One of the basic tenets of the modern science of mind is the strong confirmation of the role of unconscious operations in the brain. It would be a mistake to regard the notion of unconsciousness and the recognition of its role as inherently related only to a psychoanalytical framework. Despite the fact that most of the claims constituting the foundations of psychoanalysis have been discredited and remain in disrepute, the insights concerning the existence of unconscious phenomena in the mind are nowadays confirmed by neuroscientific research and supported by an enormous body of empirical evidence. Actually such subconscious (or as some prefer to call it "nonconscious") operations are believed to embrace the main part of the whole activity of the brain. As J. LeDoux points out, such processing includes "almost everything the brain does, from standard body maintenance (...) to controlling many aspects of seeing, smelling, behaving, feeling, speaking, evaluating, judging, believing and imaging."[24] Thus, the introspectively inaccessible subliminal operations of the brain underlie all of our mental life.[25] What we have conscious access to are only the results of some of those overwhelming

---

[20] The central role is believed to be played by the amygdala, which has been proven to be the key element in reactions of fear (see e.g. J. LeDoux [in:] J. Aggleton (ed.), *The Amygdala*, New York 1992; J. Zagrodzka, *Neurofizjologiczne podstawy zachowania emocjonalnego* (*Neurophysiological Basis of Emotional Behaviour*) [in:] *Mózg a zachowanie* (*Brain and Behaviour*), Warszawa 1997. E. Goldberg describes the amygdala as "providing rapid, precognitive, affective assessment of the situation in terms of its survival value" (*The Executive Brain. Frontal Lobes and the Civilized Mind*, Oxford–New York 2001, p. 31).

[21] The corpus striatum is claimed to play an essential role in the "positive emotions" manifested in such sensations as security or self-confidence etc. See E. Kandel, *In Search of Memory. The Emergence of a New Science of Mind*, New York 2006, p. 349 ff.; M. Rogan, K. Leon, D. Perez, E. Kandel, *Distinct neural signatures for safety and danger in the amygdala and striatum of the mouse*, "Neuron" 2005, vol. 46, p. 309 ff.

[22] See A. Damasio, *Fundamental Feelings*, "Nature" 2001, vol. 413, p. 781; *idem*, *W poszukiwaniu Spinozy* (*Looking for Spinoza*), Poznań, p. 52 ff.

[23] The precise role of particular structures is disputable and controversial. It must be noted that the hypothesis concerning their influence of affective processing is based mainly on the observation of results of various brain lesions as well as the scanning of patterns of brain activity accompanying respective sensations or behaviours occurring due to typical "emotive" incentives. Thus, due to the impreciseness of currently available data, the elucidation of the exact role of particular brain areas is a matter of speculation more than strict knowledge.

[24] J. LeDoux, *op.cit.*, p. 11

[25] J. LeDoux, *op.cit.*, p. 11; G. Edelmann, *Wider than the Sky. A Revolutionary View of Consciousness*, London 2005, p. 87 ff.

variety of non-conscious processes and never to the processes themselves.[26] This is the case with emotional reactions too. As a matter of principle, the processing of an affectively activating stimulus takes place subliminally and we happen to become aware only of some of the results of such processes. They are triggered automatically in response to some incentives and develop into a series of neural, chemical, visceral and behavioural changes without the need for any deliberate decision making. Such affective reactions, once launched, may however become experienced in consciousness in the form of a "feeling." What traditionally used to be considered the essence of an emotional state (a conscious feeling) turns out to be just its reflection when a certain threshold of the intensity of ongoing internal processes is met. In view of what we know today, conscious feeling is a secondary phenomena dependent on more fundamental emotional (affective) reactions composed of certain patterns of neural activity as well as physiological and somatic responses. The detailed nature of this relation is, however, debatable. Some (as A. Damasio) advocate the view, based on James-Lange's revamped 19th-century theory of emotions, that feelings are principally *perceptions* of those internal bodily changes detected by brain circuits producing momentary somatic maps of the whole organism. From such a perspective, signals reflecting somatic changes must precede any conscious feeling (although, as Damasio admits, such changes may also be "simulated" in the brain itself). According to the James-Lange theory on the nature of emotions, an agent experience feelings when she perceives her own reaction to an encountered stimulus. As W. James once put it in his famous phrase: "we feel sorry because we cry, angry because we strike, afraid because we tremble, and not that we cry, strike, or tremble, because we are sorry, angry, or fearful, as the case may be. Without the bodily states following on the perception, the latter would be purely cognitive in form, pale, colourless, destitute of emotional warmth. We might then see the bear, and judge it best to run, receive the insult and deem it right to strike, but we could not actually *feel* afraid or angry."[27] Damasio believes that contemporary neuroscientific data (including his own research) strongly confirms the idea that automatic subliminal emotional reaction is prior to any conscious experience of a "feeling." He argues that feelings actually follow the detection of changes in the internal state caused by already activated and ongoing emotional processes composed of physiological, somatic and behavioural responses to a relevant stimulus. Their manifestation in consciousness (in the form of a "feeling") is mediated by the activity of those brain circuits that are responsible for the collection of information about the internal condition of the body and creating its somatosensory maps, such as insula, cingulate cortex or somatosensory regions along central sulcus such as S1 and S2 cortices. Emotional processes take place practically all the time when an agent remains active, although we become aware and are able to name only those internal states whose intensity makes their detection sufficiently clear. We are hardly aware of most weak, background reactions, dimly reflected as just better or worse

[26] J. LeDoux, *op.cit.*, p. 192.

[27] A locus classicus for this theory of emotion is W. James's essay: *What is an emotion?*, "Mind" 1884, vol. 9, p. 188 ff. For contemporary account see e.g. P.C. Ellsworth, *William James and Emotion: Is a Century of Fame Worth a Century of Misunderstanding?*, "Psychological Review" 1994, vol. 101, no. 2, p. 222 ff.; J. Gray, *Psychology*, New York 2007, p. 215 ff.

"moods" (when an agent feels generally "happy," "joyful," "upset," "irritated" etc.). Even if Damasio's influencial theory of emotions finds considerable empirical support for its claims, it has also met with severe criticism.[28] Alternative accounts of emotions, however, usually do not dispute the distinction between affective processes (emotions) and their conscious reflections (feelings) but rather the relation between the two. Arguably, feelings may be just the direct manifestation of the ongoing neurochemical, physiological, visceral and behavioural processes instead of being a somatosensory perception of the changed condition they produced.

Thus, whether or not Damasio (and earlier James) is right in regarding feelings as detections of internal bodily changes brought about by subliminal affective reactions, current neuropsychological research suggests that automatic, subconscious affective processes are at least the biological underpinnings of conscious feelings. The reactions themselves may be, as a matter of principle, initiated and processed without the intervention of conscious attention and decision-making (as in case of "automatic" reflexes when we avoid sudden danger or are immediately emotionally aroused by an unexpected event). It is rarely doubted that non-human animals, at least highly developed vertebrates, are able to display affective reactions although it is debatable whether it is accompanied by conscious phenomena somehow corresponding to human "feelings." Jan Panksepp, one of the leading researchers on animal emotional reactions, champions the view that many species of non-human animals posses some primary forms of "affective consciousness."[29] In the case of humans, when affective reactions become consciously felt, it seems clear that the content of such experience is not a pure "feeling" but rather a combination of various integrated affective, cognitive and cogitative components (to an extent determined by the functional capacities of a given nervous system). What we "feel" is influenced by recognition and categorization of the perceived scene, memory evocations, beliefs about chains of causal connections, ascriptions of intentions, goals and beliefs to others, predictions of imminent course of event etc. (which may strongly differentiate human feelings from experiences belonging to "core affective consciousness" of many non-human animals). Interestingly, in the best examined emotional reaction, namely fear, the central role for its stimulation turned out to be played by a subcortical structure called the "amygdala." There are, however, two alternative routes for the processing of fearful emotional stimuli (as the research of J. LeDoux has revealed). Firstly, there is a purely subcortical "low road" which leads from the sensory thalamus directly to the amygdala. It allows for a crude, immediate reaction without even detailed recognition of a stimulus (just on the basis of its fast qualification as "danger"). It is paralleled by a "high road," mediated by sensory neocortex. In this longer and more time-consuming road, a stimulus is additionally analyzed by cortical areas responsible for the processing of sensory information in cooperation with the structures of the hippocampus and prefrontal cortices so that the stimulus is confronted with memory and an analysis of the currently available contextual information. It may modify the first reaction produced in the low road

[28] See E. Rolls, *Emotion Explained*, Oxford 2007, p. 26 ff.

[29] J. Panksepp, *Affective Consciousness. Core emotional feelings in animals and humans*, "Consciousness and Cognition" 2005, vol. 14, p. 30 ff.

either by inhibiting affective process (when after stricter scrutiny the stimulus is recognized as not really dangerous) or sustain it (when the danger nature of an object or situation is confirmed). Thus, the subcortical low road is, as LeDoux puts it – "quick and dirty," that is shorter, faster and less accurate than high road, in which the sensory thalamus contributes to the better recognition of the stimulus. Both are useful, since sometimes a rapid reaction is more important than accuracy (as in case when we detect an object flying towards us, immediately bending to avoid it), while in other cases it is crucial to distinguish the really relevant stimuli from ignorable ones. Thus, in actual emotional reactions, many other brain circuits and mental capacities (such as memory, association of various kinds of signals, cognitive processes, reward/punishment mechanisms etc.) may be combined to produce a final reaction and experience. Therefore, they typically involve many regions of the brain – in particular (but not only) the limbic system. Even if other emotional reactions are examined in much less detail than fear, they seem to be organized along similar lines (although other neural circuits may be involved and they may be made up of different mental components).

Among humans, as well as in some other higher mammalian species (mainly primates), living in groups has lead to the emergence of complex social emotions.[30] Their evolutionary background is relatively clear when we note that for an animal belonging to a social species, one of the most important sources of threats and opportunities for its well-being are relations with counterparts. Thus, our fate and condition are directly dependent on interactions with others (in this context we could recall the famous remark of Sarte: hell is other people). Such interaction must then also produce affective reactions specific to situations in which such interactions are recognized as potentially relevant for an agent's well-being. It is still rather unclear how such emotions as compassion, jealousy, gratitude or anger differ from one another in respect to their patterns of neural activities and the way in which they emerge from a mixture of simpler affective, cognitive and behavioural processes. Nevertheless, there is little doubt that such kinds of complex social emotions may evolve only on the basis of some simpler prerequisites such as some affective, cognitive and behavioural skills. That is why even their rudimentary forms emerge only at certain level of the complexity of nervous systems (it is inconceivable to charge ants or bees with being e.g. "jealous" or "proud") and humans are probably the only animal able to experience their fully developed manifestations. One such mental capacity necessary for the development of complex social emotions seems to be (among others) an ability to create

[30] Both the evolutionary origins as well as the neurobiological mechanisms of group living are still unclear. In the case of evolutionary psychology there are several competing theories explaining adaptive advantages that could influence the emergence of social forms of living (the most popular of which is the "hunting hypothesis"). In respect to how neurobiological mechanisms make humans social creatures, it remains unclear. Nevertheless, such mechanisms have been revealed in some very simple animals, like the worm *C. elegans* (whose nervous system is composed of 302 neurons). It has been established that the social or solitary pattern of foraging in one *C. elegans* results from a chemical difference in their certain receptors of neuropeprides Y, the transfer of which transforms a solitary variant of this worm into a social one (E. Kandel, *op.cit.*, p. 425). According to Kandel, looking for this kind of explanation is the only way to make human sociology "realistic." I share his view.

sufficiently comprehensive "theories of minds." This notion refers to an agent's mental ability to "mind-read." It is composed of perceiving others as having their own "minds," and hence attributing to them thoughts, intentions and preferences so that we regard their actions as goal-oriented undertakings. Moreover, social emotions also seem to involve the ascription of emotional states to such "other minds" and thus that they are capable of becoming hurt, pleased, disappointed etc. An important leap forward in the neuroscientific research of brain's ability to create and exploit such advanced theories of other minds was the discovery of so called "mirror neurons" found in the mid 1990s. These kind of cells were first detected in the premotor cortex of monkey brains and later also in people. The striking feature of such groups of neurons is that they fire both when an agent is herself involved in an intentional action (say, grabbing a piece of food to eat it) and when she just observes the same sort of action undertaken by someone else. These groups of neurons were labelled "mirror neurons" and have been ascribed a crucial role in explaining a range of various phenomena, including the ability to recognize intentional action, understand its meaning, predict its immediate further course, simulate it etc. Furthermore, mirror neurons are believed to play an essential role in empathy, since they are able to activate the same affective processes (even if in a weaker, so to say "pale" form) as recognized in the observed behaviour of others. In other words, when an agent can see behaviour manifesting pain or another intense emotional state, such a perception may activate in herself the chain of reactions exciting the same emotional circuits in an observer's own nervous system. The extent to which such interpretations of the role played by mirror neurons find a basis in empirical evidence may be debatable. Nevertheless, it seems that the activity of mirror neurons may shed important light on many complex emotional phenomena including not only compassion and other emotive reactions but also familiar phenomena of an infective nature such as intense laughter, weeping, yawning etc.

The evolution of basic affective reactions, the development of mirror neuron systems underlying ability to create and exploit advanced theories of minds and consequently the further development of complex social emotions are still a pre-normative stage in which most, but definitely not all, of the prerequisites for the emergence of normative phenomena are already in place. At least some complex social emotions are present in non-human primates (as exhibited e.g. by chimpanzees' social life), while their further transformation into normative categories takes place only in humans. Therefore, it seems plausible to infer that it is related to the difference in neural structures and mental capacities that is specifically human and distinguishes people from all other non-human species. Such a difference is an unprecedented development of the density and complexity of cerebral cortex, in particular their frontal lobes. The cerebral cortex (neocortex) constitutes almost one third of the volume of a human brain and remains the most striking neuroanatomical difference between our brains and their animal counterparts.[31] Particularly important seems to be the area of the prefrontal cortex,

[31] The question of why humans and their predecessors have developed the frontal lobes of their brains so rapidly and radically in the last 5 million years is still unclear and the subject of many theories and much speculation (see e.g. K. Fiałkowski, T. Bielicki, *Homo przypadkiem sapiens* (*Homo accidentally sapiens*), Warszawa 2009.

believed to account for higher cognitive functions, complex organized behaviour, self-control and other specifically human faculties. Generally, the role of frontal lobes is usually described as performing "executive functions" within the whole range of mental operations.[32] The development of the cortex of the frontal lobes is believed to "radically change the balance of power within the brain. The ancient subcortical structures, which used to discharge certain functions independently, now found themselves subordinated to the neocortex and assumed supporting functions in the shadow of the new level of neural organization."[33] They include control over spontaneous cognitive and affective processes in the form of inhibition or the delay of response excited by external stimuli. Executive functions are believed to allow for the organisation of long-term planned behaviour, exercise choice between alternative courses of action, the adjustment of routine behaviour to novel situations including the suppression of inadequate spontaneous reactions. It is noteworthy that neuroimaging studies prove that large areas of the prefrontal cortex (such as orbitofrontal cortex or ventromedial prefrontal cortex) are involved in the processing of emotional stimuli. They are ascribed many roles, including the recognition of the emotional relevance of complex social situations, the ability to make reactions context-sensitive and adjust them to details of particular circumstances and so on. The role of prefrontal cortical areas in emotional reactions is also well confirmed by empirical evidence concerning the results of lesions to this part of the brain. The first and most famous patient with well documented extensive lesions to the prefrontal cortex who remained alive but exhibited striking changes of personality was Phineas Gage.[34] Nowadays, typical psychological dysfunctions associated with lesions to this region of the brain include emotional disinhibitions, inadequacy of reactions, impulsive and capricious behaviour etc.[35]

Interestingly, prefrontal cortical areas have no direct connections with the perceptual apparatus linking brain with the external world. They receive and project signals only with other cortical and subcortical structures of the brain. Therefore, some claim that the executive functions it performs involve the production of second-order neural representations of what occurs in other more primary parts of the brain. The latter may receive signals from nervous receptors (such as retina or peripheral nerve cells detecting tactile impressions) and produce their neural representations in primary thalamo-cortical pathways. Then, they are projected to the prefrontal cortex in which they become second-order representations

---

[32] K. Jodzio, *Neuropsychologia intencjonalnego działania* (*Neuropsychology of Intentional Action*), Warszawa 2008, p. 32 ff.

[33] E. Goldberg, *op.cit.*, p. 32.

[34] Gage was a railroad worker who had an accident in which an uncontrolled detonation made a long iron bar pass through his head, damaging the frontal parts of his brain. He survived the accident although after recovery he was famously described as "no longer Gage" due to serious personality changes including lack of self-control, indulgence, impatience, impulsiveness, capriciousness etc. Many details of the Gage story, as well as its medical interpretations, are debatable (see M. MacMillan, *An Odd Kind of Fame: Stories of Phineas Gage*, Cambridge Mass 2000; *idem*, *Phineas Gage – unraveling the myth*, "The Psychologist" 2008, vol. 21, p. 828 ff.; A. Herzyk, *Wprowadzenie do neuropsychologii klinicznej* (*Introduction to Clinical Neuropsychology*), Warszawa 2009, p. 258 ff.

[35] A. Herzyk, *op.cit*, p. 260 ff.; E. Goldberg, *op.cit.*, p. 113 ff.; K. Jodzio, *op.cit.*, p. 141 ff.

necessary in order to be further reprocessed.[36] The development of structures capable of producing and handling such metarepresentations could also open the way to create and employ them without prior direct representation of the actual external stimulus. They might also be simply recalled from long-term memory or mentally assembled from various parts of different remembered representations (thus recombining them into a new "imagined" representation).[37] The availability of such fabricated metarepresentations may to some extent explain how executive functions are actually performed. Namely, they could be imposed on the primary regions on a "top-down" basis (as when we recall or imagine something which "internally" arouses our emotions) or used to confront or counterbalance the metarepresentation of a state produced by an actually present stimulus. As a consequence, an ongoing affective reaction may end up inhibited or suppressed in favour of the prevailing metarepresentations associated with an alternative course of action.[38] This kind of top-down influence of such internally produced metarepresentations also seems crucial for capacities to plan, organize and engage in an action designed to achieve some distant end. They may be able to excite the primary affective and motivational (especially dopaminoalergic) circuits in the absence of an immediately present stimulus (as is the case when we plan to go to a restaurant in the evening even if we are not hungry yet).[39] Thus, the performance of executive functions may be operationally dependent on producing and handling metarepresentations in order to make backwards projections, adjusting the states of primary brain regions (even if such a simplified model does not account for the actual complexity of possible multi-level reprocessing of iterated representations at each of those levels of brain operation).

The distinction between neural circuits producing direct, first order representations of perceived reality and the prefrontal cortical areas creating second-order representations based on projections from primary areas is also claimed to shed some light on the explanation of some features of human consciousness. An ability to create first order representations may underlie "perceptual" or "primary" forms of conscious experience. This kind of awareness of the external world and the ability to employ its neural representations to select and trigger appropri-

---

[36] W. Singer, *Vom Gehirn zum Bewusstsein*, Stuttgart 2006; V. Ramachandran, *The Emerging Mind*, London 2003, p. 116 ff.

[37] Empirical evidence reveals that the imagination of a picture, sound or touch activates those neocortical areas that are involved in processing respective actual visual, acoustic or tactile stimuli, even if the perceptual apparatus as well as areas of primary sensory cortices remain inactive. The latter become activated, however, when a patient experiences hallucinations rather than ordinarily imagining objects (see W. Singer, *op.cit.*, p. 42 ff.).

[38] Thus, when I am hungry but I intend to go and have lunch in half an hour I can refrain from eating immediately the cake that I can see standing at my desk. We can agree to some pain or distress in order to achieve bigger or achieve more important positive ends (like a sportsman training hard in order to become a champion), etc.

[39] Interestingly enough, recent research suggests that there is a special kind of "reward-mechanism" associated with dopamine generation which helps to excite and reinforce actions in their "appetitive" (preceding "consumative") stage. It is claimed that in order to be able to conduct such planned actions in which a goal (and reward) is delayed, the human brain developed a special supportive mechanism of production substances making expectation of reward pleasant in itself (see e.g. J. LeDoux, *op.cit.*, p. 243 ff.).

ate bodily reactions could belong to many species of animals (obviously in a form and degree corresponding to the manner in which its perceptual apparatus and nervous systems are organized).[40] G. Edelman claims that such comprehensive representation may result from many reentrant connections between subsystems specialized in producing specific discriminations (such as of colour, shape, movement, sound, smell etc.). They form a kind of "global map" of a perceived "scene" emerging from the cooperation of primary sensory cortices and retrieval from memory systems of past (biological) values associated with certain categories and their reference to present perceptions. In this manner, the combination of such stored value associations with recognition of the present perceptions allows for the activation of appropriate chains of neural, physiological, bodily and behavioural reactions as well as the evocation in consciousness of corresponding sensation or feeling.[41] In humans, excessive development of the cerebral neocortex, in particular the prefrontal cortices, has entailed the emergence of a new kind of second-order operations, the object of which are the states of primary areas of the brain projected onto these newly developed areas. It could enable some parts of the brain to represent projected states of its other areas, thus making specific forms of human "instrospective" or "reflective" consciousness possible. The direct dependence of symbolic communication on the ability to produce iterated representations of one's own mental states suggest that language capabilities actually co-evolved with such higher-level (introspective or phenomenal) consciousness.[42]

---

[40] J. Panksepp, in addressing the question of whether animals experience emotions, writes that "probably, but there are no mindscopes to evaluate it" (Affective consciousness, 1). For very interesting insights on how such "primary consciousness" is internally organized by conceptual categorization facilitated by "reentrant processing" between sensory cortices and subcortical areas responsible for associative, "value-laden" memory, see G. Edelman (*op.cit.*, p. 48 ff.).

[41] See e.g. J. Searle, *The Mystery of Consciousness*, London 1997, p. 39 ff. Some philosophers compare this form of consciousness to some "half-conscious" human actions like driving a car while deeply engaged in a fascinating conversation. In such situation, a driver can react to changing conditions, stop at lights, take appropriate turns, find the way home without being aware of what she is doing. This may to some extent give the impression of how it is to have only a primary forms of consciousness (even if such analogies are defective due to differences in perceptual and associative capacities among species).

[42] Clearly, any theories of this kind may contribute mainly to solving the so called "easy" problem of consciousness (which is understood as the explanation of conscious phenomena on the level of neural events). They do not address the so called "hard" problem of consciousness, that is the way in which any combination of electrochemical reactions within the matter of the brain creates qualitatively different kind of phenomena such as thoughts or feelings (so called "qualia"). The notion of the "hard problem" of consciousness has been proposed by D. Chalmers, who advocates the view that looking for neural correlates of consciousness does not answer the crucial question of how they produce subjective experience, thought or feelings. It should be noticed however that some other philosophers, as D. Dennett or P.P. Churchlands, argue that such "hard problems" do not actually exist and there is nothing more to be explained beyond the neural organization of mental functions. See e.g. P. Churchland, *The Engine of Reason, the Seat of the Soul*, Cambridge Mass. 1995; D. Dennett, *Consciousness Explained*, London 1991; *idem*, *Sweet Dreams. Philosophical Obstacles to the Science of Consciousness*, Cambridge 2005 (Polish ed. Warsaw 2006); D. Chalmers, *The Conscious Mind*, New York–Oxford 1996; see also a philosophical critique of neuroscientific attempts to explain consciousness by P.M.S. Hacker and M. Bennett, *Philosophical Foundations of Neuroscience* (Malden–Oxford 2003), and the reply of J. Searle and D. Dennett in *Neuroscience and Philosophy* (New York 2007).

Now, let us summarize and combine the above points so that they make up a comprehensive picture. Human brains, like most animal nervous systems, process affective reactions. They are one of the key adaptive tools necessary to cope with threats and survival and their complexity has grown together with the complexity of the whole nervous system. When an appropriate stimulus is detected and recognized, a series of automatic reactions is deployed. They include patterns of neural activation triggering physiological and visceral changes as well as certain behavioural schemata. In higher animals, in particular humans, their operation is further integrated with cognitive and cogitative functions performed by neocortical structures. Human beings have specifically developed the prefrontal cortical areas to carry out a range of so called executive functions interacting with limbic structures in processing elementary affective components of an array of neural responses to any real world situation. Presumably, the performance of such functions employs the handling of metarepresentations of actually ongoing lower level processes as well as their balancing with other remembered or imagined metarepresentations of sensations associated with alternative course of actions. Like most actual neural operations, the mainstream of affective reactions and their interplay with cognitive operations and executive functions proceed subliminally although they may become reflected in the primary consciousness in the form of a certain "feeling." Having taken into account all of this, now let us turn to the question of how all or it refers to the notion of normativity, in particular to the appearance of normative phenomena.

Affective salience and normative attitudes

Now I have to make a caveat and point out that the ideas I am going to develop here are just speculative conjectures based on the neuroscientific findings and elucidations. They are an attempt to combine the above elements into a comprehensive picture paving the way for some further hypotheses on how it may explain the sources of normative attitudes underlying the emergence of social and legal orders. In humans, like in other animals, many kinds of stimuli elicit some emotional reactions. Their excitement and further processing, as well as conditioning associations between particular states of affairs and given affective reactions, may be (and usually are) formed without the intervention of consciousness and do not leave traces in explicit memory circuits (some of the most important ones are formed in the very early stages of personal development long before we become able even to consciously conceptualize them).[43] In contrast to animals, however, in humans they are strongly integrated with potentially inhibitory counter-reactions exercised by "executive" prefrontal cortical areas. In some sense, they have ceased to be relatively compulsive (as they are in animals) and have become reflexive predispositions which react in some way subject to the potential sup-

[43] It should not be confused with declarative memories of particular facts or experiences. We can remember situations in which certain emotional associations have been formed or modified without being aware of the existence and origin of the latter.

pression or "artificial" elicitation on the basis of "top-down" processes.[44] As a result, a behavioural schemata associated with a given affective processes may, but does not have to, actually be launched dependent on the potentially overwhelming top-down processes performed by executive circuits. All those interactions which include a struggle between automatically triggered affective reactions to take control against the counterbalancing projections from the prefrontal cortical areas remain, as a matter of principle, subliminal. Nevertheless they may reach consciousness in the form of a certain sensation. An affectively grounded inclination to release some encoded scheme of action, combined with its preventable character, may be reflected as some kind of affective salience of a certain action. Some behaviour is felt as being triggered by a particular situation even if we do not find ourselves compelled to pursue it. Nevertheless, this course of action is perceived as more appropriate than alternative options (which does not mean that in many cases we may perceive more than one way to behave as being salient due to competing affective associations). As a result, we intuitively feel that some way(s) to behave better "fit" some circumstances without being able to explain the reasons of our inclination or just producing some ex post rationalization of our intuitive choice (a "hunch").

According to the view presented here, such "intuitive" inclinations are based on the affective salience produced by subliminal emotional processes interacting with the performance of executive functions. Obviously, it is also combined with and dependent on many cognitive elements such as the recognition of a situation based on categorizations recorded in memory systems, beliefs of facts and their causal or instrumental relations, theories of minds etc. Nevertheless, the mental state in which our affective associations incline us to release some actions which is preventable (affective salience) may be further meta-represented in reflective consciousness as the intuitive "oughtness" of such action. I propose that an intuitive "ought" is a conceptualization of some affective salience of an action at the level of reflective consciousness operating through meaningful thoughts having propositional content. By conceptualization, I mean just a mental transformation of a blurred, dim sensation into a meaningful thought adjusted to the conceptual and linguistic categories one has command of. Such transformations may, although certainly do not need to, be performed in order to articulate and communicate its content. Conceptualization is also necessary to facilitate handling and to make use of such thought in further mental operations (such as conscious reasoning). In other words, it is necessary to internally classify an experience into available conceptual and linguistic categories in order to make it comprehensive to oneself, which is a precondition to make use of it in some further mental operations as well as to communicate it to others.[45] Such a conceptual and linguistic category into which this kind of action may be classified is an action that "ought to" take place in given circumstances. When only a feeling at a primary level of consciousness is transformed into a meaningful thought belong-

[44] Referring to the compulsive character of affective reactions in animals I do not wish to enter here into the extremely controversial problem of "free-will."

[45] For the evolutionary role of language see e.g. T. Deacon, *The Symbolic Species. The Coevolution of Language and the Brain*, New York 1997; see also S. Pinker, *The Language Instinct*, London–New York 1994.

ing to an "ought" category some important consequences are entailed. In short, a certain basic logic of such type of thoughts is introduced. An "ought" applies in some circumstances therefore it becomes necessary to distinguish such situations and their features decisive for the applicability of a given "ought." Similarly, it is pressing that a pattern of behaviour that "ought" to be released in a given circumstances is identified and defined in the context of changing circumstances in which an "ought" intuition applies. In short, a conceptualization of an action, as in the form of an "ought" thought, implicates that a "thought-object" is at least capable of being developed into a fully-fledged norm (composed of "hypothesis" and "disposition").[46] Obviously not every such proto-normative sensation actually develops into fully articulated norm (as a "thought-object"). The extent to which its elements are elucidated and actually comprehended depend on particular needs and circumstances (in particular it depends on the fact whether an agent actually attempts to follow or apply it). Nevertheless, as a matter of principle, such a proto-normative mental sensation is potentially able to develop into a norm, if only the relevant conditions of its application as well as pattern of imputed behaviour becomes sufficiently identified and spelt out. A thought of an "ought" form entails the further determination of "prototypes" of both elements necessary in order to make it operative.[47] The process of the transformation of an affective salience of an action into a meaningful thought of an "ought" form may be captured by very simple, daily-life examples. This take place, for instance, when we conceptualize our feeling hungry in the form of "I think I should eat something." In this case, a salience of a given behaviour results from its being associated with an affective state in which we find ourselves. A specific way to act belongs to the repertoire of behavioural schemes related to this particular kind of emotional reaction. On the other hand, this emotional process, including particular actions, are subject to interacting inhibitory top-down processes executed by prefrontal cortical circuits. On the other hand, affective salience may concern behaviour that is associated with imagined affective results juxtaposed on one entailed by ongoing affective reactions triggered by some immediately present stimulus. An example could be a thought expressed by the proposition: "I should not eat this bar of chocolate since I am going to have lunch in a couple of minutes." In such a case, an action to which we are tempted is, so to say, confronted with and counterbalanced by affectively preferred results associated with alternative conduct. Arguably though, even if inhibitory reactions performed by frontal lobes are aimed at inhibiting ongoing affective reactions they themselves are triggered by (imagined) metapresentations of some preferred emotional states that are expected to follow from alternative courses of action. This suggests that any intuitive "ought" is always directly or indirectly linked to metarepresentations of suppressible positive or

[46] I refer to norm as "thought-objects" following O. Weinberger who emphasized that basically norms constitute such thought-objects and only derivatively may acquire external, social reality. I find this idea crucial for any comprehensive explanation of a normative phenomena. Similar ideas were formulated by psychological theories of law such as that of Leon Petrażycki.

[47] For the role played by "typification" or "categorization" in normative thinking see E. Pattaro, *The Law and the Right. A Reappraisal of the Reality that Ought to Be. A Treatise of Legal Philosophy and General Jurisprudence*, vol. I, Dordrecht 2005, p. 362 ff.; P. Churchland, *op.cit.*, p. 144 ff.

negative affective states with which the particular behaviour (a subject of an "ought") is associated.

The ability to produce combined neural, chemical and behavioural processes that constitute basic kinds of affective reactions is to a large extent innately "hard-wired" into brain structures. An animal does not have to learn how to be afraid, disgusted, sexually attracted etc. (even if in many cases it must learn some skills belonging to the repertoire of behaviour launched by such programs, e.g. cats have to learn how to successfully hunt for rats when hungry). Conditioning does, however, form associations between particular kinds of stimuli and respective emotional reactions (although the scope and variety of possible associations depend on the complexity and flexibility of a nervous system of a particular species of animals). Two important features of such conditioning need to be mentioned. First, not only daily life observations but considerable experimental evidence shows that such conditioning may (although does not have to) take place without any involvement of consciousness. Not only did Pavlov's dogs learn to react affectively towards certain incentives without being aware that they did, this is definitely true for humans too.[48] It seems that most such emotional associations (not only in infants or babies but in adult persons as well) are established subliminally. In other words, typically we learn to react affectively to certain kind of objects, traits or situations without noticing that we do and without remembering that we have done. As a consequence, we usually just "intuitively" like or dislike certain objects, persons or impressions, are afraid or attracted to something or someone, feel delighted or disgusted by some tastes or smells, love or hate to hear some sounds or watch certain things. Sometimes we are able to find (or invent) some reasons why we feel a certain way, sometimes we do not. It goes without saying that the subliminal nature of such conditioning processes does not imply that they are "irrational."[49] Creation of an emotional association has to rely on some traits of an object or situation that has something to do with our already learned reactions or beliefs or combination of both (e.g. we can fall in love "at first sight" with a person having certain traits that we have already – and perhaps also subliminally – learn to regard as "attractive" etc.).

Second, it is not the case that any affective reaction may be with equal ease conditioned to any kind of incentive. An old theory of "equipotentiality" champi-

---

[48] It is interesting to mention a famous discovery made by K. Lorenz which gave birth to the whole body of later research on "imprinting." A young goose (as well as some other bird species) proved to recognize as its "mother" and form an attachment with the first movable entity it encounters after birth. Thus Lorenz was treated as a "mother goose" by a young bird he took immediately after its birth (which followed him everywhere, preferred his company to other geese etc.). Later experiments revealed i.a. that such imprinting of "motherhood" is possible also for inanimate movable objects, like balls. It is emphasized however that the process of "imprinting" in animals is more complicated than it appeared on the basis of Lorenz's initial observations as well as the process of learning by human babies substantially differ from the Lorenz's model of imprinting.

[49] Although they certainly may be. An interesting illustration of conditioning of such irrational associations are B.F. Skinner's famous experiments producing "superstitions" in pigeons. The animals were administered food in certain intervals which led some of them to associate with the behaviour that accidentally preceded the moment when food was provided (as if they "thought" that this behaviour is causally related to the reception of food as its effect).

oned by the behaviourist school has been undermined by a large amount of empirical data gathered since 1960s. Experiments on many animals revealed that associations between some kinds of stimuli and certain affective reactions are much more easily formed than between others. For instance, monkeys in some situations are able to rapidly learn appropriate associations even by sole observance of other monkeys reacting to certain stimuli (as e.g. exhibiting fear to snakes). Observance of the same reaction to other kinds of stimuli produce no such results (when a monkey observes its conspecifics exhibiting fear of a pack of cigarettes or a pencil). Such data gave rise to a theory of nonequivalence of stimuli and responses. According to this contemporary view, in the course of evolution brains have become prepared to learn some associations relatively quickly depending on the inherent features of a given kind of stimulus and its relation to a particular innate "behaviour-system."[50] The above argument concerning affective salience as a basis of proto-normative feelings apt for later development into norms as meaningful thought-objects requires some further refinements and caveats in order to avoid misunderstandings. First of all, it concerns the question of the neuropsychological background of normative thinking as such. I do not claim that this background is necessary for an individual person to use and understand normative concepts. My argument concerns, so to say, the phylogenesis of normative phenomena rather than the ontogenesis of normative capabilities of individual agents. It is clear that when only normative categories have been developed and embedded in language, they are to some extent emancipated from their original source. A socialized agent does not have to perceive an action as affectively salient as a precondition to develop respective normative thoughts. It is sufficient that she becomes informed that an action in a certain situation is mandatory, forbidden or allowed due to norms that we have reasons to recognize, accept or just take into account.[51] However, some patients with brain lesions resulting in emotional dysfunctions (such as people with lesions of the ventromedial prefrontal cortex or limbic structures or patients after a so called frontal lobotomy) reveal significant disabilities in adjustment of their behaviour to applicable social norms. They are able to learn and understand such norms as well as use them to produce theoretically correct solutions to various dilemmas but have difficulties in their practical application. This may suggest that the cognitive capacity to learn the content of norms does not suffice for its successful application when the neural lesions of an agent reduce her ability to perceive the affective salience of an action in real life situations.[52]

---

50 See W. Timberlake, *Behaviour systems, associationism, and Pavlovian conditioning*, "Psychonomical Bulletin & Review" 1994, vol. 1, p. 405 ff.; M. Domjan, B. Galef, *Biological constraints on instrumental and classical conditioning: Retrospect and Prospect*, "Animal Learing and Behaviour" 1983, vol. 11, p. 151 ff.; M. Domjan, B. Cusato, M. Krause, *Learning with arbitrary versus ecological conditioned stimuli: an evidence from sexual conditioning*, "Psychonomical Bulletin & Review" 1994, vol. 11, p. 232 ff.

51 Obviously, such internalization of norms may produce a kind of secondary affective salience of a given action when an agent regards it as prescribed or prohibited by a norm it has internalized. My interest, however, is on the prior emergence of normative categories from affective reactions not the later secondary affective reactions related to potential violation or fulfillment of an applicable internalized norm.

52 This is a core claim of the famous "somatic marker hypothesis" put forward and defended by A. Damasio.

Finally, normative phenomena originate in those affective processes described above but once emerged they may be further developed by long chains of instrumental reasoning, in which successive norms are justified as means to achieve even distant affective ends. The obligation to stop at a red light may not be in itself affectively silent but its existence finally stems from such emotions as fear of death, injury or damage associated with events that the norm instrumentally aims to prevent (an even further link in this kind of chain reasoning is a potential development of successive instrumental norms prescribing it e.g. to slow down when approaching traffic lights etc.). The crucial point is, however, that all norms (whether moral, legal or otherwise) are instrumentally linked to their final affective origins being at the same time their ultimate ends. Furthermore, behaviour may be either inherently emotionally active (when they are directly associated with a given affective reaction, like for example shooting at an innocent person's head or bungee jumping) or only derivatively laden with an emotional value. The latter situation concerns cases in which a given behaviour is governed by an instrumental norm indirectly linked to certain affective goals, such as failure to report income to the tax office or attending a meeting in unsuitable attire. In such an event, a real source of a sense of (in)appropriateness of a given behaviour seems to be affective reactions concerning the potential results of violating the norm, either in the form of shame, guilt or fear associated with the fact of violation itself or an emotional load of consequences brought about by a given action itself (car accident, death, injury or damage). Thus emotional processes underlie not only the emergence of a sense of intuitive "ought" related to a particular pattern of behaviour associated with a particular kind of affective salience by subliminal conditioning and conscious learning in the course of each person's individual experiences. It also helps to sustain the effectiveness of instrumental norms only indirectly chained with the emotions they have developed from. Even if the "history" of forming associations between particular kinds of situations or objects (stimuli) and affective reactions is inherently individual and embedded in one's own experiences it is not hard to realize why most of those associations overlap among most human beings (in particular those brought up and living in the same cultural or social environment). The basic manner of their acquisition is upbringing and education as well the observation and imitation of others. Furthermore, as we mentioned in respect to the contemporary decline of the "equipotentiality thesis," empirical data suggests that our brains are evolutionarily prepared to form some associations much easier than others and in this way somehow select those experiences that leave long-lasting traces in our implicit memory systems. Due to this fact, most of us actually learn lessons that are to a large extent uniform, even if additionally modified by specific individual experiences, observations and training. Thus, our individual neuropsychological basis for norm usage are at the same time generally unified and particularly diverse, which we can easily observe by analyzing the similarities and discrepancies between the content of normative beliefs between individuals, cultures and epochs. Noteworthy, affective sources of intuitive "ought" underlie normative thinking in general, not only its moral domain. It is a common mistake of most theories of the "evolutionary" or "biological" roots of morality that they assume that "morality" is somehow particularly related to this biological basis. It results in endless debates as to what makes a given norm "moral" and well-known difficulties with "definitions" of morality.[53] Moral norms are not a "natural kind" category. Which norms we shall qualify as belonging to the domain of morality and which shall be left out is a conventional, definitional question. A plethora of normative attitudes are developed in a basically similar manner from the affective salience of numerous kinds of behaviour due to a variety of contingencies. Whether particular instances of such norms or their emotional underpinnings are regarded as having a "moral" character depends on an accepted definition of "morality." The latter is a culturally produced semantic convention. All kinds of norms (whether we qualify them as social, moral, customary or the like) are branches of normative phenomena having the same affective root as all other normative domains (such as taboos, customs, conventions, commands, laws etc.).

One final philosophical remark seems to be necessary. The identification of normative phenomena as the instrumental transformation of sensations produced by a combination of affective, cognitive and executive processes performed within the limbo-frontal nexus seems to confirm philosophical insights proposed by Hume in his theory of the "passions" as the ultimate source of motivation (including any moral conduct). Therefore, the view on the sources and nature of mental normative phenomena based on contemporary neuroscience leads us to a kind of Neo-humean perspective. In light of contemporary neuroscience, we are able today to confirm and refine many of Hume's intuitions concerning the relation of affect and reasoning in morality but the core idea remains the same. There could be no norms without passions and passions are the evolutionary grandchildren of ubiquitous aversive and appetitive reactions we can observe in even the simplest of worms. Emotional reactions processed subliminally in our brains, associated with the stimuli and beliefs we acquire through experience and learning, produce intuitive normative sensations conceptualized as "ought" attitudes. They are the basis for further developments of chains of instrumental normative reasonings.

---

[53] See e.g. M. Ossowska, *Podstawy nauki o moralności* (*Foundations of Moral Science*), Wrocław–Warszawa–Kraków 1994, p. 37 ff.

Burton M. Leiser

WHY NO ONE SHOULD EVER WIN THE NOBEL PRIZE: NEUROLAW, REWARD AND PUNISHMENT

Stockholm, Sweden, at the Presentation of the Nobel Prizes, 10 December 2012. The speech of Dr. Solomon Meyerowski.

Your Majesties, Your Royal Highnesses, Ladies and Gentlemen,

It is with great regret that I must refuse the great honor that you have conferred upon me in this magnificent hall this evening. This year's prize in medicine, twelve million Swedish kroner, would go a long way toward funding the ongoing brain research that I have been doing and for which you have honored me tonight. But it is precisely that research that compels me to return this medal to you, and to ask the Nobel Prize Committee to retain the prize money and confer it upon someone they feel is worthy of it, if its members conclude, after my address, that they should continue to offer such prizes in the future. I fondly hope that henceforth they will no longer award them, and that the committee itself, and indeed the Foundation, will be disbanded and the funds from which the prizes are awarded will be liquidated. For if we believe in rational thought at all – and of course we do, or we would not be honoring its foremost exponents, then we must conclude that the awarding of such prizes is the height – or should I say, the depth – of irrational, unscientific behavior, and is a terrible example to set for new generations.

I do regret the tardiness of my decision. My critics will undoubtedly condemn me for having waited until this moment to announce it, thus plucking the prize from the arms of someone else who might be deemed more worthy than I, or at least nearly as worthy as I. But there are at least two reasons for my appearing before you as I do. First, I was invited by the Nobel Prize Committee to come, in recognition of the research I have done on the brain – in particular, the human brain – and the remarkable discoveries I have made, in concert with my colleagues. Like every scientist, I have always regarded the Nobel Prize as the highest tribute that one can ever attain or hope to attain, and the extraordinarily generous stipend that goes with it a boon to scientific research. I doubt that anyone in my position could have resisted the urge to accept such an invitation. And second, I must recall for you the incident that set me on the path that ultimately led me to this moment. It inspired the research I have done over the past several decades and led me to the conclusion I have reached in the matter currently to hand.

Many years ago, America's highest military honor, the Congressional Medal of Honor, was conferred upon Sergeant Walter Benson. On 19 December 1944 Sergeant Benson was ordered with his heavy machinegun squad to the support of an infantry company attacking the outer defense of the Siegfried Line near Berg, Germany. For eight hours he maintained a position made almost untenable by the density of artillery and mortar fire concentrated upon it and the proximity of enemy troops who threw hand grenades into the emplacement. While all other members of his squad became casualties, he remained at his gun. When he ran out of ammunition, he fearlessly dashed across bullet-swept open terrain to secure a new supply from a disabled friendly tank. A fierce barrage pierced the water jacket of his gun, but he continued to fire until the weapon overheated and jammed. Instead of withdrawing, he crawled 50 yards across coverless ground to another of his company's machine guns, which had been silenced when its entire crew was killed. He continued to man this gun, giving support vitally needed by the infantry. At one time he came under direct fire from a hostile tank, which shot the glove from his hand with an armor-piercing shell but could not drive him from his position or stop his shooting. When the American forces were ordered to retire to their original positions, he remained at his gun, giving the only covering fire. Finally withdrawing, he cradled the heavy weapon in his left arm, slung a belt of ammunition over his shoulder, and walked to the rear, firing small bursts at the enemy as he went. One hundred yards from safety, he was struck in the leg by a mortar shell; but, with a supreme effort, he crawled the remaining distance, dragging along the gun which had served him and his comrades so well. His actions gave his comrades the support they needed to reestablish their position, hold their ground, and ultimately to advance and destroy the enemy positions.[1] For his gallantry, Sergeant Benson was awarded the Medal of Honor; but when it was offered to him, he refused to accept it, saying, "I respectfully decline, for I do not deserve this medal. I did not act as I did out of uncommon courage or valor, although it may have seemed that I did. Whatever I did was utterly and completely beyond my control. I acted as I did because I had to do so. That is not brave, courageous, or valorous. It is automatic, either because of my rigorous training or because of my physical or mental makeup. In either case, it is certainly not because of any special qualities of mine."[2]

Sergeant Benson's precedent showed uncommon intelligence and an extraordinary insight into the scientific truths for which I have been seeking for the past forty years. I am glad, of course, that the work I have done has received the recognition represented by the invitation I have received from the Nobel Prize Committee. Since you have been kind enough to ask me to speak on this occasion, let me explain the scientific background of my actions here this evening.

Every scientist knows that inanimate objects have no will of their own. We all know that there are invariable laws that act upon the material world in such

[1] This account has been adapted from the official citation issued to a U.S. infantryman who received the Medal of Honor.

[2] I am unaware of anyone having refused the Medal of Honor on these or any other grounds. Unfortunately, a very high proportion of such honors are awarded posthumously.

a way as to cause things to act as they do, and that it is absurd to suppose that those things act as they do of their own accord. Even children today know that it is silly to blame inanimate things for the way they behave – though I recall one occasion when my wife's car broke down and in sheer frustration she got out and kicked it. And who among us has not felt that kind of frustration and anger when our computers have crashed and lost valuable data? But the point is so obvious that we need not dwell on it.

It seems to be less obvious, though, that the same principle applies to the biological world. Here I am stepping beyond my area of specialization, but it is clear that simple creatures, whether they belong to the plant kingdom or the animal kingdom, are governed by certain laws that determine their behavior. A plant that depends upon photosynthesis for its survival will demonstrate a phototropism and bend toward sources of light, not because it decides to do so or because it has a desire for more light that induces it to move in that direction, but because various chemicals within its structure impel it in that direction. Simple animals operate in just the same way. A paramecium's cilia wave about in a seemingly deliberate manner, but there is no reason at all to think that the individual paramecium is directing its cilia to beat in one direction rather than another. If it bumps into an obstruction, its movements reverse themselves repeatedly until a way around the obstruction is found. Robots behave in much the same way. Neither of them decides to move in this way rather than that. Their motions are simply programmed into them.

As we move up the scale of evolution, we have a powerful inclination to ascribe will or intent to creatures we encounter. We do this despite the extraordinary advances that have taken place in recent years in our understanding of the nervous system, and most especially in the way in which the human brain functions.

Only recently have we succeeded in developing imaging techniques that enable us to view activities taking place in the human brain. PET (Positron Emission Tomography) and fMRI (functional magnetic resonance imaging) scans enable us to see clearly and precisely what happens in a subject's brain when, for example, he looks at a particular photograph, hears a specific word, or is introduced to a fragrance. With this information, we have been able to determine which stimuli give our subjects pleasure and which ones cause them discomfort, anger, or revulsion, for example. By combining these techniques with MEG and EEG (magneto- and electroencephalograms), we can now watch the equivalent of continuous motion pictures in slow motion, if we wish, of brain functions so that we can study them in detail. Thus, more than a decade past, we were able to see how sensory stimulation of various types induces thought. Now we have advanced to the point where we can see how the "thoughts" just generated are translated into action. I place the word *thoughts* in inverted commas because the word implies a conclusion that may not be fully justified: that something exists above and beyond the physical phenomena that we are able to observe.

Simple experiments have demonstrated the limitations of the senses in various animals, and also in humans who have lost some aspect of their sensory perceptions due to disease or injury. A frog, for example, will starve to death even if a tasty but motionless fly is dangled before it, because it is incapable of perceiving motionless objects; but the same frog will leap at the same fly if it flies in front of it. The frog is incapable of seeing stationary objects (or identifying or reacting to them), but reacts instantly to moving objects. Although motion vision is not usually classed as one of our senses, a rare condition known as motion blindness can occur in people who suffer specific rare brain injuries. A woman who suffered such an injury could not cross the street because she perceived distant automobiles as motionless, though after a few moments they were right upon her without seeming to occupy the intervening space.

Whereas we regularly cease to sense unchanging phenomena (e.g. the touch of a sweater or background noise which fades into insignificance in our consciousness and has no impact on our behavior), we react instantly to certain changes. A mosquito lands on our leg, the touch receptors send their signals up the spinal column, and it is swiftly dispatched to mosquito heaven. Its buzz leads instantly to hand motions designed to chase it away, or to a search for insecticide spray. Our behavior is no more sophisticated or intellectual than that of a horse who twitches his flanks and swishes his tail at a biting fly.

We humans are inclined to concentrate on sounds and sights and to ignore – or think we ignore – the olfactory world. But mothers and newborns recognize one another by their smells, just as other animals do. The aroma of pipe tobacco or the scent of perfume, rousing memories of a long-forgotten grandfather, uncle, or in the case of the perfume, of a long-lost lover, can initiate powerful emotions and memories of past events. It took many years for us to unscramble the mysteries of smell, partly because we humans place so little value on them, despite their enormous importance. Olfactory neurons in the nose, connected to long axons, which make a synapse with other neurons, are collected in the brain's olfactory bulb, where they are sorted out into various regions that the animal associates with specific sources of odor stimuli. By mapping these events, first with simpler animals such as Drosophila fruit flies, and applying what we have learned to more complex animals such as dogs and humans, we have now been able to identify the olfactory sense as the source of erotic behavior. Early research into insect pheromones, for example, demonstrated that these highly specialized organic chemicals, imperceptible to us, are powerful stimulants to mating behavior. One scientist who had been collecting minute quantities of moth pheromones was enjoying a football game at a stadium when he was surrounded by swarms of lovesick moths, evidently hoping to perpetuate their lines through him. They had smelled him from miles away and homed in on the waves of pheromones that he emitted. These chemical attractants are so powerful that one scientist has estimated that if one silkworm released all the bombykol (the pheromone) in her sac all at once, it would be enough, theoretically, to attract a trillion male moths.

Until my work had reached its conclusion, it was extremely difficult to get reliable results on the effects of pheromones in mammals; but some years ago, one notable experiment determined that mammals react just as insects do to pheromones, which some had thought were unlikely to have any effect at all on mammals, if indeed they existed. An anesthetized male hamster was placed in a cage, and then a normal male hamster was placed in the cage with it. The normal hamster either ignored the anesthetized hamster or bit its ears and dragged it around the cage. But when vaginal secretions were rubbed on the anesthetized hamster, the normal hamster attempted to mate with it. Eventually, the protein that produced this reaction, which was dubbed "aphrodisin," was isolated, and appears to be the molecule that carries the actual pheromone. The pheromone appears to work via the hamster's VNO (i.e. its vomeronasal organ), which has been identified in various mammals. These VNOs are tiny cigar-shaped sacs that pick up the olfactory signals from the surrounding environment. We know that the hamster's VNO was the avenue through which the reactions that we observed took place, for when we removed the VNO from a hamster, it no longer attempted to mate with the anesthetized animal, despite the presence of aphrodisin.

We have found that some olfactory signals can bring on puberty in mice; others produce estrus in female mice; still others will induce a mouse to engage in mating behavior; and others, which are emitted by males, will induce aggression in the males. One of the intriguing aspects of the VNOs is that they are located in the nose's dividing wall, their signals travel to the accessory olfactory bulb rather than to the main olfactory bulb, and then directly to parts of the brain that control reproduction and related behaviors. If the VNOs exist in humans and work as they do in rodents, they must bypass the cerebral cortex, so that we would have no awareness of its functioning.

Lest there be any residuary doubt as to whether humans respond to chemical signals from other people, there is convincing evidence that college women who live with other women in dormitories develop more or less synchronized menstrual cycles. There is now some evidence that certain pheromones can advance, while others tend to retard menstruation. In order to verify these conclusions, one experiment involved wiping cotton pads under the armpits of women at various stages of their menstrual cycles. These pads were then wiped under the noses of other women, who were asked not to wash their faces for the next six hours. They were not told anything about the pads and could smell nothing but the alcohol on them. Those who were exposed to pads from women in the follicular phase (before ovulation) ovulated earlier than those who were exposed to pads taken from women later in their cycles, after ovulation; and indeed, these recipients' cycles were lengthened and they menstruated later than they otherwise would have done.

And finally, lest one imagine that the subjective belief that conscious willing of muscular movements precedes those movements themselves, we have empirically demonstrated that just the opposite is true. We have shown that "voluntary" movements (e.g. raising an arm or moving a finger) begin in the cerebral cortex about a half-second *before* there is any conscious sense on the part of the subject that he or she is willing that action.[3] Thus, it appears that the "voluntariness" of such actions is purely an illusion, for it makes no sense at all to speak of *willing* an act to occur when the willing takes place *after* the act has been initiated. Under the circumstances, it is far more likely that we have been fooled into thinking that we are masters of our behavior than that we actually are. I am reminded of a little dog I had when I was a boy. Jiggs was his name, and he was a proud little fellow. He held his head and his tail high as he raced ahead of me when we were out for a walk. I'm quite sure that he imagined that *he* was leading *me*. But

[3] See, for example, Benjamin Libet, *Unconsciousness: Cerebral Initiative and the Role of Conscious Will in Voluntary Action*, „Behavioural and Brain Sciences" 1985, vol. 8, pp. 529–566. This account is somewhat simplified, but the point is the same nevertheless.

whenever we came to an intersection, he would slyly look over his shoulder to see which way I was going. Once I made my move, he would change his course, race out ahead of me, and proudly "lead" me on our way. We will our so-called voluntary actions in the same way as Jiggs was leading me on our walks.

From the studies I have just described and from many others that we have done over the years, we have developed a thorough understanding of the mechanisms behind much of human behavior. With the aid of modern technology, we have been able to see, close up and in detail, the mechanical, chemical, and electrical processes that result from various stimuli, and how they act on the brain to produce pleasure, pain, and actions ranging from foraging for food to mating, from grooming among chimpanzees to fierce fighting, from submissive behavior to all-out war, and from the simple act of raising a finger to the far more complex behavior that takes place when a musician performs a piano concerto. There can no longer be any reasonable doubt about the source of the emotions that accompany such behaviors or the behaviors themselves. The great mystery over which philosophers have quibbled for more than twenty centuries, as to whether men and women are privileged to have free will, whereas the rest of creation, from the sun and the moon to flies and cattle and monkeys, is a puzzle no longer. The riddle of free will versus determinism has at long last been resolved. We are part of the natural world, and we are governed by the laws of nature as surely as the stones that Galileo dropped from the leaning tower of Pisa. When a man leaps into a raging torrent to save a drowning child, he does so, not because he is heroic – though it may appear so to the uninitiated – but because his brain is so constructed as to impel him to do so. The gods of evolution have been kind to us. Only the rare individual is impelled to acts of heroism, and it is a good thing that this is so, for cowards survive while heroes perish doing their acts of heroism. Our species would have vanished from the earth long ago if we were all heroic. The coward who runs away from a fight, who shrinks at the sight of a snake, who is terrified at the sight of a giant spider, who suffers acrophobia and backs away from the edge of the precipice lives to see another day and to spread his cowardice to future generations through his contributions to the gene pool. The hero who plunges into the canyon from the crumbling edge of the cliff above, like the one who throws himself onto a hand grenade to protect his comrades, perishes in the act and is celebrated for his courage while his heroic genes are scattered to the winds. It takes special training to create heroes, for heroism goes against the grain of our nature, while cowardice is as natural as breathing, for it has been bred into us by millions of years of natural selection.

Whatever the evolutionary mechanisms may have been, and whether they were beneficial or harmful to the species *Homo sapiens* over the long run, the principal point is that our behavior, like that of everything else in the universe, from the tiniest subatomic particles and dust motes to amoebas, fruit flies, and bonobos, is determined exclusively by the physical conditions and reactions that precede it. Consequently, there is no rational justification for the proposition that human beings are endowed with the attribute of free will – none, that is, but the widespread *belief*, based on nothing more than purely subjective feelings or beliefs, that our actions are freely determined by some ghostly entity that we call the mind. There is about as much reason to believe in such an elusive, diaphanous, amorphous spiritual entity as there is to believe in the tooth fairy, a conviction that should be firmly rejected by anyone past the age of six.

Now what does my thesis imply for the law, and most especially the criminal law, whose very existence seems to depend upon the doctrine of free will? It is not enough, after all, to be able to prove that the defendant in a criminal case has committed an *actus reus*, an evil act; in most cases, the prosecutor must also prove to the court (or the jury) that the defendant's acts were animated by a *mens rea*, an evil intent. If the defendant had no free will, no ability to act otherwise than he did, then it is difficult to see how he could properly be charged with a crime, much less convicted and punished for having committed one.

Does it follow from my thesis that the criminal law must be abandoned, and that prisoners currently being held in confinement for having committed the most monstrous crimes be released, even though there is good reason to believe that they will resume their depredations once they are free to do so?

It would seem that such a conclusion would follow inevitably from the theory that people have no free will and that physical forces of which they may be totally unaware determine their behavior. But such an unfortunate conclusion does not necessarily follow from the deterministic theory that I am advocating.

A rational legal system, i.e. one that adheres closely and rigorously to the search for truth and accepts the truth wherever it is to be found, will have no trouble adapting to the theory that I have put forth. That is, it will accept without hesitation the conclusion that there is no *mens rea* and that it is therefore unreasonable to insist that its presence be proved in cases of alleged criminal behavior. It will simply dispose of that requirement altogether.

It might be objected that it would then become impossible to distinguish between *real* criminal acts, i.e. those animated by evil intentions, and those not so animated. After all, premeditated murder must be distinguished from incidents where the defendant had no control over his behavior. Surely a killing that occurs because of a serious mental defect or disease that leads to unconscious or inadvertent behavior completely lacking any evil intention is not morally equivalent to a premeditated murder, and should not be treated the same by the law. A person who causes great physical harm to another while in the throes of a grand mal epileptic seizure might be a good example of such a case. If we were unable to distinguish such cases, my theory would be seriously defective.

In response, I would point out that this criticism involves circular reasoning, or *petitio principii*. It *assumes* that "real" criminal acts are those that involve *mens rea*, and that any *actus reus* that is not accompanied by a *mens rea* is not criminal – precisely the assumption I have been at such pains to deny. Such argumentation is of course utterly invalid and unacceptable.

Moreover, it might be argued, under my deterministic theory, it would follow that we would have no remedies for evil, destructive behavior. We could not even condemn such behavior on moral grounds, much less justify punishing it.

This desperate conclusion does not follow at all. Imagine a scene in a criminal courtroom where an alleged terrorist has stood trial for blowing up innocent people. He stands before the judge just prior to the pronouncement of the judge's verdict and sentence and says, "Your honor, I freely confess that I set off the car bomb that killed sixty people and maimed more than a hundred others; but as you know, my actions were determined by pre-existing conditions that I was powerless to disobey. I could not help but do what I did, and therefore, no guilt attaches to my behavior. Consequently, you cannot punish me as if I were an evil man or had committed an evil act."

The people in the gallery would be shocked by the realization that the defendant's argument has considerable validity and apprehension that the court may be compelled, by the logic of his argument, to allow him to go free, perhaps to commit even greater depredations. But the judge nods gravely and replies:

"I am quite aware of the theory to which you appeal, and in fact I fully concur with it. You could not help but do what you did, despite the great harm that your acts created and the terrible suffering that has ensued. You must understand, however, that I too am a creature of this world, and that forces over which I have no control determine my behavior. Those forces impel me to sentence you in accordance with the laws set down by our legislature. You will of course appreciate the fact that like you, I bear no moral guilt for doing so, and I doubt that my colleagues or members of the general public will impute guilt to me for sentencing you as I am bound to do, both by the law that I enforce and by my own nature."

"The greatest error that you and people of your ilk make is your assumption that the universe is lawless and chaotic, that there are no real consequences to our actions, that somehow those of us who reject your attempts to impose your religious and political programs upon us might be brought to recognize and embrace the arbitrary and unlawful as you have done. Civilized men and women have devoted millennia to the exploration of nature's laws, to the discovery and dissemination of the mysterious and magnificent patterns that have somehow been implanted in the universe and in humanity, a small but not insignificant part of the natural world. We appeal to no god who rules over his creation by arbitrary fiat, for there is no evidence of such a deity. On the contrary, all of the evidence points clearly to a self-sustaining world that is governed by its own internal laws that govern us as well, and that we are driven to discover and live by. We are not prevented by the natural laws implanted in us from marveling at and admiring the wonders and the beauties of the universe. Nor are we barred from rejecting and loathing the efforts of creatures like you who would return the world to that state of emptiness and chaos – *tohu vavohu,* as it is called in the Book of Genesis – that our ancestors imagined must have prevailed before order in the form of the laws of nature was imposed upon it. When I sentence you in accordance with the laws of our state, I act in accordance with predispositions implanted in me by eons of evolution, the unfolding of the plan that the universe has provided and that all of us, including you and me, must follow, whether we fully understand it or not. None of it is arbitrary. All of it is necessary. It is the fate or the destiny that our ancestors feared but that we welcome with joy. When I pass judgment on you, I act as I must, just as you claim you did. For that I offer no apology and I express no regret."

So much, ladies and gentlemen, for the concern some people may have that our theory might lead to the demise of our system of laws. On the contrary, it can only strengthen respect for the law, once it is properly understood.

Sergeant Benson was right when he turned down the Medal of Honor. His heroism consisted not only of the extraordinary actions he took on the battlefield, but also of his recognition of their source and his rejection of the special honors that might have been conferred upon him. We might call the source of his rejection of the medal *humility*. It would be more appropriate, I believe, to call it *wisdom* for he demonstrated how deeply, how profoundly, he had plumbed the depths of human behavior.

As for me, in the short time allotted to me, I have tried to explain my position. I cannot accept the honor you have so generously conferred upon me even though it is painful to relinquish the funds that would have been so helpful in our future research into the senses and related brain functions. But I am sure that you will understand what motivates me and makes it impossible to accept this great honor. With all due respect, it would be more appropriate, in my view, to offer the funds derived from Alfred Nobel's invention of dynamite and gelignite to victims of war and the explosives that he and his successors brought into the world. Such an action would do much to restore some of the lost harmony that nature has suffered over more than a century and a half since his invention was first disclosed to the world, and completely consistent with his stated desire for its impact on mankind: "My dynamite will sooner lead to peace than a thousand world conventions" he said. "As soon as men will find that in one instant, whole armies can be utterly destroyed, they surely will abide by a golden peace."

Marta Soniewicka

IS THERE ANYBODY WHO REALLY WANTS TO LIVE FOREVER? THE SIGNIFICANCE OF MORTALITY

To the Memory of Burt

There was no such person before and never will be again; God will not repeat this. Other people will surely come; a world that will never grow weary, and there will be brought forth many different persons, maybe better, maybe worse, but never, nevermore – the same (J. Michelet, epitaph for the Duke of Orleans).[1]

Introduction: the curse of immortality

From ancient times many philosophers have considered the question of whether it is a bad thing to die. In this essay I would like to concentrate on the question, of *whether it would be a good thing not to die.* The idea of achieving immortality has been present in human speculation since the dawn of history. Furthermore, this dream has resurfaced not only in the idle speculation of humans but also in scientific research. Alchemists who put all their effort into finding the elixir of immortality have been replaced in our times by scientists who aim at creating a *brave new world* where people would be able to fully control the act of human birth and death by scientific methods. However, is immortality really something worth desiring?

I think that the average person would answer negatively to the question given in the title of the essay. We can find some vivid depictions which illustrate our fear of a never ending life in literature, where writers such as George Bernard Shaw or Jonathan Swift present the tragedy of the impossibility of finding death. One of the most moving illustrations of the problem comes from *The Makropulos Case*

[1] J. Michelet, *Historie de France. Le Moyen Age*, R. Laffont, Paris 1981, p. 629 (I quote after A. Finkielkraut, *Zagubione człowieczeństwo. Esej o XX wieku* (*L'Humanité Perdue. Essai sur le XXE siécle*), M. Fabianowski (trans.), Warszawa 1999, p. 86).

(Affair) (first published in 1922) – a play written by the Czech writer Karel Čapek which was turned into an opera by the Czech composer Leoš Janáček.[2] This is the tragic story of Elina Makropulos (allias Elina Marty or Ellian MacGregor), a famous opera singer who was born in 1585 and died in 1922 at the age of 337. She was the daughter of the alchemist Hieronymus, who lived in Prague at the end of the 16th century at the court of Emperor Rudolf II. Emperor Rudolf craved fanatically to become immortal and spent lots of his wealth and power on searching for a magic formula which could make it possible. He engaged hundreds of alchemists and physicians, with Hieronymus, Elina's father, among them, to realize this aim. Finally, Hieronymus invented a potion that would extend life by three centuries but Rudolf, who was very suspicious and wanted to be sure that this elixir was not poison, ordered him to test it on his daughter Elina. She fell into a coma and Hieronymus was sent to prison. However, after a week Elina awoke and fled with the formula, starting a new, extremely long life. She travelled around the world and became one of the best singers of all time yet her life became so long that it lost its meaning for her. After 300 years of intensive living, she could not love any more, feel or enjoy anything – she had experienced so much that everything became boring for her and she became completely indifferent about life. After 300 years, when she needed to take the elixir again to survive another 300 years, she refused to do so saying: "Life should not last too long – that way it keeps its value". After she died, nobody wanted to take the magic formula and try themselves and thus it was destroyed forever.

A very similar example of the curse of mortality is given in a fascinating short story *The Immortal* written by Jorge Luis Borges. The hero of the story undertook many attempts to find the immortal city with the river that guarantees immortality to each of those who drink water from it. However, when he achieved immortality, it turned out that his life became a frustrating torture deprived of any sense. Just as with the 300 year old Elina, the immortal hero of the story found boredom and real tragedy in a life that lasts so long that you can experience everything. A life that cannot end lost its meaning for the hero who spent ages searching for another river with water that would bring him back mortality.

The stories presented above tells us one very important thing – that death is a significant part of the human condition without which we cannot fully understand a human being – her life, passions and desires. I would like to consider what makes death so significant in understanding ourselves. I shall argue that death gives sense and meaning to our life or as Vladimir Jankélévitch says: "Death is nonsense that gives sense to life."[3] Such an idea seems to be especially important to discuss in our times when both the sense of death and the sense of the lives of humans seems to be being undermined.

---

[2] See an inspiring philosophical essay written on this topic by Bernard Williams *The Makropulos Case: Reflections on the Tedium of Immortality* [in:] *Ile wolności powinna mieć wola i inne eseje z filozofii moralnej* (*How Much Freedom Should the Will Have and Other Essays in Moral Philosophy*), T. Baszniak (trans.), ALETHEIA, Warszawa 1999, pp. 43–64.

[3] V. Jankélévitch, *To co nieuchronne. Rozmowy o śmierci* (*Penser la Mort?*), M. Kwaterko (trans.), PIW, Warszawa 2005, p. 35.

The sense and meaning of death

People are not only mortal, they are also conscious that they are mortal and it makes a significant difference in the way they understand and experience their lives. In talking about death we can have in mind three different meanings of death – "death in the third person" (the death of other, known or unknown people), "death in the second person" (death of our loved ones) and "death in the first person" (our death).[4] Only in the first two situations can we consider the experience of death. However, it is a completely different experience in both of them since the death of loved ones is connected with one of the deepest tragedies in our life – the feeling of their absence which is the feeling of emptiness that cannot ever be filled in any way.[5] As Simone Weil says, "Among human beings, only the existence of those we love is fully recognized,"[6] thus the death of those we love can be fully experienced. We cannot experience our own death since "when we exist death is not, and when death exists, we are not any more"[7] as the famous statement of Epicurus says. Since we do not know anything about existence before or after death, it is more accurate to say that we cannot experience death because to experience something means for us to be alive, as Ludwig Wittgenstein points out in saying: "Der Tod ist kein Ereignis des Lebens. Den Tod erlebt man nicht."[8] It means that the only experience of death we have is the experience of losing other people, not our own life. Losing somebody who is especially important and close to us can bring a significant change to our life or can even deprive our life of its subjective value to us, but our life will still be continued. We can ask whether the only tragedy of death is the loss of other people. One may argue that the 337 old Elina could have been happy if all of the other people she cared about had not died before her. However, the main point of the novel is actually that Elina lived so long that she lost the ability to love, not only her loved ones. If it were the latter situation, her case would not be so different from the many other cases of people deprived of the will of life because of the loss of somebody important to them. If the only tragedy of death would be the loss of somebody else, not the loss of life itself, the death of people who have nobody to care about them would not be a tragedy at all – and yet it is the case that each death is a tragedy.

To understand the tragic phenomena of death better, it could be useful to provide, after Józef Tischner, a distinction between the sense of death and the meaning of death. By a *sense of death* one understands an objective, common to all experience of its irrationality and its tragedy. By a *meaning of death*, on the other hand, one understands a subjective value to death. A sense of death speci-

---

[4] V. Jankélévitch, *op.cit.*, p. 16.

[5] About this devastating feeling of emptiness wrote Tischner (J. Tischner, *Świat ludzkiej nadziei* (*The World of Human Hope*), Znak, Kraków 1994, p. 274 ff.).

[6] S. Weil, *An Anthology*, S. Miles (ed.), New York 1986, p. 271.

[7] Diogenes Laertios (Laërtius), *Żywoty i poglądy słynnych filozofów* (*Lives and Opinions of Eminent Philosophers*), Warszawa 1984, p. 645.

[8] L. Wittgenstein, *Tractatus logico-philosophicus. Logisch-philosophische Abhandlung*, Frankfurt a. Main 2003, 6.4311, p. 109, in English translation: "Death is not an event in life: we do not live to experience death" (http://www.gutenberg.org/files/5740/5740-h/5740-h.htm).

fies a scope of possible meanings that can be given to a particular death which can be seen as heroic for instance (you can give special meaning to your death by sacrificing your life for life of others or for something more valuable than life, e.g. honour, friendship, homeland etc).[9] "Death (...) as everything that is irrational requires rationalization. A primary rationalization of death can be made by a metaphysical settlement. A secondary rationalization one makes by giving death a meaning", as Tischner wrote.[10] Both kinds of rationalization are aimed at overcoming the anxiety and fear of death that people experience.

To be afraid of death can mean three different things: (1) to be afraid of something; (2) to be afraid of something unknown; (3) to be afraid of non-being. These three different feelings can be expressed by three different notions: fear, anxiety and despair that should be distinguished. Fear and anxiety can have the same origins, but they are not the same, as Paul Tillich writes.[11] *Fear* always has a concrete, specified subject that can be analyzed and challenged. *Anxiety*, by contrast, has no specified subject, thus someone who experiences it remains helpless. Fear can be stimulating, it can give power to the one who experiences it – when we are faced with a lion that can eat us, our organism produces adrenaline and we can run as fast as we never could in other circumstances. Anxiety, on the other hand, can be paralyzing and can overpower the one who experiences it – when we feel anxious but we do not know the subject of our anxiety we do not know how to react, we are disoriented, we feel trapped, we do not move since we do not know where the danger might be. Trying to overcome anxiety we try to specify its subject in order to either transform anxiety into fear or to eliminate both when the specified subject turns out not to be frightening. The anxiety which cannot be transformed into fear or reduced can bring about *despair*. One experiences despair not when the subject is unknown, but when there is no subject. Despair is the highest level of anxiety and occurs when the only subject of anxiety is anxiety itself.

Taking into account this distinction, we can say that people can have fear of some kind of death or of some of the circumstances of death. For instance, one can have fear of painful death or a fear of agony which lasts half a year yet we cannot have fear of death itself. This is what Epicurus has in mind in telling us that we cannot be afraid of death since we are no more when it comes, meaning that we cannot experience and feel death by ourselves. Much more significant is that we can also have a fear of some of the consequences of death. For instance, one can have fear of an early death which makes it impossible to pursue her plans and to complete her projects. One can consider death to be an evil because of what it deprives us of (because it brings to an end all the goods that life contains), as Thomas Nagel argues.[12] In such a situation we are not afraid of the experience of dying or of being dead, but we are rather afraid of having no more experience. One understands here by death an impossibility of continuing life. The fact that

[9] J. Tischner, *op.cit.*, p. 270 ff.

[10] *Ibidem*, p. 282.

[11] P. Tillich, *Męstwo bycia* (*The Courage to Be*), H. Bednarek (trans.), Poznań 1994, p. 42 ff.

[12] T. Nagel, *Death* [in:] *Mortal Questions*, Cambridge University Press 2008, p. 1. See also J. Malczewski, *O prywacyjnej koncepcji zła śmierci* (*On Privative Conception of Evil of Death*), "Diametros" 11 (March 2007), pp. 1–9.

"his life is over and there will never be any more of it"[13] can be seen as a severe misfortune. Some can argue that an early death is a greater misfortune than the death of an old person, because the former deprives its subject of more goods (more possibilities of experience) than the latter. Giovanni Battista Pergolesi, a famous Italian composer, violinist and organist, author of one of the most touching Stabat Mater's ever written, died at the age of 26. His death can be regarded as especially tragic when we think of what he might have written if he had reached the age of 88 like his compatriot Giuseppe Verdi. Giving a similar example of Keats who died at 24 and Tolstoy who died at 82, Nagel argues that we cannot compare the tragedy of death by measuring the quantity of experience. Although human beings have natural limits to their lifespan which usually does not exceed a hundred years, we always define our existence as an essentially open-ended future.[14] There is no natural limit, argues Nagel, of the experience that we can have. Therefore, every death at every age is a misfortune for its subject (the dead person) since the tragedy concerns the *impossibility of the continuation of life*, and not the amount of experiences left to experience or just experienced. Taking into account this point of view, Elina's death at 337 was a misfortune. It may only seem that it was not because an average person reaches 80, but if people lived 1000 years, her death at 337 would seem tragic too.

The only problem with this argumentation is that it does not take into account that the possible continuation of life is not an absolute positive value, so death as the impossibility of continuing life cannot be regarded as an absolute evil, as Nagel maintains. We can imagine that there are some people who feel satisfied and fulfilled with what they have already achieved in their life and are not frightened of death. There can be people who grew old and became tired with new experiences, who have lost their curiosity for life and who have nothing more to achieve and wait for death. There can be people who have nothing to live for and who are longing for death. There can also be some who want to sacrifice their lives for some higher values and they would choose death by themselves. In all these situations, the fear of death is overcome *by the secondary rationalization which gives death its meaning*. Death can be desirable for us in some situations and for some special reasons. It could transpire that it would be better for us to die than to continue our life in some circumstances yet we cannot say that death is something good as such, but only that possibility of continuing is not always the highest value.

Of course, most of us are never ready for any kind of death – as the words of one prayer say: "Lord, I am ready to follow you when you call me, but not this night."[15] Every night is the present night for us, thus every night (every hour, every minute and every second) we could ask to postpone the moment of death. However, even if we have a fear of some kind of death, of the consequences of death or its circumstances, we know what we are frightened of (the subject of our fear is specified) and therefore we can challenge it. Our fear keeps us ready

---

13 T. Nagel, *op.cit.*, p. 7.

14 *Ibidem*, pp. 9–10.

15 See J. Améry, *O starzeniu się. Bunt i rezygnacja* (*Über das Altern. Revolt und Resignation. Hand an sich legen. Diskurs über den Freitod*), B. Baran (trans.), Warszawa 2007, p. 130.

to fight – we can overcome many illnesses, we can avoid many causes of sudden death by being aware and avoiding risks. Finally, we are supported in our fight by medicine that can prevent many causes of early death and reduce pain.

We can try to challenge death (e.g. we can survive a serious accident) but we cannot try to challenge mortality (the fact that we will die one day). Mortality is a natural condition of the human race as well as of all species that belong to the so-called animate nature. Nevertheless, consciousness of mortality can make us anxious. It brings us from the level of fear to the level of anxiety, since death is something that is unknown and unexperienced by us (something that cannot be known or experienced). At this level we are neither afraid of having no possibility of experience, nor of the state of having no experience (which could be the same as the state of unconsciousness which is not seen as bad as death) but we are afraid of *the fact of the passing* of everything that is alive. Every minute of our life passes away just as everything that can be valuable for us in our life vanishes and cannot be held forever. The essence of the feeling is expressed by Macbeth in his fabulous speech:

> Tomorrow, and tomorrow, and tomorrow,
> Creepes in this petty pace from day to day,
> To the last Syllable of Recorded time:
> And all our yesterdayes, haue lighted Fooles
> The way to dusty death. Out, out, breefe Candle,
> Life's but a walking Shadow, a poore Player,
> That struts and frets his houre vpon the Stage,
> And then is heard no more. It is a Tale
> Told by an Ideot, full of sound and fury
> Signifying nothing,
> (William Shakespeare, *Macbeth*, Act 5, scene 5, 19–28)[16]

Macbeth is not talking about "the misfortune of the impossibility of continuing life," he goes much deeper by setting the question of the sense of life and death. To shed more light on the problem, we can distinguish, after Paul Tillich, three main types of existential anxiety that human beings experience: anxiety of fate and death; anxiety of guilt and condemnation; anxiety of emptiness and meaninglessness.[17] These three types of anxiety that may overlap each other are present with different intensity in our lives – usually one kind of anxiety is dominant over the other ones. Tillich argues that his distinction corresponds with different periods of time in human history, where at the beginning people were mostly anxious of losing life. In the further period of our history, the anxiety of losing life was replaced by the anxiety of condemnation. Finally, in our times, the deepest anxiety seems to be *the anxiety of absurdity (the lack of sense and meaning of everything in the world and in our life)*. However, all types of existential anxiety mentioned above concern dealing with the same problem – the sense of death. Existential anxiety in all its kinds can only be overcome *by the primary rationalization of death, i.e. by searching for its sense*. If we fail to find any sense

[16] W. Shakespeare, *The Tragedie of Macbeth*, The Project Gutenberg's Etext of Shakespeare's First Folio, http://www.gutenberg.org/dirs/etext00/0ws3410.txt

[17] P. Tillich, *op.cit.*, p. 46 ff.

of death we will fall into despair of emptiness and non-being which is something unimaginable (something that we cannot imagine). Such despair has no subject since emptiness and non-being are not subjects, nothing is not "unknown something" but a contradiction to something.[18]

Deconstruction and marginalization of death

When we refuse to take any metaphysical settlement that would give us a more or less convincing primary rationalization of death we seem to be completely lost. Nevertheless, people in our "disenchanted" world, using the phrase of Max Weber, do not fall into despair. Why? The answer is quite clear when we look at the attitude to the phenomena of death in our modern western culture. There are two characteristic, tightly connected features of the attitude to death in our times: (1) death is being challenged by scientific methods and (2) the consciousness of mortality is being suppressed or displaced by our culture. Both methods fail to challenge the problem of death since both of them express our helplessness towards mortality and are rather the ways of escaping from the problem than overcoming it. Let me explain it more closely.

New achievements in such areas as molecular biology and genetics are very advanced in the prolongation of life and gerontology, the study of ageing. This research is mainly focused on increasing life expectancy by challenging the biochemical processes of ageing. New medical research increases both the quantity and quality of life and many people are able to expect not only longer but also more healthy and active lives.[19] Since scientific efforts cannot overcome death, all scientific aspirations are aimed at making death predictable and to some extent preventable. Science failed to bring immortality to people but it tries to challenge death by taming it with medical and biological explanations that is a process called by Zygmunt Bauman "the deconstruction of death."[20] The modern *decon-*

---

[18] Non-being can be understood, according to Aristotle, in four different ways: as contradiction to being (radical opposition, nothingness); as lack of being; as differential opposition (non-being means that something is not being but *is* something else); as relative opposition (non-being is conditioned by being and on the contrary), W. Stróżewski, *Ontologia* (*Ontology*), Kraków 2003, p. 171 ff.; *idem*, *Istnienie i sens* (*Being and Sense*), Kraków 2005, p. 424 ff.

[19] Of course, it concerns only people who had the luck to be born in rich and highly developed parts of the world. The level of mortality, especially child mortality, varies to a great extent in different parts of the world. According to the United Nations Human Development Report, 10.7 million children every year do not reach their fifth birthday; today someone living in Zambia has less chance of reaching the age of 30 than someone born in England in 1840; somebody born in Burkina Faso can expect to live 35 years fewer than somebody born in Japan, and somebody born in India can expect to live 14 years fewer than somebody born in the USA (Human Development Report 2005, pp. 3–25, http://hdr.undp.org/reports/global/2005/). Thus, you cannot expect neither similar quantity, nor quality of life among all the inhabitants of our world. As Jean Améry accurately notices, "if we are all equal in death," it does not mean that "we are equal in dying" (J. Améry, *op.cit.*, pp. 114–115).

[20] Z. Bauman, *Śmierć i nieśmiertelność. O wielości strategii życia* (*Mortality, Immortality and Other Life Strategies*), N. Leśniewski (trans.), Warszawa 1998, p. 156 ff.

struction of death is aimed at making this phenomena absolutely explicable, comprehensible, deprived of any mysteriousness and limited to a natural, biological act. The scientific efforts of our times have replaced the primary metaphysical rationalization of death with naturalistic rationalization. This turn from metaphysics to science in search for reliable, certain and universal answers also means a change of discourse from a justificatory to an explanatory one. Our times are the times of belief in science and technological efficiency in transforming nature and human beings. People's deepest desire is to have control over nature and human life from beginning to end, including decisions about both. That what cannot be fully controlled is seen as a failure. Illnesses, ageing and death – all are seen as human failures in challenging nature, all are burdens for the society which hides them away from the public consciousness.

Therefore, the tendency of naturalizing death is supported by another strong tendency of our times – *marginalizing death*, isolating it and keeping far from people's life. Philippe Ariès describes this social phenomena of our times in the last chapter of the history of attitudes to death and dying, one of his major works. The title of the chapter is "Death the other way round" and it describes how death from a social, public event became something private and embarrassing in our times. In previous times, everybody died publicly, the death of an individual was a tragedy for the whole community. In modern times, death became exiled from a society and "in a city everything goes on just as nobody were dying", writes Ariès.[21] People have hidden death behind the closed doors of hospitals. Today, people usually die in much more convenient and painless ways but more often in loneliness and unconsciousness. Of course, everybody dies alone – on her own account, nobody can replace her in her dying – but whether people face it supported by their loved ones or in complete loneliness constitutes a considerable difference.[22] People have developed, as Ariès writes, a new model of death – medicalised death and a new style of dying – in hospitals. It is quite characteristic that modern people have not developed any significant symbol of death as in former times.[23] The medical model determines our understanding of death, seen as a failure, negligence, as business lost.[24]

The most interesting thing is that death has lost its natural meaning in our times. There is no such a thing as *natural death* any more. Each death is a failure of medicine, an external and radical interruption of our natural process of living. Our contemporary understanding of death is based (as with the whole of modern science) on Descartes' mechanicistic theory of a life, as Max Scheler notices. The theory says that death is the "termination of phenomena of consciousness, produced by an external cause destroying bodily mechanism."[25] In former times, death was understood in terms other than the physical, it was understood

---

[21] P. Ariès, *Człowiek i śmierć* (*L'Homme Devant la Mort*), E. Bąkowska (trans.), Warszawa 1989, p. 550.

[22] Research results suggest that only one fourth of bereaved people were present when their close relatives were dying (*ibidem*, p. 560).

[23] M. Scheler, *Cierpienie, śmierć, dalsze życie* (*Vom Sinns des Leidens. Vom Verrat der Freude. Tod und Fortleben*), A. Węgrzycki (trans.), Warszawa 1994, p. 96.

[24] P. Ariès, *op.cit.*, p. 575.

[25] M. Scheler, *op.cit.*, p. 99.

as something like a fading or an expiring because of the exhaustion of internal powers. Some ancient philosophers, such as Plato, also tried to use such biological terms in describing physical movement, an unsuccessful enterprise, and yet now, by contrast, one uses physical terms to explain biological death. It results in the situation that one sees each death just as a death caused by a shot from a pistol. Each death is unnatural, each death is an externally caused disruption of our bodily functions. It brings about confusion and is the main reason for today's controversies about the definition of death. The main point of discussion is which processes have to be terminated to become dead.[26] Death examined in scientific research became a complexity of different, separate processes (death of brain, death of heart and other organs can be distinguished) that can be, to a certain degree, technically manipulated.

The deconstruction of death makes it trivial and forces people to concentrate on everything that helps us forget about its irrationality, that which cannot be covered by scientific research. Contemporary societies are constructed in a utilitarian manner, aimed at maximizing our preferences which are supposed to bring happiness, while minimizing misfortune and suffering. Such a utilitarian idea is based on consequential and end-result (teleological) reasoning but, actually, the idea of maximization is an aim itself. Thus, it is end-result thinking but without a specified end. The main motive of people's conduct is the idea of the endless maximization of preferences. Therefore, life is understood, by such thinkers as Nagel, as an open-ended plan which consists of an unlimited scope of possibilities. A death which deprives us of further possibilities is an irrational absolute cut-off point which breaks up the continuity of our life and is thus an absolute evil.

Contemporary culture has displaced a consciousness of mortality with a mere knowledge of mortality based on a simple inductive judgment[27]: "(1) Socrates died; (2) X, Y (...) Z died; (3) all people are mortal." We know the fact of the mortality of human beings and therefore we know that we will also die but knowing the fact of human mortality is something completely different from an intuition "I will die." The fact that human beings are mortal is something natural, while an intuition of death is not, as Leszek Kołakowski points out.[28] Nobody expressed it better than Leo Tolstoy in his magnificent and moving novel entitled *The Death of Ivan Ilych*. Ivan Ilych knew that he was dying, nevertheless "he could not grasp it." He was familiar with the frequently used logical syllogism: "»Caius is a man, men are mortal, therefore Caius is mortal«." This "had always seemed to him correct as applied to Caius, but certainly not as applied to himself" since he was not an abstract mortal man, he was a separate being, Vanya, who had his own experiences, memories, emotions and thoughts and it *simply could not be true for him that he ought to die*.[29]

---

[26] See about it S.J. Youngner, R.M. Arnold, R. Schapiro (eds.), *The Definition of Heath. Contemporary Controversies*, The John Hopkins University Press, London 1999.

[27] See M. Scheler, *op.cit.*, p. 97.

[28] L. Kołakowski, *Bóg nam nic nie jest dłużny. Krótka uwaga o religii Pascala i o duchu jansenizmu* (*God Owes Us Nothing. Short Remark on Pascal's Religion and the Spirit of Jansenizm*), I. Kania (trans.), Znak, Kraków 1994, p. 161.

[29] L. Tolstoy, *The Death of Ivan Ilych*, trans. by Louise and Aylmer Maude, ReaderWorks, available online.

Consciousness of mortality – sense of death and meaning of life reconstructed

Let me now present some arguments showing the significance of death as a part of human condition that can help us understand why rebuilding a deep consciousness of mortality in our culture is required.

1. Life: development and diversification

Why do people die? Actually, scientists have no good answer as far as the evolutionary reasons for the ageing of human cells are concerned. There are only speculations. One of them says that human cells age and die because if it were not so, there would be no exchange of cells, no diversity and therefore no development in nature would be possible, the same being the case for the development of global civilization and culture. The necessary conditions of each kind of development are the following two contradictory factors: *cooperation* (which leads to unification) and *diversity*, as Lévi-Strauss writes.[30] On the one hand, people need to cooperate with each other to survive and develop civilisation yet to stimulate civilisation's progress people need diversification. The more diverse the players, the more profitable the cooperation. However, each cooperation brings about the unification of the subject of cooperation, so the longer parties cooperate, the less profitable it would be. Thus, if people's lives were immortal, the cooperation would be extended into infinity and would result with absolutely unity and therefore stagnation. If there were no death, there would be also no procreation which is the natural answer to death. Both mortality and natality, using the phrase of Hannah Arendt, are two sides of the same coin that complement one another. Natality and mortality are the most important strategies of diversification that result in the generation of new levels of diversity and make any human development possible. Each person that is born and dies is different, absolutely unique, thus making our world so valuable and our life so intense. This is the first reason which makes death a necessary part of life. As Scheler says, "death is a 'sacrifice' which organic individuals must suffer with regard to the reproduction of species."[31]

2. Being alive

Everything that lives dies. Animate beings are those beings that can die in contrast to inanimate (inorganic) parts of nature such as stones, mountains, rivers and wind. Inanimate things can also vanish or end but the difference is that their vanishing is relative, not absolute as with dying. The vanishing of inanimate beings is relative to coming into being of something else, writes Scheler and adds: "death represents itself as absolute vanishing of something that cannot be

---

[30] C. Lévi-Strauss, *Antropologia strukturalna II* (*Anthropologie structurale deux*), M. Falski (trans.), Wydawnictwo KR, Warszawa 2001, pp. 384–388.

[31] M. Scheler, *op.cit.*, p. 10; see also p. 15.

considered in any way as origination of something different."[32] People die and people are born but there are not the same or replicable beings, somebody's life is not a mere continuation of life of her ascendants. Nobody has to die to make room for a new human being in the world. We do not sacrifice our life for the lives of those to come in the future. The idea of mortality is a necessary condition of natality in the meaning of sacrifice of individual life for the life of species. As Max Scheler stresses: "an absolute phenomenon of death is connected with an essence of the animate". Death belongs to an essence of life. Therefore we cannot understand dying as being defeated by nature, dying is a part of nature to which we all belong as organic, animate beings. Dying is the essence of our being.

3. Being in time

Nagel writes that being alive means having the possibility to do certain things, to experience both bad and good things. However, we have to take into account that doing and experiencing is not a state but a process which is situated in time just as human beings are. Each experience and life activity is directed into changes and all changes depend on time and its flow. The flow of time determines our life which is passing away with every moment we experience. Scheler writes that "The essence of each life is its direction on death."[33] Human beings understand their life as not only being in time but also as being in a specified period of time which has its unspecified (open, unknown) end. Whatever we plan in our life we consider it in time, our whole life and its certain rhythm is determined by the fact that we live in time, not in the present.[34] It means that we can experience new things and that the events we have experienced are passing. Our experiences are not stuck into us as nails are in a wall (luckily!) and we are not stuck in our experiences. Our life is one of permanent change and movement which presupposes dying and death. Human beings are beings in time which means that they are mortal beings.

4. Meaning of the life and identity

If we want to understand what a human being is, we have to accept her mortality. Yet this acceptance means that we have to search for its rationalisation in giving sense to someone's death one is also giving a meaning to her life. As Scheler says, death cannot be understood as some external frames to a picture of our life.[35] These are frames that are the part of the picture. Thus, to see the whole picture and to be able to understand its meaning we have to see it with its frames. Without them, the picture remains incomplete. Of course, it does not mean that we do not feel our own life as an integral thing, a totality and that only other people can see our life as a wholeness after our death. On the con-

[32] *Ibidem*, p. 87.
[33] *Ibidem*, p. 81.
[34] See V. Jankélévitch, *op.cit.*, p. 21
[35] M. Scheler, *op.cit.*, p. 84.

trary, it means that having the consciousness of our own mortality (not only of the fact of natural mortality of human beings, but intuition of our own death), we can understand our being as an entire life, as some kind of unity placed in time. Our life is an entire unity in each moment since it is closed in time, however, we do not know when exactly it will end. Contemporary people have lost their feeling of unity and the entirety of their lives since they do not see their life in the perspective of death. They rather prefer to see their lives as a never-ending process of the maximization of their preferences or a set of different, separate experiences without any natural limit. But only passing and death can make each moment of our life unique and valuable. If we were not able to place our life and experiences in a certain time, there would be no continuity. Without frames of death, our picture of life and of ourselves disintegrates and falls to pieces. Only one's own death makes one's own life picture complete, and each moment of her life unrepeatable and meaningful part of the whole. Death determines the understanding of our own life and of ourselves, it shapes our identity. Somebody's love and death are the deepest and most moving experience we can have since they both give us truth, the truth about human beings. Thus, death should be always one's own death that results from each moment of one's own life and from the entire life. Nobody expressed this more insightfully than Rainer Maria Rilke in his love poem to God:

> O Herr, gib jedem seinen eignen Tod.
> Das Sterben, das aus jenem Leben geht,
> darin er Liebe hatte, Sinn und Not
> (R.M. Rilke, *O Herr, gib jedem seinen eignen Tod*, 15.4.1903, Viareggio)[36]

5. Freedom, happiness and a definite loss

Let me now turn to the question of whether death limits our freedom. One may argue that it does, on the grounds that it limits the number of situations in which we can choose among various alternatives. However, I find this argument unconvincing. I think that if we were immortal and therefore if we could repeat our choices an infinite number of times, these choices would be deprived of any tragic element, that is to say: *we would not have to sacrifice one alternative for the sake of another, as all the alternatives would be realizable in a more or less distant future.* In my view, this element of sacrifice is an important aspect of freedom: without this element, it would stop being the value as we know it.

However, on the other hand, one may question if anybody may really enjoy something that one has to inevitably lose. There are three possible ways of an approach to happiness: (1) one enjoys happiness, not being aware that she can lose it; (2) one enjoys happiness but already being aware that she can lose it; (3) one cannot enjoy happiness anymore because the consciousness of the loss of it is so

---

[36] "Oh Lord, award to each his fitting death:
a dying that distills his very life
with all its drive and love and breath,"
trans. by Walter A. Aue (http://myweb.dal.ca/waue/Trans/Rilke-Stunden.html).

intense that it makes happiness impossible. These three approaches to happiness can be generally assigned to three periods in our life. The first one is childhood when one can enjoy happiness without taking into account that this happiness is something very fragile and short-lived. However, in this time we are not fully conscious about what we experience (that this is happiness that we feel) and we are not conscious about a real value of this happiness. To be able to estimate fully the value of happiness, we must experience its loss or at least the possibility of its loss. We know how much something is worth when we know or can imagine how it would be if we were deprived of what we value. How could we appreciate youth if we were not to lose it? How could we say that life has such a great value if it were impossible to lose it and if we were keeping it without any special effort? Human beings alone are probably the only ones amongst all animals who are fully conscious about their mortality, the temporality of the existence and the passing away of all of the material things in the world. Other animals live in a permanent now and one may say, after Friedrich Nietzsche, that they are happy because they do not know that they are approaching death with each second of their life. However, is it a state of happiness that would satisfy all of us? I think that most of us would choose conscious life at all costs. Of course, there are some unhappy or sometimes deeply disturbed people who cannot enjoy something when prevented by their consciousness of its inevitable loss. Yet if there would be no pain, no death or no consciousness of any loss, there would be no place for anything we value in our life. There would be no love without pain and death as Scheler writes.[37] *Brave New World*, described in the brilliant book by Aldous Huxley, seems to be a very happy place where no one suffers, but this is also a place deprived of the deepest human feelings and emotions. This brings one of the heroes of the book, the Savage, to revolt – claiming "the right to be unhappy."[38]

6. Eternity

We would not be able to understand the human condition and our lives without death and the idea of time passing. It brings us to the question of what one can then mean by eternity. "The first condition of life after death is death itself,"[39]

[37] M. Scheler, *op.cit.*, p. 18. See also J. Ratzinger, *Śmierć i życie wieczne* (*Eschatologie – Tod und ewiges Leben*), M. Węcławski (trans.), Warszawa 2005, p. 92 ff.

[38] I quote here the whole passage of this magnificent book where the Savage speaks to the Mustapha Mond, one of the Resident World Controllers:

"I don't want comfort. I want God, I want poetry, I want real danger, I want freedom, I want goodness. I want sin."

"In fact," said Mustapha Mond, "you're claiming the right to be unhappy."

"All right then," said the Savage defiantly, "I'm claiming the right to be unhappy."

"Not to mention the right to grow old and ugly and impotent; the right to have syphilis and cancer; the right to have too little to eat; the right to be lousy; the right to live in constant apprehension of what may happen tomorrow; the right to catch typhoid; the right to be tortured by unspeakable pains of every kind." There was a long silence.

"I claim them all,' " said the Savage at last."

(http://www.hedweb.com/huxley/bnw/seventeen.html).

[39] M. Scheler, *op.cit.*, p. 105.

Scheler writes. When people consider the idea of eternal life, such an eternity cannot be understood as life without end, but rather as a completely different kind of life which cannot be measured in time, existence beyond time. Furthermore, as Wittgenstein says: "Wenn man unter Ewigkeit nicht unendliche Zeitdauer, sondern Unzeitlichkeit versteht, dann lebt der ewig, der in der Gegenwart lebt."[40] In other words, one can understand eternity as the eternal present which means being beyond past, present and future, and knowing no passing of time. It means that when we think of eternal life we do not want to keep our life with all its activities forever, the only thing that we are sometimes longing for is to keep the particular moments of our life or to make them last forever. How unfortunate are those who have no such moments to which they can call in Faust's words: "Verweile doch! Du bist so schön!..."[41] These are the moments of joy about which Nietzsche sings in his drunken song: "Lust will aller Dinge Ewigkeit, will tiefe, tiefe Ewigkeit!"[42]

Concluding remarks

Of course, it is difficult to agree with Epicurus or Cicero claims that death is a good thing or at least not a bad thing since it does not make us suffer when it comes. Death remains a bad thing since it brings to us the feeling of emptiness that cannot be filled by any speculation. It also makes us frustrated by showing how vulnerable our human existence is (the human being is "a *thinking reed" as* Pascal says). Death is a tragedy, but a significant tragedy which poses a significant question of its sense and which gives a special meaning to life. Death is an important source experience of our life that shapes our identities and makes our lives meaningful in each moment that cannot be repeated any more. Living immortally, people would have no strong motivation to pursue their life projects, to keep relationships, to love, to forgive or to hate etc. – immortality results in absolute, never-ending boredom. It would also result in complete unification and stagnation, making any natural and cultural development impossible. Being alive means to be mortal and to pass on. To live is to experience and act and this can be possible only in the frames of time. Life can be fully understood only within its mortal frames, and death should be understood as something that results from life. It gives us space for freedom and makes our free choices significant. Consciousness of death and any kind of inevitable loss in our life makes our life

[40] L. Wittgenstein, *op.cit.*, 6.4311, p. 109, in English: "If we take eternity to mean not infinite temporal duration but timelessness, then eternal life belongs to those who live in the present," http://www.gutenberg.org/files/5740/5740-h/5740-h.htm

[41] "Ach, still delay – though art so fair!" – translated into English by Bayard Taylor (http://www.gutenberg.org/files/14591/14591-h/14591-h.htm.)

[42] F. Nietzsche, G. Colli, M. Montinari (Hrsg.), *Also sprach Zaratustra, Kritische Studienausgabe*, de Gruyter, Berlin 1999, p. 403. "Joys want the eternity of ALL things, they WANT DEEP, PROFOUND ETERNITY!" – trans. into English by T. Common: (http://www.gutenberg.org/files/1998/1998-h/1998-h.htm#2H_4_0087).

valuable and brings us full enjoyment. The rare moments of full enjoyment – our joys – are those ones that are worth keeping forever, those that deserve eternity.

If we accept the significance of death as a condition of life, we cannot reject the search for its primary rationalization which cannot be replaced with any naturalistic explanation. Even if we are unable to find absolute and certain answers, we cannot stop asking. Death is not a secret that has to be discovered, as Jankélévitch says, it is a mystery. One could add, quoting Kołakowski: "If we could have answered this, our world would have resembled a multiplication table for a long time. And then you would have seen how much worse it would have been than what we have."[43]

[43] L. Kołakowski, *Klucz niebieski albo Opowieści budujące z historii świętej zebrane ku pouczeniu i przestrodze* (*The Key to Heaven or Underpinning Stories for Admonition and Warning*), Warszawa 1965, p. 104.

Michał Araszkiewicz

THE SLIPPERY SLOPE ARGUMENTS AGAINST THE LEGALIZATION OF PHYSICIAN-ASSISTED SUICIDE

Introduction

The aim of this essay is to analyze the structure and formulate a preliminary evaluation of the soundness of one of the most commonly raised arguments against the legalization of physician-assisted suicide (hereafter PAS), namely, the so-called slippery slope argument (hereafter SSA). I will distinguish several versions of the argument and investigate the assumptions which, although often not made explicit in the debate, are necessary for the argument to produce the outcome desired by its proponent. It should be emphasized that the purpose of the essay is to reveal the complex structure of an important part of the discussion of the legalization of PAS, and not to provide definitive conclusions. The order of the article is as follows. In the first stage, I distinguish PAS from related issues: euthanasia and withdrawing life-sustaining medical treatment. Moreover, different kinds of euthanasia will be described, for these distinctions play a significant role in the SSA. The most basic structure of the argument will be revealed in this section, too. Then I will proceed to the discussion of the assumptions and values which are crucial to our subject. The problem of the legalization of PAS is clearly related to the issue of the weighting of different values; I think it is necessary to make these considerations explicit. Moreover, it is an important task to distinguish the different levels of discussion of this problem, for they are often mixed in the literature, leading to confusing outcomes. After this, I will proceed to a detailed analysis of different kinds of SSA. Moreover, most of the relevant literature analyses the problem in the context of common law legal systems; I will make an attempt to reconstruct the logic of the argument in the context of civil law systems. Finally, I will provide the reader with some general conclusions.

One should note that I purposely narrow my investigations to the relation between a physician and a patient; therefore, other kinds of situations are beyond the scope of the article (for example, the situation in which a relative assists in the suicide of an ill person). However, at least some of the conclusions may be applied analogically to the contexts not analyzed in this article.

PAS, euthanasia and withdrawing life-sustaining medical treatment

There are several contexts in which the death of a patient may occur in relation to some kind of – very generally understood – action on the part of the doctor. The distinction between these phenomena is normally made with the use of the notion of the cause or action.[1] Hence, we can define the concepts mentioned in the above in the following way:

[E] Euthanasia is an act whereby a physician intentionally causes the death of a patient.

[PAS] PAS is an act of self-destruction committed by a patient with the assistance of a physician.

[WLSMT] Withdrawing life-sustaining medical treatment consists of the foregoing life-sustaining treatments at the end of life of a patient, and the patient dies of his or her disease process.[2]

These working definitions are highly imprecise, because they contain several unexplained terms, for example the definition of euthanasia states that a physician *intentionally* causes the death. The concept of intention is understood differently in different legal orders (and often in the scope of one legal order), hence, the definitions presented above call for modification. However, although I am aware of the problems related to the concepts involved here, I think that this oversimplifying view is a good starting point for further considerations.

One more qualification is necessary. A closer look at the definitions presented above reveals that in the case of PAS it is the patient's ultimate decision to end his life; therefore, it is conceptually impossible to commit PAS against the will of a person who is subject to it.[3] The contrary, however, is apparent when one considers euthanasia. It is obviously possible to carry out euthanasia with a patient who is not able to express his or her will, or even expresses a strong will to continue living. Hence, we can distinguish between voluntary, nonvoluntary and involuntary euthanasia:

[VE] Voluntary euthanasia is an act when a physician intentionally causes the death of a patient with a patient's consent.

[NE] Nonvoluntary euthanasia is an act when a physician intentionally causes the death of a patient without a patient's expression of will.

[IE] Involuntary euthanasia is an act when a physician intentionally causes the death of a patient against a patient's will.[4]

---

[1] Of course, there is no space here for a detailed discussion of the philosophical problems connected with these notions, even if the domain of the discussion would be narrowed to legal theory.

[2] R.M. Walker, *Physician-Assisted Suicide: The Legal Slippery Slope*, "Cancer Control" 2001, vol. 8, no. 1, pp 25–31, cf. pp. 26–27.

[3] Assuming that in the crucial moment one is able to decide autonomously. In this place we ignore such contexts as committing PAS as a result of long-term persuasion against the (initial) will of the patient, and the like.

[4] Cf. M. Szeroczyńska, *Eutanazja i wspomagane samobójstwo na świecie* (*Euthanasia and Assisted Suicide in the World*), Universitas, Kraków 2004, pp. 38–39, and further distinctions related to the concept of euthanasia, pp. 40–58.

The basic structure of SSA

These considerations are important in the context of SSA against the legalization of PAS since it is unanimously agreed that involuntary euthanasia is a morally unacceptable act. There is an on-going dispute concerning the moral permissibility of nonvoluntary and voluntary euthanasia. The slippery slope argument makes use of these moral controversies. The basic structure of the argument is well known and can be expressed in the following manner: (1) if we allow A, B will likely follow. (2) But B is unacceptable. (3) Therefore, A is also unacceptable.[5]

This working definition is extremely vague. There are at least three serious conceptual problems which have to be solved if one wants to assess the soundness of the argument:

1) The notion of "allowance" used in the antecedent of the sentence (1) of the argument. It is not clear whether this amounts to moral acceptability, or to the legal status of A in question. For the sake of this essay I will treat "allowance" as "legalization." Of course, it does not mean that this account is not closely related to moral considerations. This point will be elaborated in the next section.

2) The expression "will likely follow" which appears in the sentence (2) of the argument. It is not clear whether it should be interpreted logically, or empirically. As we will see in our discussion, both interpretations are possible, but they are used in different versions of the argument.

3) The notion of acceptance used in the sentences (2) and (3). The criteria of acceptance remain unclear. In particular, it is not obvious whether this expression should be construed psychologically, or normatively. This issue will be discussed in part entitled "Types of SSAs" of the essay.

Legalization of PAS. Dimensions of the discussion. Assumptions

The discussion of the legalization of PAS (and related controversial issues such as euthanasia or abortion) involves several different dimensions. The confusion of these dimensions may appear easily in the course of argumentation; therefore it is necessary to make them explicit. Of course, the catalogue of dimensions of the discussion is dependent on the assumptions held by the proponent of such a list. Hence, the formulation of this list creates an opportunity to also make these assumptions explicit. For the purposes of this essay, we distinguish the following dimensions of the discussion:

1) The empirical dimension. This dimension is related to the causal relationships between social phenomena. This dimension is purely descriptive, and we will not focus on it here. It is important here to avoid a potential confusion: I will discuss the arguments that are related to the empirical consequences of different

[5] Cf. W. van der Burg, *The Slippery Slope Argument*, "Ethics" 102 (October 1991), pp. 42–65, p. 42.

actions. What is contended here is that this essay does not deal with *real* empirical data; however, we will discuss the potential importance of such data.

2) The normative ethical dimension, related to the ethical justification of a certain claim. It can be also used for the assessment of an existing or proposed legal regulation. Hence, it will play an important role in our investigations.

3) The legal dimension. This dimension contains the problems related to the determination of the content of existing laws. It is related to the characteristic patterns of legal reasoning and focuses on the following question: given that a norm A is valid, is it also the case that a norm B is valid within the legal system S? The answer to this question will involve a different procedure in common law countries and in civil law countries, due to the differences in institutional settings and in the sets of legal reasoning schemes.

Of course, there are interesting interplays between these three dimensions. The results supplied by empirical evidence in the first dimension may be relevant because of the assumptions or theses from the second. The importance of the investigations at the first level will be serious if one assumes a consequential effect on the second. However, it is not the case that consequentialism is a necessary condition for taking the first level into account. Non-consequential intuitions, held by a relevant group of people, may also play a role in normative ethical reasoning, but it is obvious that the assumed consequentialism will enhance the role of the first level.

The relation between the second and third levels appears particularly interesting in the context of the contemporary discussion on the concept of law. The role of the second dimension in developing the conclusions of the third is obviously determined by the assumptions concerning the nature of law. The dispute between positivism and non-positivism on the one hand, and between different strands of both schools is too well known to be described here.[6] Unfortunately, these assumptions are rarely made explicit by the parties in discussions concerning PAS.

There is also an interesting relation between the first and the third dimension. The determination of the possible consequences of a legal decision, together with an evaluation of these consequences, is one of the most important argumentative tools in legal justification.[7] The set of the criteria of evaluation of these consequences will again depend on assumptions concerning the concept of law. In the non-positivist account, for example, the normative ethical dimension will play an important and sometimes dominating role. On the other hand, the positivist will claim that the system of law contains all the relevant criteria of evaluation. However, there is another interesting feature of the relation between dimensions 1 and 3. The first, empirical dimension deals not only with general social processes, but also with the empirical causal relations in the world of the lawyers. Therefore, it is, at least in principle, able to predict the reactions of judges and legislators to different stimuli, and the content of these predictions may differ

---

[6] But see T. Pietrzykowski, *Miękki pozytywizm i spór o regułę uznania* (*Soft Positivism and the Dispute Concerning the Rule of Recognition*) [in:] J. Stelmach (ed.), *Studia z filozofii prawa 1*, Wydawnictwo Uniwersytetu Jagiellońskiego, Kraków 2001, pp. 97–122, especially pp. 99–100.

[7] See K. Płeszka, *Uzasadnianie decyzji interpretacyjnych przez ich konsekwencje* (*Justification of Interpretative Decisions on the Basis of their Consequences*), Universitas, Kraków 1996.

from the content of conclusions developed in the third dimension, designed as a normative one. In the case of such a difference, a difficult problem arises which can be summarized in the following way: either lawyers have made mistakes as far as the content of existing law is concerned, or the assumptions held by normative theory in the third dimension are too remote from legal reality to be an adequate theory of legal reasoning. This tension is an obvious fact of legal reality and plays an important role in the discussion of the slippery slope argument.

All of the considerations mentioned above should be treated as a part of the background of our analysis. The second part of this background consists of a set of philosophical assumptions, which make the discussion possible and interesting. The list of assumptions may be summarized as follows:

A1. Rejection of absolute ethical vitalism. It is sometimes ethically justified for a person to take his or her own life. Moreover, it is sometimes ethically justified that other people help this person in this.

A2. Rejection of the absolute autonomy principle. It is not always ethically justified for a person to act according to his or her will. There are situations in which such decision has to be justified by an additional argument but, on the other hand, these situations should be treated as exceptions to the general autonomy principle.

A3. Rejection of strict nonconsequentialism. At least some weight has to be ascribed to the consequences of ethical choices. These consequences may affect the ethical qualification of a particular choice.

A4. Rejection of absolute legislative voluntarism. The statutory provisions should be assessed against the criteria of normative ethics. If there is the possibility to draft a better regulation from the point of view of normative ethics, then it should be done. This assumption does not mean that normative ethics will always single out one best regulation. Moreover, one should not confuse this assumption with the claim of non-positivism. Hence, I assume that a regulation remains a valid law even if it is incompatible with important ethical considerations.

A5. *Prima facie* plausibility of at least some versions of SSA. For the purposes of this essay I assume that at least some versions of SSA are – *prima facie* – sound arguments. The implausibility of the SSA has to be shown; these types of arguments should not be easily dismissed as simple logical fallacies.

I think that these assumptions are necessary in order to proceed with the discussion. The acceptance of absolute ethical vitalism or absolute autonomy principle makes it pointless. Strict nonconsequentialism makes most (but not all) of the SSAs null and void. Absolute legislative voluntarism leaves no space for *de lege ferenda* postulates in the situation of collision between the statutory provisions and principles of normative ethics. Finally, the *prima facie* implausibility of the SSAs nullifies most of the contemporary discussion concerning the problem that is relevant here. It is worth emphasizing that all of the conclusions made here are developed in the context of these five assumptions.

The legalization of PAS in continental legal culture

Before we proceed to analyze the different types of the SSA, it is worth noting that the legalization of PAS may take at least two different forms in continental legal culture. I will discuss this problem in the context of the Polish legal system. It should be noted that assistance in suicide is penalized in Poland, according to article 151 of the Polish Penal Code.[8] Of course, there is the possibility of derogation of this provision, however, it seems unacceptable, because there are obvious situations in which the inducement to suicide should be penalized. Therefore, there remain two ways of legalizing PAS.[9] The first one is to introduce an exclusion of penal liability in the case of PAS. The second is to provide a subjective right to PAS. The implications of these two ways of legalizing PAS are likely to be different.

The first proposed solution is to make PAS a circumstance that excludes penal liability to a perpetrator. Typical examples of such circumstances are: necessary defence and acting in the state of necessity.[10] The statute has to specify the premises which, when fulfilled in a given state of affairs, lead to the exclusion of penal liability although the characteristics of a type of an offence were also fulfilled. In the case of PAS, the typical premises would be: the autonomous decision of a terminally ill adult patient, his excessive pain and suffering, the sympathetic motivation of a physician, probably also the confirmation of the state of affairs by a commission of physicians.

Another way for the legalization of PAS – within the Polish legal system – would be to provide a subjective right (a claim) for a patient to demand assistance in his suicide. It is worth noting that providing such right would not lead to a conflict with the provision of art. 151 of Polish Penal Code. The physician would have a correlative duty to assist in the suicide of a patient. In consequence, he would not realize the characteristics of the omission described in art. 151, because it is not illegal to act accordingly with the rules prescribed to deal with a certain, legal good (in this case: human life), and these rules would be fixed by the subjective right that we are discussing.[11] It is important to note that in this case the subjective premise on the side of a physician (sympathetic motivation) would be senseless: if one has a duty correlative to the other person's subjective right, then, given that the premises of this right are fulfilled in the particular state of affairs, he should act according to his duty. Of course, the premises of exercising this

[8] Enacted on the 6th of June, 1997. Art. 151. Whoever by persuasion or by rendering assistance induces a human being to make an attempt on his own life, should be subject to the penalty (...). Cf. www.era.int.

[9] We assume this claim for the sake of simplicity. There are possibilities for the legalisation of PAS which do not have a form of exclusion of penal liability, but – on the other hand – do not lead to the ascription of a subjective right. See the discussion of a similar problem in the context of legality of abortion, K. Szutowska, *Wrongful conception and wrongful birth and the abuse of the law*, "Transformacje Prawa Prywatnego" 2006, no. 3–4, p. 103.

[10] Cf. articles 25 and 26 of Polish Penal Code.

[11] Cf. A. Zoll [in:] *idem* (ed.), *Penal Code. General Part. A Commentary*, LEX a Wolters Kluwer Business, Warszawa 2007, p. 397.

right should be specified by a statute; the set of such premises would contain at least the autonomous decision of a terminally ill adult patient and his excessive pain and suffering.

The introduction of different groups of premises is an important point in the context of the SSAs. The objective premises (adult age, terminal illness) may obstruct at least some version of the SSA. However, there remains the premise of autonomous decision, which – due to its vagueness – may be "SSA sensitive." I will continue this discussion after distinguishing between the different types of SSA in the next section.

Types of SSAs

Let us recollect the basic structure of SSA:

1) if we allow A, B will likely follow,
2) but B is unacceptable, therefore
3) A is also unacceptable.

An important point is, of course, that A is acceptable as such, but the conclusion expressed in the third sentence follows from the conjunction of the first two sentences of the argument. Therefore, it is important to clarify the first one. We have already explicated the expression "if we allow A:" for the purposes of this essay, we will understand it as "if PAS is legalized;" moreover, we have disambiguated the word "to legalize" by proposing two different ways of legalizing PAS: introducing the exclusion of penal liability or providing a subjective right to PAS. Our task is now to clarify the expression "B will likely follow." In the context of our discussion it is not even obvious what is denoted by B. There are three *prima facie* plausible possibilities:

a) B denotes the legalization of (at least) voluntary euthanasia,
b) B denotes the practice of committing PAS by incompetent patients,
c) B denotes other disadvantageous consequences.

Let us note that a necessary condition of the discussion of the SSAs including the first interpretation of B is an assumption that the legalization of voluntary euthanasia is undesirable (for its own sake or because it must lead to acceptance of non-voluntary, and even involuntary euthanasia). We take this assumption for granted for the purposes of this essay. The undesirability of the interpretations "b" and "c" is quite obvious. Therefore, having explained what are the possible interpretations of B, we should proceed to analyze the expression "will likely follow."

The interpretation of this expression is the most important criterion of classification of the SSAs. Although there is no – as F. Schauer puts it[12] – authoritative typology of arguments in general, of the SSAs in particular, most authors agree that we should distinguish between the so-called logical (theoretical) slippery slopes (LSSAs) and empirical (practical) slippery slopes (ESSAs).[13]. The general

[12] F. Schauer, *Slippery Slopes*, "Harvard Law Review" 1985, vol. 99, pp. 361–383, see p. 364.

[13] See for example W. van der Burg, *op.cit.*, pp. 42–65, see p. 43; R. Dworkin, *Introduction* [in:] R. Dworkin, T. Nagel, R. Nozick, J. Rawls, T.M. Scanlon, J.J. Thompson, *Assisted Suicide:*

difference between LSSAs and ESSAs is as follows. In the first situation, the expression "B will likely follow" should be construed as "we are logically committed to allow B." In the second, we should rather read it as "B will take place as a result of psychological or sociological processes."[14] Moreover, there are at least two versions of the LSSA. The first holds that there is no significant difference between A and B, hence, we are almost automatically forced to accept B, given A. The second one has the structure of a sorites paradox: although there is a significant difference between A and B, once we accept A, we are forced to take a number of intermediate steps between them, which must result in the ultimate acceptance of B.[15]

Therefore, as a result of these preparatory investigations, we have received three interpretations of the first sentences of the SSA:

(LSSA 1) If we allow A, we will be logically forced to allow B, due to the lack of significant difference between them,

(LSSA 2) If we allow A, we will be logically forced to allow B, due to the sorites structure of the reasoning,

(ESSA) If we allow A, B will (ultimately) take place due to the empirical processes.

As far as our task is to analyze these arguments from the point of view of mechanisms of normative ethics, we are in the position to construe the issue of "acceptance" used in the second and the third sentence of the argument. We will read this expression normatively, i.e. acceptable = acceptable from the point of view of assumptions and procedures of an assumed set of normative ethical claims. The most important of these claims were made explicit in our set of assumptions. Therefore, we can for example state that the committing of PAS by incompetent patients may be unacceptable from the point of view of assumed normative ethics.

Let us now go back to the dimensions of the discussion that we distinguished in section entitled "Legalization of PAS. Dimensions of the discussion. Assumptions" of this essay. We stated that we will focus on two levels: the level of normative ethics (what regulation is the best, according to the claims of normative ethics) and the level of legal reasoning (what is the content of existing law, given that the norm A is valid). This appears to give rise to a question concerning the relation of these dimensions to the three forms of SSA distinguished above. I think that a plausible account of this relation is as follows:

1. LSSA 1 may be considered from the point of view of both normative ethics and legal reasoning, for both levels involve conceptual reasoning and distinguishing of the concepts,
2. LSSA 2 may be considered from the point of view of legal reasoning, which is related to the problem of the judicial interpretation of vague predicates like "competent" or "autonomous." See the discussion below,

The Philosophers Brief, "The New York Review of Books" 1997, vol. 4 , no. 5, March 27, http://www.nybooks.com/articles/1237; P. Lewis, *The Empirical Slippery Slope from Voluntary to Non-Voluntary Euthanasia*, "Journal of Law, Medicine & Ethics" 2007, vol. 35, no. 1, pp. 197–210, cf. p. 197.

[14] Cf. W. van der Burg, *op.cit.*, p. 43.

[15] *Ibidem*, p. 44.

3. ESSA can be analyzed mainly from the point of view of normative ethics, since we assume here a moderate consequentialism. It is "visible" to legal reasoning if and only if in a particular situation of legal decision-making there is the space to take the consequences of the decision into account, and the consequential considerations weigh more that the other, for example linguistic and systemic ones.

The next problem to be considered is to find links between the different types of the argument and the possible interpretations of B. I think that it is plausible to propose the following links:

1) LSSA 1 has a link with the first interpretation (the legalization of voluntary euthanasia). Therefore, the first sentence of LSSA 1 may take the forms presented below:
   1.1) if PAS is legalized, we are logically forced to legalize voluntary euthanasia (there is no relevant ethical difference between them) (the dimension of normative ethics),
   1.2) if PAS is legalized, we are logically forced to legalize voluntary euthanasia (if voluntary euthanasia remains illegal, it creates an incoherence in the legal system) (the dimension of legal reasoning);
2) LSSA 2 has a link with the second interpretation (the practice of committing PAS by incompetent patients). Of course, there is a significant ethical difference between a competent and incompetent patient, and even if epistemic problems may appear concerning which concrete patient is competent or not, the normative ethics (given the assumptions accepted here) will remain immune to this argument. However, it may play a role in judicial practice, for the judge is obliged to render a decision in every single case. The vagueness of the predicates "competent" or "autonomous" may lead to the conclusion that the decision of the judge concerning the legality of a particular case of PAS will be legal, although it will remain doubtful, or even unacceptable, from the point of view of normative ethics. Of course, this conclusion is dependent on the empirical facts concerning the series of judicial decisions in similar cases. Therefore, the first sentence of LSSA 2 will take the following form:
   – if PAS is legalized, the judge may be logically forced to accept the legality of the PAS of a patient, who is on the fringe of the predicate "competent;"
3) ESSA has links with all three of the interpretations of B. One should also note that the empirical consequences encompassed by B may be related to different social institutions (the legislative, the judiciary, the physicians etc.). Therefore, this version of SSA may take at least five forms (all of which are related to the normative ethical dimension):
   3.1) (ESSA 1) if PAS is legalized, voluntary euthanasia will, in fact, be legalized. This version of ESSA may be called legislative-legislative ESSA,[16]

[16] Cf. E. Volokh, *The Mechanisms of The Slippery Slope*, "Harvard Law Review" 2003, vol. 116, pp. 1026–1136, at pp. 1077–1078.

3.2) (ESSA 2) if PAS is legalized, the judges will, in fact, extend the scope of the predicate "competent." This may be called legislative-judicial ESSA,[17]

3.3) (ESSA 3) if PAS is legalized, it will lead to the actual performance of PAS on incompetent patients, to the actual performance of voluntary euthanasia etc.,

3.4) (ESSA 4) if PAS is legalized, it will lead to the undermining of the integrity of the medical profession. This, of course, results in disutility to this social group, and may affect patients,[18]

3.5) (ESSA 5) if PAS is legalized, it will cause psychological distress to the patients. On the other hand, it may be said that if will cause the effect of psychological reassurance to the patients, creating an option value (it is contended that the patient is better off if he is assured that he has a way of escaping from excessive pain and suffering through committing PAS).[19]

It is worth emphasizing that the list of different versions of SSAs developed above is a simplified view, for two reasons. Firstly, the list of types of SSAs presented here is incomplete, because I decided not to mention some criteria of division of these arguments; nevertheless, I am convinced that the most relevant types of the argument – as far as the problem of the legalization of PAS is concerned – are included here. Secondly, the arguments listed above are not completely separable in the discussion. We have already noted that ESSA 3.2 should be treated as a necessary condition of the soundness of LSSA 2. There are more relations similar to this one. However, for the sake of the purposes of this article, which are mainly analytical, I will analyze the arguments separately, signalizing the most important interactions between them.

Two ways of legalization of PAS and the soundness of particular types of SSAs

The aim of this section is to assess the soundness of different types of SSA in the context of the legalization of PAS within the Polish legal system. I have dis-

[17] *Ibidem*, pp. 1082–1086. This version of ESSA is a necessary condition of the soundness of our version of LSSA 2. Let us also note that it is, in fact, a compound argument, consisting of legislative-judicial and judicial-judicial relations (in a series of cases, the scope of the predicate in question may be broadened). Although the judicial-judicial slippery slope plays a more important law in common law countries, it has increasing significance also in continental legal culture, due to the increasing role of judges. However, we do not distinguish between a separate type of judicial-judicial slippery slope, because this would lead to the changing of the interpretation of antecedent of the first sentence of SSA: it would no longer be read as "if PAS is legalized" but "if a patient A, who manifests characteristics [x,y,...n] is entitled to PAS." Of course, the consequent would have an analogical form: "then the patient B, who manifests the characteristics [x,y,z....n] is also entitled to PAS." Note that this is the domain when consequentalist legal reasoning comes into play, hence, this kind of judicial-judicial slippery slope is a version of ESSA.

[18] Cf. E. Emanuel, *What Is the Great Benefit of Legalizing Euthanasia Or Physician-Assisted Suicide,* "Ethics" 1999, vol. 109, pp. 629–642, at p. 636.

[19] *Ibidem*, pp. 636–637 and 635.

tinguished between eight versions of the argument, which gives us sixteen possible combinations, given the two forms of the legalization of PAS. I will evaluate the soundness of the arguments one after the other, beginning with the legalization of PAS through the exclusion of penal liability, and then I will proceed to consider the consequences of legalizing it by establishing a subjective right.

1. Legalization of PAS through exclusion of penal liability

One of the possible forms of the legalization of PAS is to introduce a new circumstance excluding penal liability into the Penal Code, namely, the circumstance of PAS. Of course, such circumstance must be described by a set of premises. We have proposed that this set should consist of:

1) the age of a patient (a patient should be an adult person),
2) the autonomous decision of a patient (i.e. a patient must be competent while asking for PAS),
3) the terminal illness of a patient,
4) his intolerable pain and suffering,
5) the sympathetic motivation of a physician.[20]

A physician, assisting in a suicide of a patient in a situation fulfilling this set of premises, would be excluded from penal liability due to the lack of the illegality of his deed. Let us now assume that we interpret the antecedent of the first sentence of SSA as introducing such an exclusion of penal liability and proceed to the assessment of different versions of SSA in this context.

1. LSSA 1. We examine the argument on the two levels: normative ethical level and the level of legal reasoning.
   1.1. The argument is unsound, for there is an ethically significant difference between PAS and voluntary euthanasia: the latter involves the physician causing the death of a patient, while the former consists of the patient himself taking his life,
   1.2. The argument is presumably sound, because the introduction of the exclusion of penal liability in the case of PAS leads to an incoherence in the legal system: on the one hand, PAS is legal (as opposed to assisted suicide in general), on the other hand, voluntary euthanasia remains illegal (for the sake of the coherence of the system, it should be legalized as an exclusion of penal liability, as opposed to intentional murder; but, we assume, the legalization of voluntary euthanasia is unacceptable; therefore, the legalization of PAS is also unacceptable,
2. LSSA 2. The argument may be sound, given that we have empirical evidence that confirms the soundness of ESSA 3.2. However, it is often difficult to obtain such empirical data. What is more, judges often tend to construe the provisions of penal law restrictively. On the other hand, it is true that no principled line can be drawn between the (fully) competent

[20] This set may be supplemented by procedural premises, like, for example, the confirmation of the state of a patient by a commission of physicians.

and the (totally) incompetent patient.[21] In consequence, we cannot provide a conclusive argument related to the soundness of LSSA 2; however, it is not the case that it is necessarily mistaken,

3. ESSAs. We will examine all five versions of the argument.
   3.1. The argument seems to be sound when one takes LSSA 1.2 into account. On the other hand, empirical evidence, related to the case of Oregon shows that the opposite is the case: although it may seem – from the point of view of coherence of the system – that voluntary euthanasia should be legalized given that PAS is legal, the opposite is the case.[22] Therefore, I tend to assess ESSA 1 as unsound,
   3.2. The argument is presumably unsound, due to the generally accepted directive of the restrictive interpretation of penal law. However, the increasing role of the judiciary in continental legal culture may alter this tentative conclusion,
   3.3. The soundness of this argument is difficult to be assessed because it depends on multiple different factors, like the attitude of the majority of society towards minorities, the disabled, the elderly etc. It is also dependant on the general ethos of the society and its attitude towards the law. If we assume the pessimistic, Hobbesian view of human nature and motivations, the argument should be assessed as arguably sound, but on the other hand there exists reliable data that does not confirm such a fatalistic view,[23]
   3.4. This argument is presumably unsound, because the exclusion of penal liability does not impose any duty on a physician; it only creates the possibility of assisting in the suicide in certain circumstances, and in the case of the sympathetic motivation of a physician. However, the final assessment of the argument is not possible without the empirical investigations related to the social group of physicians,
   3.5. The soundness of this argument depends upon the validity of ESSA 3 (and, probably, ESSA 4). If this is the case that physicians induce incompetent patients to commit PAS, or if there is a tendency towards non-voluntary or even involuntary euthanasia, the argument would be sound. If the contrary would be the case, it would be presumably unsound.

[21] Note that the introduction of objective premises like age of a patient or terminal illness automatically exempts us from the discussion of awkward versions of the SSA, related to the slope between the terminally ill, dying, elderly patient and the 16 year old boy suffering from unrequited love. Cf. R. Dworkin, *op.cit.*

[22] P. Lewis, *op.cit.*, p. 198.

[23] Cf. for example C.F. Ryan, *Pulling Up the Runaway: The effect of New Evidence in Euthanasia's Slippery Slope*, "Journal of Medical Ethics" 1998, vol. 24, pp. 341–344. The article analyzes the problem of ESSA in the context of euthanasia, but its conclusions may be applied analogously to the issue of PAS.

2. Legalization of PAS through the ascription of a subjective right to patients

Another way of legalizing PAS is to introduce a subjective right to PAS. In this case, the patient would be entitled to PAS, and a doctor would have a correlative duty to assist in the patient's suicide. As we have suggested before, the possible set of the premises of exercising such a right would have a very similar form to the set of premises of the exclusion of penal liability, minus the sympathetic motivation of a physician. However, in the case of subjective right, this set of premises appears to be more controversial. This is due to the fact that ascription of a subjective right should not be discriminatory. In the case of exclusion of penal liability, the correlation between the intolerable pain and suffering of a patient and the sympathetic motivation of a doctor was obvious. In the case of a subjective right one may raise the question of whether the pain and suffering of a patient is a justified premise, since the ascription of subjective rights should not depend upon accidental features, like the ability to bear the pain. Hence, the premise of intolerable pain and suffering would seem to be fictitious, due to the possibility of simulation on the part of the patients. However, this psychological problem is beyond the scope of this article. I will now proceed to the assessment of the eight versions of SSA, analogically to the analysis devoted to the exclusion of penal liability.

1. LSSA 1.
   1.1. Analogically to the reasoning presented above, this argument presents itself as *prima facie* unsound, because I think that the normative distinction between the claim to demand assistance in suicide and the right to demand the active ending of life by a physician may be treated as significant. On the other hand, when we take the postulate of non-discrimination in assigning subjective rights into account, this conclusion appears to be doubtful, because the ability to commit suicide by a patient depends on the kind of illness that he has, and this is a fortuitous circumstance, which should not affect the ascription of subjective rights. In consequence, we have a stalemate situation,
   1.2. The same observations are valid in the case of LSSA 1 in the domain of legal reasoning and the coherence of legal system. Although in the case of subjective right the discussed analogy (a type of omission – exclusion of penal liability) does not work, one may raise the question of whether discrimination is at play in the attributing of subjective rights,
2. LSSA 2. The soundness of this argument, as it was said before, depends on the validity of ESSA 3. Anticipating the considerations relating to the latter, I tend to assess the argument as unsound,
3. ESSA. Again, we will analyze five versions of the argument.
   3.1. We may assert the soundness of this argument with greater confidence than in the case of exclusion of penal liability, because of the possibility of lobbying for the legalisation of voluntary euthanasia due to the anti-discrimination argument discussed above,

3.2. As far as the regulation of a subjective right to PAS would not be an element of penal codification, the reason against the soundness of the argument arising from the directive of restrictive interpretation does not play a role here. Moreover, the possibly fictitious role of the premise of pain and suffering results in the evaluation of this argument as presumably sound,

3.3. The soundness of this argument is dependent upon the same factors as in the case of exclusion of penal liability. However, I would like to emphasize once again that some of the practices which are described in the course of this argument would be likely to appear not only because of the features that are discussed in Hobbesian view of a human being, but also because of the anti-discriminatory postulate discussed above. Given that PAS is legal, at least some doctors would tend to perform the illegal practice of voluntary euthanasia because of their assessment of this regulation as unjust. The final evaluation of this argument is dependent on empirical research,

3.4. The argument is presumably sound, because in this case a physician is obliged to assist in the suicide of a patient, upon his or her request. This results in forcing a physician to act contrary to the Hippocratic Oath, which probably would undermine the integrity of medical profession more seriously than in the case of exclusion of penal liability,

3.5. Like in the previously discussed case, the evaluation of ESSA 5 is dependent on the assessment of ESSA 3. Therefore, the observations made in the context of the exclusion of penal liability remain in force. On the other hand, people are generally better off when they are attributed with subjective rights. Hence, the argument is presumably unsound.

One should note that the conclusions are tentative and they may be subject to refutation due to different factors. Nevertheless, I am convinced that they offer at least a good starting point in a discussion concerning a particular type of SSA in the context of PAS. These results may be summarized in the following table.

Table 1.

Two forms of legalization of PAS and tentative conclusions concerning the soundness of SSAs.

Type of SSA/form of legalization of PAS	**Exclusion of penal liability**	**Attribution of a subjective right**
1. LSSA 1.1	unsound	undecided
2. LSSA 1.2	presumably sound	undecided
3. LSSA 2	undecided	unsound
4. ESSA 1	presumably unsound	presumably sound
5. ESSA 2	presumably unsound	presumably sound
6. ESSA 3	undecided	undecided
7. ESSA 4	presumably unsound	presumably sound
8. ESSA 5	undecided	presumably unsound

Conclusions

We have distinguished between eight types of SSA. I think that these eight types of argument are the most commonly raised in the context of PAS/euthanasia debate. Of course, the proposed typology of arguments is by no means exclusive; for example that some authors treat only ESSAs as genuine SSAs.[24] Moreover, we have set aside some important types of argument which appear in the discussion, for example the mentioned judicial-judicial SSA, or the slippery slope from withdrawing life-sustaining medical treatment to PAS, and finally to different types of euthanasia. One should also note that our analysis makes sense if and only if one accepts the set of assumptions that I employ here; another set of assumptions might even make the whole discussion pointless. What is more, the main aim of the essay was to disambiguate the discussed arguments and to set them in order, not to provide definitive conclusions pertaining to their validity. It should be noted that the proposed set of premises of the provisions legalizing PAS is not uncontroversial and probably literally any of these premises may be contested, thereby creating an impulse for a new discussion. Nevertheless, I think that the investigations made here enable us to formulate some general, but important conclusions. Firstly, in a discussion concerning the SSA (not only in the context of PAS), it is crucial to explicate the exact type of argument that is used, (whether it is a LSSA or ESSA), and to clarify the following issues: the exact content of the consequent and antecedent of the first sentence of the argument and the criteria of acceptability that are in use. Secondly, the dimension of the discussion should be clarified, for the assumptions and criteria of assessment may differ in respect to the dimension in question: the normative ethical or the legal. Thirdly, the assessment of the soundness of different types of SSAs is not an easy task; the results developed here should be treated as tentative. It appears to be particularly difficult to assess the ESSAs, due to the lack of relevant empirical data and methodological doubts concerning the gathering and interpretation of this data. However, it would be naïve to state that we are able to gather all relevant empirical data with regard to every "slippery-slope problem" in question; rather the opposite is the case – we have to deal with them without a sufficient amount of empirical information, relying on our assumptions and accepted methods of valid reasoning. In consequence, fourthly, the analysis of the structure of SSAs, and their assumptions, is an important task which lies ahead for the legal philosopher. SSAs play an important role in political and ethical debates and must not be easily dismissed as logical fallacies. Therefore, this essay may be seen as an attempt to clarify the basic problems related to this discussion, a basis for more refined analyses concerning particular types of SSAs.

---

[24] Cf. F. Schauer, *op.cit.*, p. 369, discussing the notions of "instant case" and "danger case" on the end of a slippery slope.

Agnieszka Giza, Wojciech Załuski

ETHICAL PROBLEMS OF HEMATOPOIETIC STEM CELL TRANSPLANTATION

What is hematopoietic stem cell transplantation?

The aim of our article is to present the various ethical dilemmas to which hematopoietic stem cells transplantation (HSCT) gives rise. HSCT, i.e. the transplantation of hematopoietic stem cells derived either from bone marrow (in which case called 'bone marrow transplantation') or from peripheral blood, is one of the methods of treating such hematologic malignancies as, e.g. acute and chronic leukemias, aplastic anemia, lymphoma, or hemoglobinopathies. HSCT came into common use – both with regard to adults and children – in the early 1990's. There are two types of HSCT – autologous and allogeneic. In the case of autologous HSCT (applied mainly in treating malignant lymphomas and multiple myleoma) a donor of hematopoietic stem cells is the patient himself/herself after a previous chemotherapy eliminated neoplastic cells from his/her bone marrow. This procedure is preceded by high-dose chemotherapy and is aimed to cause complete hematologic and immunologic reconstitution. In the case of allogeneic HSCT, *a* donor of hematopoietic stem cells is some other person – not the patient himself/herself. The donor may be either a close relative of the patient (e.g. his/her sibling or his/her parents) – in this case allogeneic HSCT is called 'haploindentical,' or a matched-volunteer unrelated donor (MUD) found in the Register of Hematopoietic Stem Cells Donors (after he/she has expressed his/her willingness and consent to donate his/her hematopoietic stem cells). Allogeneic SCT is usually applied in treating acute leukemias (and sometimes also in treating chronic leukemias and malignant lymphomas). Some additional facts about the Register of Hematopoietic Stem Cells Donors should be mentioned. A person who gives his/her blood for the purpose of determining his/her human leukocyte antigenes (HLA) *ipso facto* decides to register himself/herself in the Register. Accordingly, he/she should be aware of the fact that he/she thereby becomes a potential stem cell donor: he/she is treated as a person who is willing to donate his/her stem cells to other persons (from all over the world) who have found themselves in a situation of immediate danger of their lives caused by hematologic malignancies. There are two methods for collecting hematopoietic stem cells from the donor. The most frequently used consists of obtaining stem cells from peripheral blood after mobilization by granulocyte colony stimulating factor (G-CSF). The main side effects of this method are flu-like symptoms and bone pains. The second method – less frequently implemented – consists of obtaining stem cells from bone marrow by multiple aspiartion under general anaesthesia (BM harvest). The main complications that may appear after such treatment are those typical for general anaesthesia as well as pains (lasting usually a few days) in the proximity of the sacral bone. The first method is considered better, as it gives a bigger graft and, as mentioned, does not require the donor to be subject to general anaesthesia. It may be worth mentioning that patients on whom hematologic malignancies are diagnosed are usually young people, between 20–50 years old, in the prime of their lives, professionally active, building their own families, having young children.

Ethical problems of hematopoietic stem cells transplantation

1. Should compensated donation be permissible?

Broadly speaking, there are two main types of motives propelling agents to donate their hematopoietic stem cells – altruistic and non-altruistic. Clearly, the latter poses special ethical problems. However, before turning to this controversial motivation, we will first devote a few words to the altruistic motivation.

Most donations of hematopoietic stem cells are purely altruistic acts. This is so both in the case of allogeneic HSCT from a related donor and allogeneic HSCT from an unrelated donor. Persons who donate their hematopoetic stem cells for their relatives do it usually for purely altruistic reasons: they do not expect any compensation for this act (we will mention some exceptions in the next section). One may argue in two ways (both, in our view, implausible) that these acts are not altruistic. First, one may note that, say, a sibling can expect gratitude from the recipient and this gratitude is the 'reward' for this act. It may be true but this fact does not seem to deprive the act of donation of its altruistic character. Moreover, such a donor is exposed to some additional stress which the unrelated donor avoids. Unlike transplantations from unrelated donors, in the case of transplantations from siblings, the donor and the recipient know each other very well and there usually exists a very strong emotional relationship between them. This means that the donor is likely to experience the suffering of his/her sibling very deeply, and, especially, the failure of the transplantation. Such a failure may engender in the donor the feeling of guilt, because it is *his/her* cells that caused (in some way) the patient's death or at least failed to save the patient. Secondly, it is sometimes claimed that altruism toward kin cannot be at the same time pure altruism. This claim, however, does not seem very convincing to us. What should be stressed in this context is that persons who sustain costs for their kin usually do not do this with the intention of promoting their own self-interest but *with an intention to promote the interests of their kin*. The fact that an agent's altruistic behaviour toward his/her kin is advantageous for the propagation of his/her genes (as evolutionary theory teaches us) is irrelevant here: at the psychological level – and this level is important when we speak about 'human altruism' – his/her behaviour is altruistic. Let us now pass to the problem of whether the motivation of unrelated donors registered in the Register of Hematopoietic Stem Cells Donors is also altruistic. The donor from this Register, i.e. a matched-volunteer unrelated donor (MUD) who decides to donate his/her blood cells, cannot know the recipient – the person whose life he/she saves. The anonymous character of the donor guarantees that his/her gift is disinterested – purely altruistic: he/she cannot expect any benefits from the recipient. The rule that the donor and the recipient cannot know each other is an expression of what may be called *'the non-market approach'* to transplantation, according to which donations for transplants cannot be regulated by market processes – they must have the character of a pure gift and not a commodity that can be sold or purchased. *This approach therefore excludes compensated donations*: it does not allow donors to get money in exchange for their donations. According to this approach, donors should be 'Good Samaritans' rather than *homines oeconomici* willing to maximize their net benefits. However, even though this approach is based on a sound ethical intuition (it is hard to deny that a donation motivated altruistically is ethically more desirable than a donation motivated by the expectation of financial benefits), it may have negative consequences. Given that the attitude of the Good Samaritan is not that widespread in society, this approach is likely to lead to a smaller supply of blood marrow donations than 'the market approach.' Does it mean than the market approach is better than the non-market approach? We think that such a claim would be too radical. The market approach creates a real danger of coerced or quasi-coerced donations from impoverished and socially disadvantaged people who are not able to make fully informed choices or whose choices to make donations are brought about by their critical financial situation and are thereby desperate means to improve their lot. Our claim is more modest: we think that *some moderate form* of the market approach (which may also be dubbed 'the *quasi*-market approach') cannot be excluded as *necessarily* wrong. What does this approach consist of? It limits the role of the market in the field of transplantations in two important ways. First, it only allows compensated donations which pose little risk to the donors. Hematopoietic stem cells donations (unlike, e.g. kidney donation) seems to belong to this category. Secondly, it rejects the trade in organs between donors and beneficiaries. More precisely: it rejects the classical liberal argument in favour of the market approach which says that trade in organs or stem cells, if carefully regulated to ensure that the donor is fully informed of the consequences of his/her decision to sell his/her organs (tissues, cells), is a mutually beneficial transaction *with no negative side-effects* and thereby should be allowed. This argument, however, is not valid. It relies on a mistaken assumption that such transactions would have no negative side effects. The problem is that they violate the requirements of distributive justice and accordingly exacerbate social inequalities, as they favour rich patients. In sum, what seems to be the most attractive (at least *prima facie*) approach to transplantations is some intermediate one (between the market approach and the non-market approach) which we have called '*quasi*-market approach.' This approach allows the compensation of donors by the state but prohibits individual transactions (even if mutually beneficial) between the potential donors and beneficiaries on the grounds that such transactions exacerbate social inequalities by promoting unequal access to medical services. This approach is likely to lead to a substantial surplus of social welfare, as it is likely to increase the supply of stem cells donors and thereby decrease the number of hematologic patients who die because of the lack of a sufficient number of such donors. Whether this *quasi*-market approach is indeed a proper one can of course only be decided after conducting a detailed analysis of its social consequences. Such an analysis has to be empirical in character, as it is close to impossible to predict in a speculative way these consequences. Finishing this part of our considerations, we would like to note that the legal systems of all states (with the sole exception of Iran which allows a market-approach) are still based on the non-market approach: they hold that donors cannot require and receive for their donation any payments or other financial benefits. As already mentioned, it is not clear if this situation is desirable or not. Let us repeat the above point that a detailed empirical analysis of the social consequences of this fact is needed to decide this question. Our intuition is that such an analysis would support what we have called a '*quasi*-market approach.' However, this is no more than an intuition, because (as far as we know) as yet no such research has been made.

2. Could the donation of hematopoietic stem cells be obligatory?

In most cases the donations of stem cells are non-obligatory acts: since they involve a relatively big sacrifice (though undoubtedly smaller than other types of donations, e.g. the donation of kidney) on the part of the donor, they are 'beyond the call of duty.' In moral philosophy such acts are called 'supererogatory.' However, it seems that there are two cases in which an act of stem cell donation may become obligatory or at least 'close to obligatory.' The first case is that of an allogenic HSCT from a related person. One may argue that if a tie between the patient and his/her sibling is especially strong (the closeness of this tie can be evaluated on the basis of the nature, intimacy and history of their relationship), then the sibling has a moral duty to donate his/her stem cells for his/her ill brother/sister. This case, however, is relatively unproblematic, because if there *does exist* this kind of close relationship between siblings, then the healthy sibling will usually want to help his/her ill brother/sister in a spontaneous way, so that a potential conflict between 'a call of duty' and spontaneous, emotional impulses will not arise. The second case is more interesting. It concerns the situation of a potential donor of stem cells who is registered in the Register of Hematopoietic Stem Cells Donors and who is then requested to make his/her donation. By registering himself/herself in the Register, such a person has *ipso facto* expressed for the first time his/her consent to collect his/her cells at the moment of his/her decision to register in the Register. However, when he/she is selected from among potential donors as a concrete stem cell donor for a concrete stem cells recipient he/she is asked one again whether he/she sustains his/her previously expressed consent to collect his/her bone marrow cells. Of course, the potential donor has the full legal right to refuse to donate his/her stem cells. This is fully understandable. The question arises as to whether he/she has also *the moral right* to refuse to donate his/her cells, given that he/she knows that these cells can save the life of another person. If another donor is not found, which is highly probable given the still small number of potential donors included in the Register, this particular patient is likely to die. It is rather clear that the final consent of the donor to donate his/her stem cells is not morally obligatory; however, it does not seem to be supererogatory either. It seems that this consent is to be regarded as some kind of intermediary action between the obligatory and supererogatory. Clearly, the dilemma does not arise if the potential donor finds out that his/her donation of his/her stem cells may have dangerous effects for his/her own health. Such circumstances transform her final consent into a purely supererogatory act. The dilemma arises, however, if the circumstances that make him/her hesitate to express his/her final consent are of less serious nature, e.g. the objection of his/her family, the fact that collecting stem cells interferes with his/her plans (e.g. holidays), or his/her (ungrounded) fear of complications resulting from the very procedure of collecting stem cells. One should note that in such situations the role of a physician who is to conduct the HSCT is extremely important. The physician's obvious task is to provide the potential donor with all of the necessary information about the procedure of collecting stem cells and its possible side effects. What is controversial is whether the physician can – or even should – encourage the potential donor to give his/her final consent to collect hematopoietic stem cells if the physician is sure that this procedure will not have any harmful side effects for the donor (which is usually the case). One might argue that this is justified given that the case concerns two goods of clearly different values: the life of the patient and some relatively small inconveniences of the potential donor. However, one should also remember that no one has the duty to donate his/her stem cells to other people; as we have already argued: even though the potential donor's final consent to donate his/her stem cells is no longer a purely supererogatory act, it is still not obligatory. For this reason, the doctor does not seem to have the moral right to encourage the potential donor to donate his/her stem cells. What the doctor can do is only to provide him/her with all the information about the procedure of collecting stem cells and the side effects of this procedure.

3. Unethical and 'overly ethical' behaviour of siblings in the case of allogenic HSCT

Two situations are worth considering here. In the first, the problem is the unethical behaviour of a sibling – a potential donor. In the second, the problem is the opposite – it is, so to say, the 'overly ethical' behaviour of a sibling – a potential donor.

In the case of allogeneic HSCT from the patient's sibling, it may happen that the donor decides to donate his/her stem cells on the condition of receiving some financial benefits from the patient; the demands that the potential donor makes usually concern a family legacy: land, flat etc. The patient, knowing that transplantation is the only way of saving his/her life, is very likely to agree to the conditions imposed by the sibling. Such demands made by the potential donor are not only immoral but also illegal. Fortunately, they are relatively rare: they take place when siblings are in some kind of conflict. When they do happen, however, they may lead to an ethical dilemma on the part of the physician who is to make the HSCT. Usually, only the siblings themselves or – additionally – a few other family members know about the potential donor's unethical demand. Sometimes, however, the physician who is to conduct the HSCT finds out about it. The physician then faces the following dilemma: should he/she inform the court that the law is being violated and thereby decrease the chance of making the transplantation (since the sibling is then likely to refuse to give his/her final consent to have his/her stem cells collected), or pass over the demands in silence and make the transplant? Even though there seems to be no easy theoretical solution of this dilemma, the doctors usually solve it in practice without much hesitation – they make the transplant. As it seems, a theoretical reflection on this dilemma would support this spontaneously made decision.

The second dilemma is connected with the question about the limits of love, solidarity and friendship between siblings. Imagine that a sister – a potential stem cells donor for her brother – finds out that she is pregnant. Assume that the collection of stem cells and transplantation cannot be made after the child's birth – it must be made immediately since otherwise there is a serious risk of irreversible progress of the brother's hematologic malignancy. Clearly, a solution to this problem might be finding another – unrelated – donor from the Register of Hematopoietic Stem Cells Donors. However, if we assume also that such a donor cannot be found (which is sadly a common situation). The question arises as to whether the sister should risk the life of her unborn child in order to protect her sibling or, rather, whether she should avoid such a risk and thereby allow her brother to die. Is it possible to make any kind of rational decision in this situation? How can we compare two evils: the risk to the life of an unborn child and the lost life of an adult person? Can the gift of stem cells made at the cost of the health – or perhaps even the life – of the donor's unborn child still be regarded as a genuine gift? It is not clear how sharp this dilemma in fact is, because to date no research has been made in terms of how often it appears and, more importantly, what risk his/her mother's stem cell donation poses for the unborn child. Nonetheless, it remains the fact that such dilemmas do appear in the practice of HSCT.

4. How to ethically justify stem cell donation from minor siblings?

Allogeneic bone marrow transplantation is regulated in the statute (adopted on October 26, 1995) on collecting, storing and transplanting cells, tissues and organs. Unlike the transplantation of organs, in the case of which a donor must usually be a person at whom brain death has been ascertained (exceptions being transplantations of kidneys and fragments of liver), a donor of stem cells for HSCT is always a living person (thus, HSCT is always a transplantation *ex vivo*). Each person of full age and non-incapacitated can be a donor (a pregnant woman can be a donor only of cells and tissues, not organs). Clearly, in the case of collecting stem cells from a donor, the lack of objection on the part of the donor is not sufficient (as it is in the case of transplantations which involve taking organs from a dead person, i.e. in the case of transplantations *ex mortuo*) – what is required is written consent. In situations of the immediate danger of the patient's life a donor can be his/her minor sibling if the collection of his/her stem cells is not likely to cause any impairment of the functions of his/her organism. In order to collect stem cells from a minor, the consent of his/her legal representative (usually, his/her parents) as well as the permission of custodial court are required. If a minor is more than 13 years old, his/her consent is necessary as well. Not surprisingly, the ethical justification for minor siblings' stem cells donation poses a special problem: this is so because minor persons lack adequate decision-making capacity. In order to justify permitting this kind of donation, the following two arguments are usually advanced. The first argument says that the risk involved in donation is small. In the case of harvesting bone marrow stem cells, the donor faces the risk typical for general anaesthesia. Harvesting peripheral blood stem cells, in turn, requires the use of a growth factor that involves some risk. Both methods require multiple needle use (thus, they result in temporary pain) and involve the possibility of anaemia. However, these risks are relatively small compared with their potential benefit – saving the life of the minor's sibling. The second argument says that the donation has positive psychological effects for the donor: it increases his/her self-esteem, makes him/her proud of donating etc. The problem with this justification is that the donation only increases the likelihood of saving the life of the minor's sibling – it does not guarantee that the sibling's life will indeed be saved. Now, if it happens, as it does in many cases, that HSCT is not successful, then the donor – given his/her emotional ties with the ill sibling – is likely to experience an especially acute psychological distress caused, e.g. by his/her feeling guilty of the sibling's death. Thus, instead of the feelings of self-esteem and pride, the donor may experience the feeling of guilt and responsibility for causing the brother's death. Clearly, this counterargument against the traditional way of justification does not undermine this way but only weakens it by sensitizing us to the negative psychological effects of the failure of HSCT that should be taken into account while making a decision to collect stem cells from a minor sibling.

Concluding remarks

The aim of our presentation was to present the main ethical dilemmas related to HSCT rather than to solve them. The narrow scope of this presentation is due to the fact that, as with most bioethical dilemmas, 'hematological dilemmas' cannot be solved in any straightforward way. The 'solutions' to these dilemmas necessarily depend on the general ethical perspective (utilitarian, personalist, contractualist, right-centred etc.) one assumes for tackling them, and there seem to exist no obvious criteria for selecting between those perspectives. Our approach to these dilemmas – which, depending on the point of view, can be dubbed 'reasonable' or 'timid' – can be justified by the fact that our task in this paper was descriptive rather than normative. Clearly, we have not described all of the dilemmas related to HSCT. Our focus was on ethical ones (even though we have assuredly omitted some of them, e.g. the classical dilemma called 'the tyranny of the gift,' which consists of the fact that the patient – the beneficiary of the donation – is overwhelmed by the altruism of the donor and feels severe distress because of his/her inability to reciprocate the gift). Accordingly, we have not discussed more 'technical' dilemmas, e.g. the problem of under what circumstances one should recommend HSCT rather than more conventional treatment (this problem has both a medical and economic aspect – the latter one is related to the fact that HSCT is a very expensive treatment and thereby may not be recommendable when financial resources are limited), the problem of the relationship between treatment and research goals in a situation in which physicians recommend HSCT, the problem of what method of HSCT should be applied in a given case, or the problem of the proper time at which HSCT should be used.

Notes about the Authors

Michał Araszkiewicz: LLD, Student of Philosophy, Research and Teaching Assistant in the Department of Theory of Law, Faculty of Law and Administration, Jagiellonian University in Krakow

Bartosz Brożek: LLD, Doctor of Philosophy, Assistant Professor in the Department of Philosophy of Law and Legal Ethics, Faculty of Law and Administration, Jagiellonian University in Krakow

Maciej Dybowski: LLD, Assistant Professor in the Department of Theory and Philosophy of Law, Faculty of Law and Administration, Adam Mickiewicz University in Poznań

Andrzej Elżanowski: Professor of Vertebrate Zoology, Museum and Institute of Zoology, Polish Academy of Sciences

Carla Faralli: Professor of Law, Faculty of Law, University of Bologna

Agnieszka Giza: MD, PhD, Assistant Professor in the Department of Haematology, Faculty of Medicine, Jagiellonian University in Krakow

Burton M. Leiser (1930–2009): J.D., PhD, Professor Emeritus, at the Pace University, New York/Pleasantville/White Plains, New York

Tomasz Pietrzykowski: LLD, Assistant Professor in the Department of Theory and Philosophy of Law, Faculty of Law and Administration, University of Silesia in Katowice

Marta Soniewicka: LLD, PhD Candidate in Philosophy, Assistant Professor in the Department of Philosophy of Law and Legal Ethics, Faculty of Law and Administration, Jagiellonian University in Krakow

Jerzy Stelmach: Professor of Law, Dr. h.c. of the University of Heidelberg, M.A. in Philosophy, Chair for the Department of Philosophy of Law and Legal Ethics, Faculty of Law and Administration, Jagiellonian University in Krakow

Roman Tokarczyk: Professor of Law, Faculty of Law and Administration, Maria Curie-Skłodowska University in Lublin

Wojciech Załuski: LLD, Doctor of Philosophy, Assistant Professor in the Department of Philosophy of Law and Legal Ethics, Faculty of Law and Administration, Jagiellonian University in Krakow

CHIEF EDITOR

Lucyna Sadko

TECHNICAL EDITOR

Jerzy Hrycyk

PROOFREADER

Jerzy Hrycyk

TYPESETTING

Wojciech Wojewoda

Wydawnictwo Uniwersytetu Jagiellońskiego
Redakcja: ul. Michałowskiego 9/2, 31-126 Kraków
tel. 12-631-18-81, 12-631-18-82, fax 12-631-18-83